Dieter Vogelsang

Grundwasser

Springer
Berlin
Heidelberg
New York
Barcelona
Budapest
Hongkong
London
Mailand
Paris
Singapur
Tokio

Dieter Vogelsang

Grundwasser

Mit 140 Abbildungen und 35 Tabellen

Springer

Professor Dr. rer. nat. Dieter Vogelsang
Kampstraße 70
30629 Hannover

ISBN 3-540-63630-7 Springer-Verlag Berlin Heidelberg New York

Die deutsche Bibliothek – CIP-Einheitsaufnahme

Grundwasser / Dieter Vogelsang.-Berlin ; Heidelberg ; New York ; Barcelona ; Budapest ; Hongkong ; London ; Mailand ; Paris ; Singapur ; Tokio : Springer, 1998
ISBN 3-540-63630-7

Satz: im Verlag nach reproduktionsreifen Vorlagen des Autors bearbeitet
Einbandgestaltung: Struve & Partner, Heidelberg

SPIN: 10537782 68/3020 – 5 4 3 2 1 0 – Gedruckt auf säurefreiem Papier

Vorwort

Wasser, das sichtbar ist, fließt, schlägt Wellen oder fällt vom Himmel. Bäche, Flüsse, Seen und das Meer beleben unsere Welt und machen sie interessanter und schöner. Aber nur ein kleiner Teil unseres täglichen Trink- und Brauchwassers stammt von der Erdoberfläche. Das meiste kommt aus der Tiefe, wo es als Grundwasser aufgespürt werden muß.

Im Mittelalter war die Wassersuche mit Rutengehen, Mythen und Zauberei verbunden. Heute dient die exakte Wissenschaft der *Hydrogeologie* dieser Aufgabe. Sie wird im Zusammenwirken mit anderen Geowissenschaften angewendet, z.B. der Geologie, der Lithologie oder der Tektonik.

Dieses Buch ist kein Lehrbuch der Hydrogeologie; es wurde nicht für die Fachwissenschaft geschrieben. Es wendet sich an interessierte Laien. Das sind insbesondere die Fachkräfte der Technik und Verwaltung, welche dafür sorgen, daß überall und jederzeit sauberes Trinkwasser zur Verfügung steht. Auch Juristen, Volkswirte und Bauingenieure, welche schwierige wasserrechtliche Probleme zu bewältigen haben, können sich hier informieren. Es enthält deshalb nur unbedingt notwendige mathematische Formeln, spezielle Fachausdrücke werden gemieden oder erklärt, und es werden keine Hypothesen, sondern nur Tatsachen und gesicherte Erkenntnisse vorgestellt. Das Buch wurde durch die Einfügung von 140 Bildern und 35 Tabellen anschaulich gestaltet. Diese vermitteln dem Leser auf einfache Weise Erkenntnisse, die sonst durch mathematische Formeln erarbeitet werden müßten.

Die elf Kapitel des Buches sind einheitlich gegliedert, um eine rasche Orientierung zu ermöglichen. Am Ende erleichtern Schlagwort- und Literaturverzeichnisse die Suche nach Themen und Begriffen. Wegen der großen Bedeutung des Grundwassers im Umweltschutz werden die Probleme seiner Erkundung, seiner Gefährdung und seines Schutzes ausführlich behandelt. Aus dem gleichen Grund werden die amtliche Trinkwasserverordnung und die Regeln zum Grundwasserschutz vollständig wiedergegeben.

Mein Dank gilt Frau Dr. habil. I. Stober, die half, das Buch zu konzipieren. Viele Anregungen erhielt ich im DVGW-Fachausschuß „Geohydrologie“ und in der Landesanstalt für Umweltschutz Baden-Württemberg während meiner Mitarbeit an Vorhaben zu Erkundung und Schutz des Grundwassers. Dafür danke ich insbesondere Herrn Ltd. Baudirektor Schmid und Frau Dr. Blankenhorn. Zahlreichen Institutionen, Gremien und Firmen sage ich ebenfalls meinen Dank für ihre Genehmigung zum Abdruck von Grafiken.

Ich hoffe, daß dieses Buch dazu beiträgt, den unsichtbaren Schatz unter unseren Füßen kennenzulernen, seine Bedeutung für unsere Kultur und unser alltägliches Leben zu verstehen und seinen Schutz allen Menschen ans Herz zu legen.

Dieter Vogelsang

Hannover,
Mai 1998

Inhaltsverzeichnis

1 Einleitung

Ohne Wasser gäbe es kein Leben auf der Erde. Wir benötigen täglich unser Trinkwasser, das überwiegend aus dem Grundwasser kommt. Dennoch ist wenig darüber bekannt. Das liegt daran, daß die Wässer der Tiefe nicht sichtbar sind. Außerdem müssen die Wissenschaften der Geologie, der Geographie, der Meteorologie, der Physik, der Mathematik, und der Chemie in der Lehre vom Grundwasser, der *Hydrogeologie* zusammenwirken, um seine Eigenschaften zu erforschen. Diese komplexe Wissenschaft erkundet die Beschaffenheit, Verbreitung, Bewegung und alle Eigenschaften des Grundwassers in Beziehung zum hydrogeologischen Kreislauf unserer Umwelt.

Unser Dasein hängt ab von dieser immerwährenden Läuterung des Wassers, die bei Verdunstung und Niederschlag in der Atmosphäre und beim Strömen des Grundwassers durch die Gesteine der Tiefe geschieht. Indessen reicht diese natürliche Reinigung oft nicht mehr aus, um die Verschmutzungen des Wassers durch den Gebrauch in Haushalten und Industrie zu beseitigen. Deshalb wird dieses Umweltproblem eingehend behandelt.

Das Ziel dieses Buches ist, das Grundwasser, seine Eigenschaften, seine Erschließung, seine Gefährdung und seinen Schutz möglichst vielen Menschen nahezubringen. Deswegen werden auch komplizierte wissenschaftliche Fragestellungen allgemein verständlich, möglichst ohne mathematische Formeln und mit vielen Bildern beschrieben. Dafür mußte auch vereinfacht und weggelassen werden. Das Buch ist somit kein Lehrbuch für Hydrogeologen. Vielmehr soll allen Interessierten geholfen werden, hydrogeologische Probleme zu verstehen.

Neben verschiedenen Grundwasservorkommen in Locker- oder Festgesteinen werden die wichtigsten Arbeitsmethoden der Hydrogeologie zur Grundwassererschließung beschrieben. Die geophysikalische Grundwassererkundung von der Erdoberfläche und im Bohrloch wird ausführlich dargestellt. Die Anforderungen an das Trinkwasser, die Grenzwerte für organische und anorganische Schadstoffe und der Schutz des Grundwassers werden umfassend behandelt. Am Ende des Buches führt das Stichwortverzeichnis, neben einer Liste der wichtigsten Veröffentlichungen, rasch zu erwünschten Informationen.

Grundwasser bildet sich aus dem Anteil der Niederschläge, der in die Erde versickert. Das restliche Wasser aus Regen, Schnee oder Tau fließt entweder auf der Erdoberfläche in Bächen und Flüssen ins Meer oder verdunstet wieder in die Atmosphäre. Bild 1-1 stellt diesen Wasserkreislauf schematisch dar.

Die Gesamtmenge der jährlichen Niederschläge schwankt in Mitteleuropa im langjährigen Mittel zwischen 500 und 900 mm pro Jahr. In Deutschland beträgt sie ca. 800 mm pro Jahr (100 % in Bild 1-1). Davon versickern nur 15 % oder 120 mm pro Jahr in den Boden und speisen das Grundwasser. Ein großer Teil, nämlich 67 % des Grundwassers, fließt langsam durch die Gesteine ins Meer. Er beträgt 80 mm pro Jahr oder 10 % der gesamten Niederschläge.

Vom Grundwasser werden weniger als 4 % der Niederschlagsmenge oder 30 mm pro Jahr als Trink- oder Brauchwasser von Menschen genutzt. Das restliche Grundwasser ergießt sich nach und nach unterirdisch in Seen und Flüsse und wandert ebenfalls zum Meer.

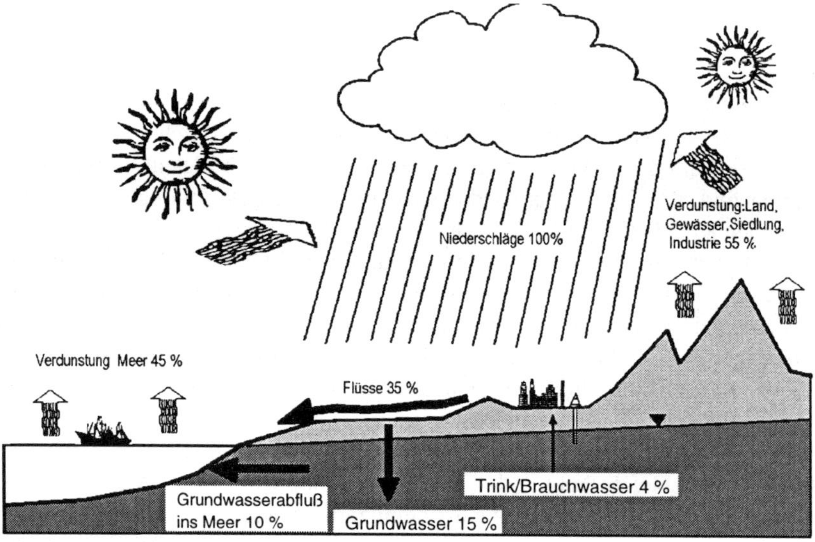

Bild 1-1. Schema des Wasserkreislaufs in gemäßigtem Klima

Die Wissenschaft der *Hydrogeologie* sollte nicht mit der *Hydrologie* verwechselt werden, denn diese umfaßt neben der Hydrogeologie weitereWissenschaften, die sich mit den verschiedenen Formen des Wassers befassen:

- Die *Hydrobiologie* widmet sich den im Wasser lebenden oder transportierten Wesen,
- die *Hydrochemie* befaßt sich mit den chemischen Eigenschaften des Wassers,
- die *Hydrographie* oder Gewässerkunde beschreibt das Wasser auf der Erdoberfläche,
- die *Geohydrologie* beschäftigt sich mit dem Bodenwasser,
- die *Hydrometeorologie* behandelt das Wasser in der Atmosphäre.

2 Grundlagen

2.1 Grundwasser auf unserem Planeten

Grundwasser verbirgt sich in der Erde. Deshalb wird oft übersehen, welche Bedeutung und welchen Umfang dieser unterirdische Wasservorrat hat. Tabelle 1 gibt darüber Auskunft.

Tabelle 1. Verbreitung des Wassers auf der Erde

Vorkommen	Fläche	Volumen	Anteil	Verweildauer
	(1.000.000 km2)	(1.000.000 km3)	%	Tage/Jahre
Ozeane und Meere	361	1370	94,00	4000
Seen, Teiche	1,55	0,13	< 0,01	10
Flüsse	< 0,1	< 0,01	< 0,01	14
Grundwasser	130	60	4,00	14 - 10.000
Gesteinsfeuchte	130	0,07	< 0,01	14 - 1
Polareis, Gletscher	17,8	30	2,00	10 -10 000
Atmosphäre	504	0,01	< 0,01	10
Biosphäre	< 0,1	< 0,01	< 0,01	7

(Nace, 1971)

Der hohe Anteil des salzigen Meerwassers von 94 % überrascht nicht, wenn man das bekannte Bild unseres „blauen Planeten" im Weltraum betrachtet, das die Vorherrschaft der blauen Ozeane deutlich widerspiegelt. Erstaunlich ist indessen, daß Grundwasser 4 % und die für unser Empfinden weit verbreiteten Seen weniger als 0,01 % der Gesamtwasservorräte umfassen. Leider sind die riesigen Grundwasservorräte von 60 Millionen Kubikkilometern nicht gleichmäßig um den Erdball verteilt, so daß Ländern mit großen Vorräten, wie Deutschland, solche mit Grundwassermangel, wie die nordafrikanischen Wüstenstaaten, gegenüberstehen.

2.2 Definitionen

In einem Sand mit zwei Kornfraktionen, die sich in Korngröße und Mineralbestand unterscheiden, wird der *Sickerweg* eines Regentropfens durch die *ungesättigte Zone* ins Grundwasser dargestellt (Bild 2-1). Die *Grundwasseroberfläche* ist, wie jede Wasseroberfläche, eben und wird durch ein kleines Dreieck markiert.

Dagegen ist das Wasser in der ungesättigten Zone unregelmäßig verteilt und wird z.T. durch Kapillarkräfte zwischen den Sandkörnern als *Haftwasser* festgehalten. Die Grundwasseroberfläche wird auch als Grundwasserspiegel oder Grundwasseroberkante bezeichnet. Die Entfernung zwischen Erdoberfläche und Grundwasseroberfläche nennen Hydrogeologen den *Flurabstand,* der jedoch keine Eigenschaft der Gesteine, sondern nur eine Tiefe in Metern wiedergibt.

Der Regentropfen in Bild 2-1 weist darauf hin, daß Grundwasser hauptsächlich vom Regen gespeist wird. Auch andere Niederschläge kommen in Betracht: z.B. Schnee, Tau oder nässender Nebel. Im Prinzip vermehrt alles Wasser, das auf den Erdboden fällt oder aus dem Wasserdampfgehalt der Luft kondensiert und einsikkern kann, das Grundwasser in der Tiefe.

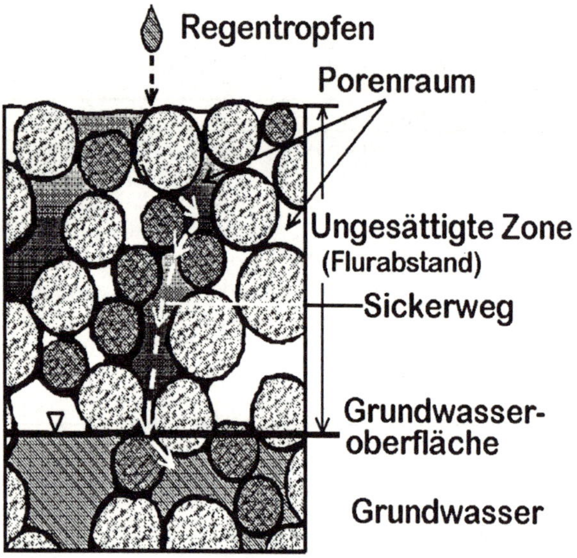

Bild 2-1. Schema der Grundwasserneubildung im Lockergestein

Der freie Raum zwischen den Gesteinspartikeln wird *Porenraum* genannt. Er ist in der ungesättigten Zone teilweise, im Grundwasser vollkommen mit Wasser erfüllt. Die Oberfläche des Grundwassers bildet sich in Bohrungen und Brunnen als ebene Wasseroberfläche aus. Sie wird definiert als die Fläche, auf welcher der Wasserdruck im Porenraum genau dem atmosphärischen Druck entspricht. Sie kann im Gestein noch überlagert werden von einer Zone, in der das Wasser kapillar wieder in den freien Porenraum aufsteigt.

Bild 2-2 stellt den Kreislauf zwischen Niederschlägen, Einsickerung, Oberflächenabfluß und Verdunstung schematisch in bezug zur Grundwasserneubildung dar.

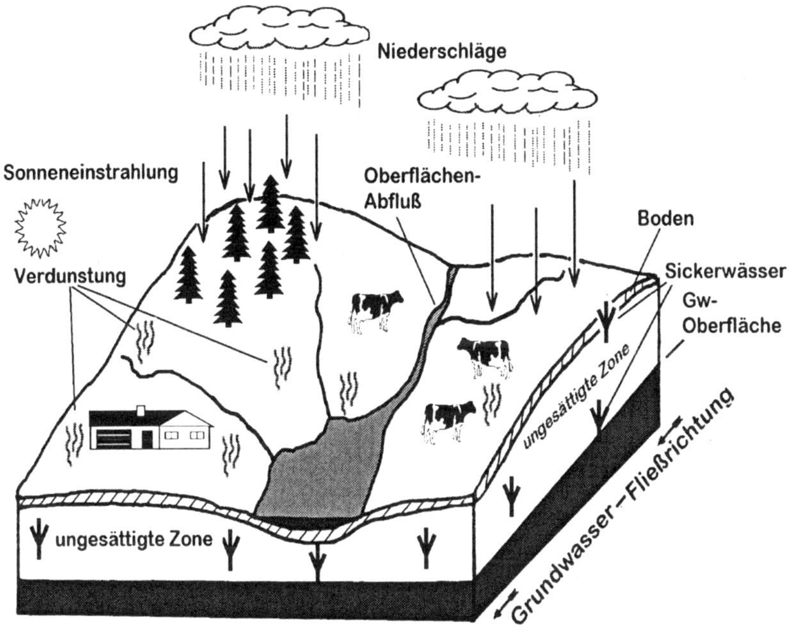

Bild 2-2. Schema der Grundwasserneubildung

Der Anteil des Regenwassers und/oder des kondensierten Wasserdampfes, der schließlich in das Grundwasser gelangt, hängt offensichtlich von vielen Faktoren ab, die von Ort zu Ort unterschiedlich sind. Wichtig ist die Beschaffenheit der obersten Erdschicht, des Bodens. Aufnahmefähige Böden vermindern, durchlässige begünstigen die Versickerung. Auch die Temperatur des Bodens spielt eine Rolle. Warme Böden erhöhen die Verdunstung, ein kaltes Erdreich begünstigt dagegen die Grundwasserneubildung, die deshalb hauptsächlich im Winter erfolgt. Bewuchs wiederum vermindert sie, da Pflanzen und Anpflanzungen, insbesondere der Wald, die Verdunstung erheblich erhöhen. In Seen, Flüssen und Teichen sammeln sich die Niederschläge, ohne direkt zu versickern. Demzufolge ist die Menge der Niederschläge kein direktes Maß für die Grundwasserneubildung, denn der gleiche Regenfall wird in verschiedenen Jahreszeiten und in verschiedenen Gebieten zu sehr unterschiedlichen Ergebnissen führen.

Grundwasser kann sich nur in Gesteinen mit Porenraum oder offenen Klüften bilden. Seine Vorkommen werden *Grundwasserleiter* oder *Aquifere* genannt. Hierfür eignen sich besonders gut die *Lockergesteine* Sand und Kies (Bild 2-3). Wie jedes Gewässer folgt auch Grundwasser der Schwerkraft und fließt von oben nach unten; nur langsamer, da es ja im engem Porenraum zwischen Körnern, Kieseln oder Gesteinspartikeln gebremst wird. Die *Fließgeschwindigkeit* des Grundwassers wird von Hydrogeologen auch *Abstandsgeschwindigkeit* genannt, die vorwiegend durch *Markierungsversuche* ermittelt wird (Tabelle 4). Der Grundwasserfluß heißt, oberhalb von Anlagen zur Wassergewinnung, *Anstrom,* unterhalb davon *Abstrom.*

Die *Festgesteine* enthalten ebenfalls Grundwasser. Dies fließt jedoch nicht zwischen Sandkörnern oder Kieseln hindurch, sondern bewegt sich auf Schichtfugen, Klüften und Spalten (Bild 2-3). Es wird als *Kluft(grund)wasser* bezeichnet.

In Bild 2-3 werden die Grundwasserführungen eines groben Flußkieses (links) und geklüfteter Festgesteine (rechts) schematisch gegenübergestellt. Nicht nur im Kies, sondern auch in geschichteten Festgesteinen können sich zusammenhängende Grundwasserleiter ausbilden. Offenc, flach einfallende Schichtfugen sind über steil stehende, klaffende Klüfte miteinander verbunden. Allerdings sind im Festgestein die Fließgeschwindigkeiten und das Volumen meist geringer als in lockeren Gesteinen. Außerdem weisen nicht alle Festgesteine Kluftgrundwasser auf: z.B. sind die Tonschiefer (gestrichelt) oder die Gangintrusion (mit Kreuzen) trokken.

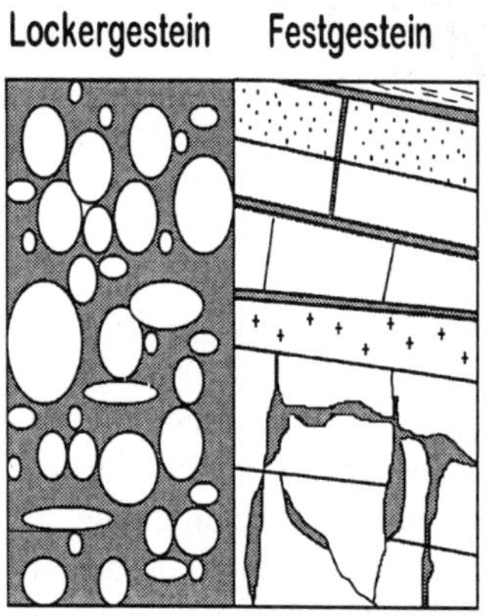

Bild 2-3. Grundwasserleiter (grau) schematisch

Der rechte untere Teil des Bildes 2-3 zeigt die Ausnahme: einen verkarsteten Kalk als Festgestein mit hohen Fließgeschwindigkeiten. Seine weit offenen Klüfte und Spalten bilden ein zusammenhängendes Karstwassersystem. Darin strömt das *Karstgrundwasser* nicht langsam, sondern mit Geschwindigkeiten wie in einem Fluß. In Höhlen und Spalten einiger Kalkgebirge entwickelten sich so große Karstwassersysteme, daß aus deren Karstquellen sofort große Flüsse entspringen. Beispiele in Deutschland sind die Aach- und die Blautopfquelle.

Grundwasser setzt sich jedoch nicht unendlich weit nach unten fort. Seine Tiefenerstreckung hängt von der Mächtigkeit des Grundwasserleiters ab. Wird dieser von einer Gesteinsschicht unterlagert, die so dicht ist, daß sie kein Wasser durchläßt, ist seine Untergrenze erreicht (Bild 2-4). Eine solche Schicht wird als *Grundwasserstauer* oder *Aquiclude* bezeichnet. Der Begriff *Grundwassergeringleiter* oder *Aquitard* bezeichnet zwar auch einen Grundwasserstauer, indessen fallen hierunter auch Gesteine, die noch sehr geringe Wassermengen durchlassen. Diese sind durchaus wichtig für regionale Langzeitstudien; die Gewinnung von Wasser mittels Bohrungen oder Brunnen ist jedoch nicht möglich.

Die Erneuerung des Grundwassers, als *Neubildungsrate* bezeichnet, hängt wesentlich von der Beschaffenheit der Erdoberfläche ab. Bindige, d.h. tonig-lehmige Böden sind nur geringdurchlässig und bewirken, daß ein großer Teil der Niederschläge oberirdisch abfließt. Sandige Böden oder Karst sind dagegen sehr durchlässig, so daß jeder Regenfall die Grundwasservorräte erhöht.

Bild 2-4 stellt verschiedene Grundwasserleiter schematisch vor. Es entstand als Ergebnis einer Grundwassererkundung im Allgäu. Im Vordergrund wird ein Brunnen dargestellt. Bei seinem Bau ist eine konkave Tonlinse innerhalb der ungesättigten Zone durchbohrt worden, über der sich Grundwasser gebildet hatte. Dieses strömte in die Bohrung und füllte sie bis zum Grundwasserspiegel dieses ersten Grundwasserhorizontes. Unter der Tonlinse wurde wiederum die ungesättigte Zone durchbohrt, bis schließlich in größerer Tiefe eine zweite Grundwasseroberfläche erreicht worden ist.

Es liegen also zwei *Grundwasserstockwerke* vor, wobei das obere als *schwebend* bezeichnet wird, da die stauende Schicht nur eine begrenzte Linse und keine ausgedehnte Schicht ist.

Um Wasser zu gewinnen, muß das Grundwasser aus Brunnen zur Oberfläche gepumpt werden. Dies ist nicht erforderlich bei *gespanntem* oder *artesischem Wasser,* das unter Druck steht. Es entsteht, wenn der Grundwasserleiter unter einer undurchlässigen Überdeckung liegt, die unter das Niveau des Grundwasserspiegels abfällt. Wird diese durchbohrt oder ist an einer Stelle unterbrochen, so steigt das Wasser wieder bis auf das Niveau seines Grundwasserspiegels auf. Liegt dieses über der Erdoberfläche, so entspringt dort, ganz ohne technische Hilfe, eine *artesische Quelle*. Das aufsteigende Wasser muß nicht immer hervorsprudeln, es kann sich auch als *Wasseraustritt* diffus im Erdboden ausbreiten, falls dieser durchlässig ist. In Bild 2-4 ist rechts vorn ein artesischer Grundwasserleiter durch senkrechte Pfeile gekennzeichnet. Eine Aufstiegszone und eine artesische Quelle sind schematisch skizziert.

Quellen und Wasseraustritte entstehen auch, wenn nicht gespanntes Grundwasser durch undurchlässige Gesteine aufgestaut wird. Dieser Fall wird in Bild 2-4 rechts dargestellt: ein gefalteter Kluftwasserleiter im Festgestein wird durch eine steile Verwerfung, die verlehmt und undurchlässig ist, abgedämmt. Entlang des Ausstriches der Verwerfung hat sich ein *Quellhorizont* ausgebildet, aus dem zwei Quellen sprudeln. Außerdem schottet diese undurchlässige Struktur die Grundwasservorkommen im Lockergestein und im Festgestein gegeneinander ab.

Im Festgestein, insbesondere im Grundgebirge, bildet sich nur selten ein genereller Grundwasserspiegel aus, da die wasserführenden, offenen Strukturen nur geringe *Wegsamkeit* besitzen und nicht oder nur teilweise miteinander verbunden sind. Dementsprechend sind die gewinnbaren Wassermengen geringer als im Lockergestein. Sie werden im wesentlichen bestimmt durch die Häufigkeit der offenen Klüfte und Schichtfugen eines Festgesteins. Die Feststellung der Wasservorräte und ihre Erschließung werden durch diese unregelmäßige Verteilung erschwert. Die große Ausnahme ist, wie bereits erwähnt, der Karst mit großen verbundenen Höhlensystemen.

Die zwei Quellen in Bild 2-4 werden nicht nur von dem gefalteten Kluftwasserleiter, sondern auch von den Sickerwässern einzelner offener Klüfte gespeist. Darüber hinaus speichern sogar massive Festgesteine, die keine Klüfte aufweisen, *adsorptiv gebundenes* Wasser. Es ist jedoch so fest im Gefüge verankert, daß es nicht für die Wassererschließung genutzt werden kann.

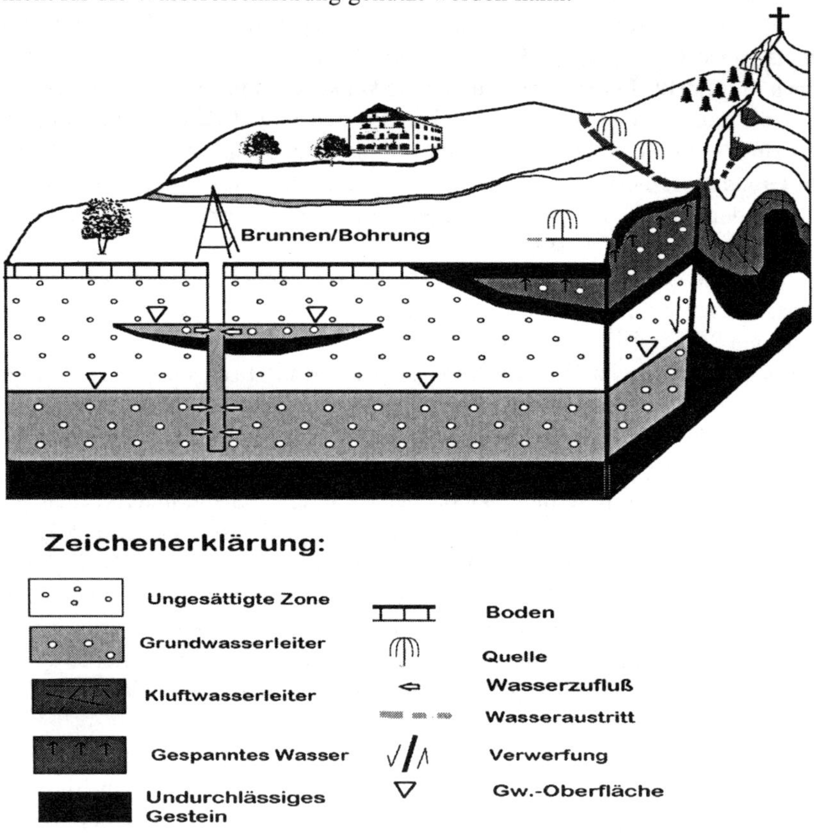

Bild 2-4. Schema der wichtigsten Grundwasser- und Quelltypen

2.3
Darcy's Gesetz

Bereits 1856 erkannte der Franzose Henry Darcy, daß der Wasserdurchfluß durch ein poröses Medium gesetzmäßig erfolgt. Er hängt ab von der Druckdifferenz und der Wassermenge, die durch den Querschnitt eines Grundwasserleiters in einer Zeiteinheit strömt. Er benutzte die Versuchsanordnung in Bild 2-5: Durch eine mit Sand gefüllte Röhre wird solange Wasser geleitet, bis der Zulauf (Anstrom) und der Ablauf (Abstrom) gleich sind. Dann ist die maximale Aufnahmefähigkeit erreicht bzw. der gesamte Porenraum ist mit Wasser, wie in einem Grundwasserleiter, erfüllt. Aus der Röhre führen im Abstand l zwei Steigrohre heraus, in denen die Wasseroberflächen bis auf die Höhen h_1 und h_2 (über der Grundplatte) ansteigen.

Darcy definierte den spezifischen Durchfluß (q) als Gesamtvolumen des Durchflußes (V) pro Zeiteinheit (t) durch den Querschnitt (A) der Röhre:

$$q = \frac{V}{tA}$$

Den *hydraulischen Gradienten* (J) oder die Zunahme des Wasserdruckes ermittelte er aus dem Höhen- oder Druckunterschied der Wasserstände in den Steigrohren: $h_1 - h_2 = \Delta H$

und aus ihrem Abstand *l*: $$J = \frac{\Delta H}{l}$$

Das *Darcy-Gesetz* bestimmt nun: $q = k \cdot J$

In Worten: der spezifische Durchfluß eines Gesteins entspricht der Druckveränderung oder dem hydraulischen Gradienten, multipliziert mit der Konstante *k,* die von der *Durchlässigkeit* oder *Permeabilität* des Lockergesteins in der Röhre abhängt. Dieses Gesetz gilt für alle Fließrichtungen. Es trifft auch dann noch zu, wenn das Wasser, entgegen der Erdanziehung, von unten nach oben durch die Röhre gepreßt wird. Das Darcy-Gesetz gilt sowohl für Locker- als auch für Festgesteine. In Bild 2-6 werden Maxima und Minima der Permeabilität (*k darcy*) für beide Gesteine in einem vereinfachten Balkendiagramm zusammengefaßt. Wegen der großen Streuung wurde die Datenachse logarithmisch unterteilt.

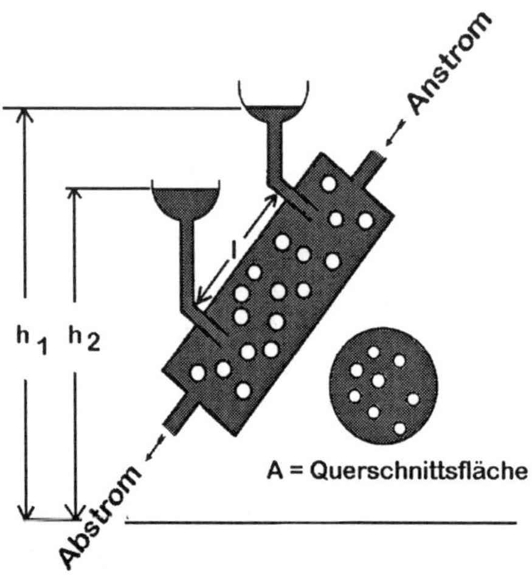

Bild 2-5. Versuchsanordnung nach Darcy

Gesteine mit viel Porenraum wie Kies oder Sand bei den Lockergesteinen oder vielen offenstehenden Klüften bei den Festgesteinen, weisen die höchsten Durchlässigkeiten bis zu 10^7 auf. Undurchlässige Gesteine mit wenig oder gar keinem Poren- oder Kluftraum, wie z.B. fetter Ton, besitzen die geringsten Permeabilitäten bis weniger als 10^{-8}. Eine Sonderstellung nimmt das Steinsalz ein, das praktisch vollkommen undurchlässig ist. Dringt jedoch Wasser ein, so entsteht eine Salzlauge, d.h. das feste Salz geht in eine Flüssigkeit über.

Die Permeabilitäten des Balkendiagramms können in den *Durchlässigkeitsbeiwert* (Bild 2-7) oder die *hydraulische Leitfähigkeit* k_f umgerechnet werden:

$$k = \frac{k_f}{g} \cdot \nu$$

ν = Fließzähigkeit oder Viskosität des Wassers

g = Erdbeschleunigung

Im Normalfall (Wasser) gilt: $k = 9{,}66\ 10^{-6}\ k_f$ (m/s)

Der Durchlässigkeitsbeiwert k_f wird gemessen in Meter pro Sekunde *(m/s)*. Dieser Wert entspricht dem Fluß durch einen definierten Einheitsquerschnitt des Grundwasserleiters. Die *Transmissivität T* (m^2/s) beschreibt den Grundwasserstrom durch eine Einheitssäule. Es gilt:

T = Durchlässigkeit mal Mächtigkeit des Grundwasserleiters.

Sowohl k_f als auch *T* sind abhängig von der Dichte und der Viskosität des Wassers. Sie steigen mit der Temperatur an und können dadurch die Auswertung von Pumpversuchen erschweren.

Die Permeabilität k oder die *Transmissibilität* T^* eines Grundwasserleiters werden dagegen nicht durch Temperaturschwankungen verändert. Man erhält sie aus k_f oder T, dividiert durch die (kinematische) Viskosität μ (Tabelle 2). Häufig wird die Transmissivität T auf die Länge H der Durchflußmeßstrecke bezogen und ergibt:

T/H = Durchlässigkeit.

In das Balkendiagramm (Bild 2-6) wurden nur Permeabilitäten aufgenommen, die häufig in Gesteinen nahe der Erdoberfläche auftreten. Extremwerte von Gesteinen aus großer Tiefe sind nicht enthalten.

Obwohl das Darcy-Gesetz empirisch, d.h., nur nach Versuchsergebnissen aufgestellt wurde, hat es sich seit dem Jahre 1856 immer wieder bewährt und wird nicht nur auf das Grundwasser, sondern auch auf jegliche Flüssigkeit, die sich durch ein poröses Medium zwängen muß, angewendet. Voraussetzung ist jedoch gleichmäßiges oder *laminares Fließen.* Es ist nicht anwendbar auf turbulente und rasche Strömungen, die z.B. in großen Karsthöhlensystemen auftreten.

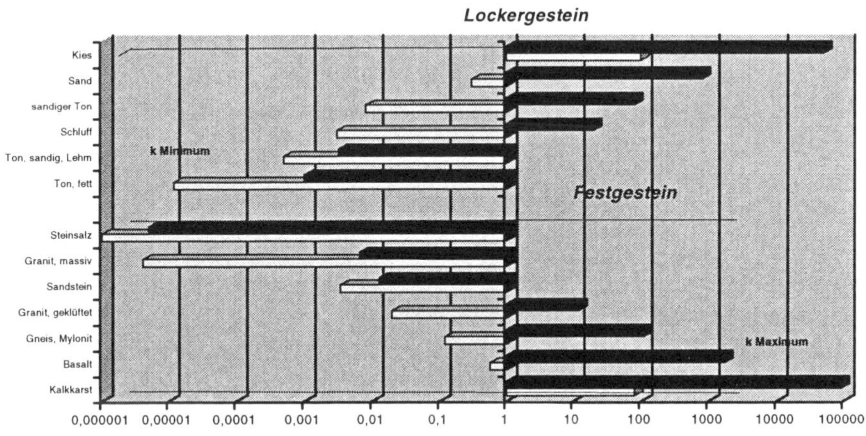

Bild 2-6. Permeabilitäten (k) häufiger Gesteine (Freeze & Cherry)

Auch die Richtungsunabhängigkeit des Gesetzes ist begrenzt. In tektonisch durchbewegten Festgesteinen, insbesondere in Gneisen, verlaufen offene Klüfte gelegentlich nur in Richtung der Verformung. Dementsprechend wird das Grundwasser gezwungen, diesen Strukturen zu folgen. Hier liegt eine *anisotrope*, d.h. richtungsabhängige Permeabilität vor, obwohl die Bedingung des gleichmäßigen oder laminaren Fließens erfüllt ist.

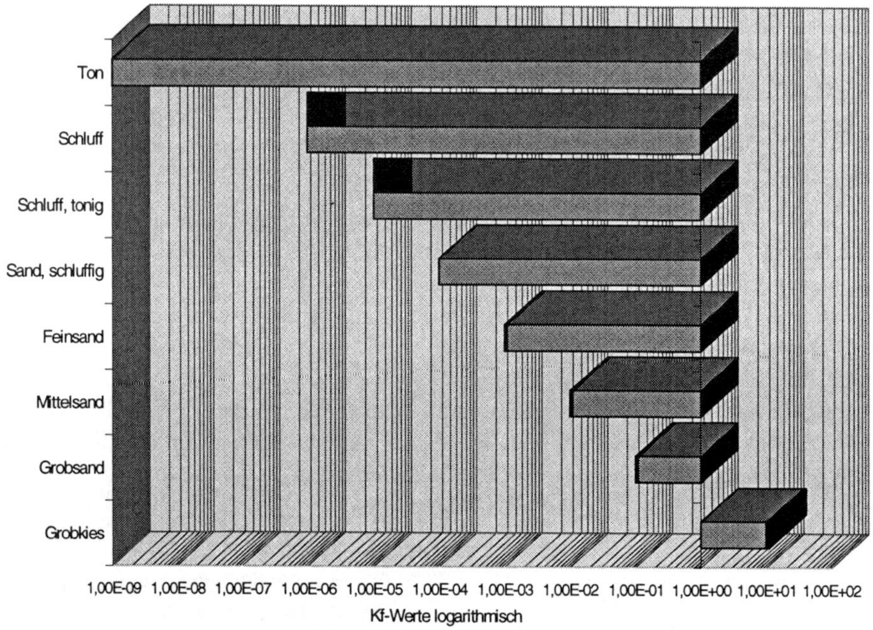

Bild 2-7. Durchlässigkeitsbeiwerte für Lockergesteine oder Porengrundwasserleiter

In Deutschland werden die Durchlässigkeiten der Gesteine meist in *Durchlässigkeitsbeiwerten* k_f angegeben. Bild 2-7 gibt eine Übersicht im logarithmischen Maßstab über die k_f-Werte von Lockergesteinen. Die horizontale X-Achse ist logarithmisch unterteilt. In der Zahl 1,00E-03 bedeutet E = Exponent, d.h., dieser Wert steht für 1^{-3} oder gebräuchlicher für 10^{-4}.

Durchlässige Gesteine bzw. gute Porengrundwasserleiter weisen k_f-Daten von 10^{-4} (1,00E-03) bis 10^{2} (1,00E+01) auf. Hierunter fallen alle Sande und Kiese und ihre Mischungen. Sobald Schluff oder Ton im Gestein enthalten ist, vermindert sich der Durchlässigkeitsbeiwert von 10^{-6} (1,00E-05) für Schluff auf < 10^{-10} (1,00E-09) für fette Tone, die praktisch undurchlässig sind.

Die Grenzen des Darcy-Gesetzes werden durch die *Reynold-Zahl* festgelegt (Bild 2-8). Diese Zahl bezieht sich auf die Relation von Zähflüssigkeit zu Trägheit während Fließvorgängen. Eine Faustregel lautet: bis zu einem durchschnittlichen Korndurchmesser von ca. 20 cm fließt das Grundwasser laminar und das Gesetz gilt. Bei größeren Durchmessern wird der Fließvorgang turbulent und folgt nicht mehr Darcy's Gebot. In Bild 2-8 ist der gültige Bereich grau, eine Übergangszone grau gestreift und der turbulente Abschnitt weiß dargestellt.

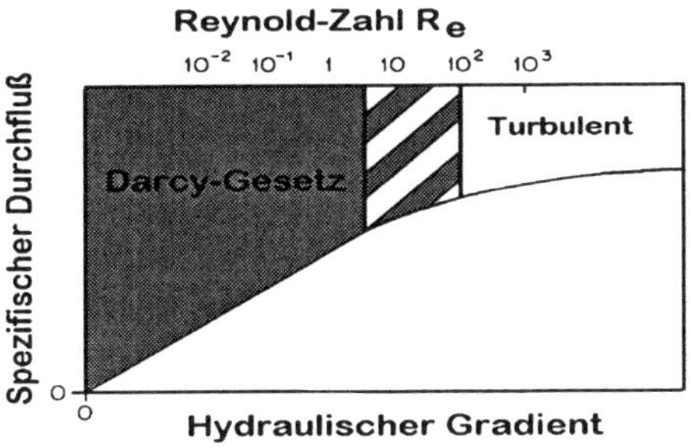

Bild 2-8. Gültigkeit des Darcy-Gesetzes

2.4 Leiten, Speichern, Transportieren

Die folgenden Tabellen 2 bis 4 sind hauptsächlich zum Vergleich verschiedener Eigenschaften und zur mathematischen Beschreibung von Fließ- und Speichereigenschaften der Grundwasserleiter bestimmt. Es ist für Laien indessen nicht erforderlich, diese Gleichungen anzuwenden. Dies sollte den Hydrogeologen vorbehalten bleiben. Tabelle 2 stellt Bezeichnungen nebeneinander, die das Leitvermögen der Grundwasserleiter beschreiben.

Tabelle 2. Leitfähigkeit/Permeabilität

Name	Symbol	Dimension	Einheit	Gleichung	beschriebene Eigenschaften
Hydraulische Leitfähigkeit, Durchlässigkeitsbeiwert	k_f	3dim	m/s	$k_f = \frac{q}{J} = \frac{Q}{A\cdot J}$	Fluid + Gestein
Permeabilität	k	3dim	m^2	$k_f = \frac{q\,\mu}{J\cdot\varrho\cdot g}\ \frac{k_f\cdot\nu}{g}$	Gestein
Transmissivität	T	2dim	m^2/s	$T = \frac{q\cdot H}{J} = \frac{Q}{B\cdot J}$	Fluid + Gestein
Transmissibilität	T^*	2dim	m^3	$T^* = \frac{q\cdot H\cdot\mu}{J\cdot\varrho\cdot g}$	Gestein

Q (m^3/s) Durchfluß — ν (m^2/s) – Viskosität
A (m^2) Fläche — ϱ (kg/m^3) – Dichte des Fluids
g (m/s^2) Erdbeschleunigung — H (m) – Aquifermächtigkeit
μ (Pa · s) dynam. Viskosität des Fluids — B (m) – Breite des betrachteten Querschnitts

(Stober, 1994)

Die Porosität der Gesteine wird mit n bezeichnet. Sie besteht aus dem Verhältnis des Hohlraumvolumens zum Gesamtvolumen eines Gesteins (Tabelle 3). Der

Raum dieser absoluten Porosität steht jedoch nur eingeschränkt für den Durchfluß von Grundwasser zur Verfügung, da ein Anteil des Porenwassers durch Haft- und

Tabelle 3. Speichervermögen

Bezeichnung	Symbol	Dimension	Einheit	Gleichung (Näherung)	beschriebene Eigenschaften
absolute Porosität	n	3dim.	—	$n = V_p / V_t$	Gestein
nutzbare Porosität	n_e	3dim.	—	$n_e = (V_t - V_f - V_{geb})/V_t$	Gestein
durchflußwirksame Porosität	n_d	3dim.	—	$n_d = (V_t - V_f - V_{geb})/V_t$	Gestein
spezifischer Speicherkoeffizient	S_s	3dim.	m^{-1}	$S_s = \frac{\Delta V_w}{\Delta \Phi \cdot V_t}$	Gestein + Fluid

ΔV_w (m^3) Wasservolumendifferenz
$\Delta \Phi$ (m) piezometr. Höhendifferenz
A (m^2) Fläche
V_p (m^3) Hohlraumvolumen
V_t (m^3) Gesamtvolumen
V_f (m^3) Gesteinsvolumen
V_{geb} (m^3) Fluidvolumen, unbeweglich z.B. Haftwasser

(Stober,1994)

andere Kräfte auf den Gesteinsoberflächen festgehalten wird (Bild 2-9). Der tatsächliche Porenraum, in dem sich das Grundwasser bewegen kann, ist die nutzbare Porosität n_e. Vergleichbar ist die Bezeichnung durchflußwirksame Porosität. In Bild 2-9 sind die Sandkörner weiß, ihre Umrisse schwarz eingetragen. Das Haftwasser ist gleichfalls schwarz, der nutzbare Porenraum grau dargestellt.

Tabelle 4. Transport

Bezeichnung	Symbol	Einheit	Gleichung
Filtergeschwindigkeit	v_f	m/s	$v_f = q = k_f \cdot J$
Poren(kluft)geschwindigkeit	v_n	m/s	$v_n = v_f / n_d$
effektive Geschwindigkeit	u	m/s	$u = v_n$
Abstandsgeschwindigkeiten (ermittelt aus Markierungsversuchen)	v_a	m/s	$v_a = x/t$

q (m/s) spez. Durchfluß
k_f (m/s) Durchlässigkeitsbeiwert
J ( ) hydraulischer Gradient
n_d ( ) durchflußwirksame Porosität

(Stober, 1994)

Tabelle 4 beschreibt die Transporteigenschaften von Grundwasserleitern. Am wichtigsten ist die effektive Geschwindigkeit als Maß für die Schnelligkeit mit der der nutzbare Porenraum n_e durchströmt wird. Die *Abstandsgeschwindigkeit* bezeichnet die Geschwindigkeit eines Wassertropfens, der von einer bestimmten Stelle im Grundwasserleiter zu einer anderen Stelle in einer Zeiteinheit fließt. Sie wird meist durch *Markierungsversuche* festgestellt. Es gibt leider verschiedene

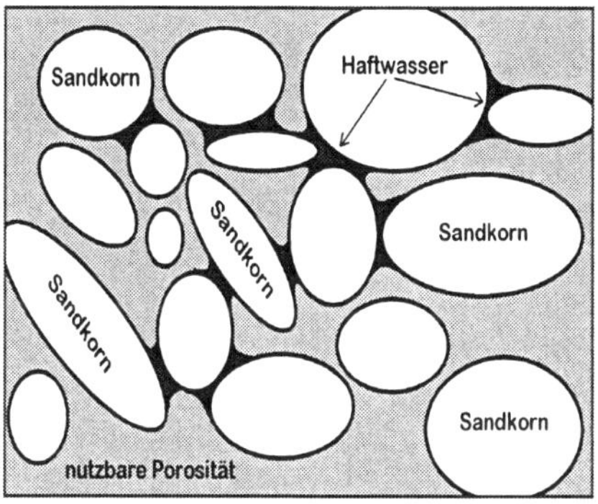

Bild 2-9. Haftwasser verkleinert den Porenraum

Definitionen der Abstandsgeschwindigkeit (modale, maximale, mediane usw.), die sich geringfügig unterscheiden.

Im Balkendiagramm (Bild 2-10) besitzt Ton die höchsten Porositäten von 40 bis 70 %. Diese Besonderheit scheint im Widerspruch zu stehen zu seiner geringen nutzbaren Porosität bzw. seiner Undurchlässigkeit (Bild 2-9) als Grund-

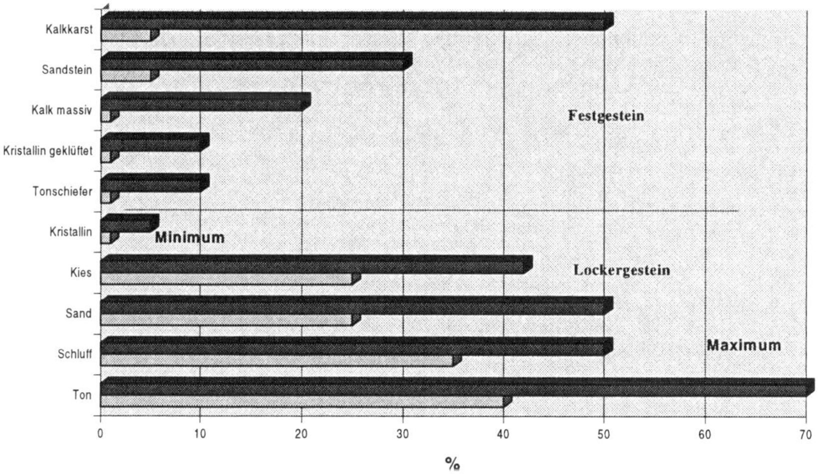

Bild 2-10. Gesamtporositäten der Gesteine (Davies 1969)

gepackt, daß in den dünnen Zwischenschichten Wasser nur adhäsiv als Haftwasser festgehalten wird und nicht fließen kann (Bild 2-11).

Diese feste Wasserbindung findet sich auch bei Gesteinen, die nur Anteile von Ton enthalten. Dementsprechend besitzt z.B. Schluff, der aus Sand und Ton besteht, bis zu 50 % Porosität und ist dennoch oft kein guter Grundwasserleiter.

Grundsätzlich gilt, daß feinkörnige Gesteine mehr Porenraum enthalten als grobkörnige. Auch für Festgesteine trifft dies meist zu. Sandsteine erreichen mit 30 % die höchste Porosität, ausgenommen ist der Karst mit sehr großen Hohlräumen. Tonschiefer, die aus Ton entstanden sind, der durch Auflagedruck verfestigt und umkristallisiert wurde, weisen wiederum nur geringe Porositäten auf, da die dünnen, flachen Poren der Tone bei dieser Umwandlung geschlossen wurden.

Bild 2-11. Haftwasser zwischen Tonmineralen

Die Durchlässigkeiten kristalliner Festgesteine sind sehr unterschiedlich, da sie von ihrer tektonischen Vorgeschichte abhängen. Stober (1994) errechnete aus 153 Messungen im Schwarzwald mittlere k_f Werte von $2{,}14 \cdot 10^{-7}$ m/s für das gesamte Kristallin. Dabei waren die Granite durchlässiger ($9{,}5510^{-7}$ m/s), als die Gneise ($5{,}01 \cdot 10^{-8}$ m/s). Allerdings wurden in besonders intensiv zerrüttetem Gestein (z.B. Mylonite) Durchlässigkeitsbeiwerte bis zu $8{,}7 \cdot 10^{-5}$ m/s festgestellt, die an Kiese heranreichen. Es handelt sich jedoch meist um geringmächtige, häufig steilstehende Strukturen, auf denen Heil- und Mineralwässer aufsteigen können.

Erratum

Versehentlich blieb der letzte Satz auf der Seite 15 unvollständig. Auf Seite 16 muß es wie folgt heißen:

wasserstauer. Das liegt daran, daß alle Tonminerale sehr kleine und extrem dünne Blättchen bilden, einem Blätterteig vergleichbar. Diese sind so dicht aufeinander

---

Vogelsang, Grundwasser

3 Geologie

Beispiele für Grundwasserstrukturen wurden bereits in Kap. 2 zur Erläuterung der Begriffe vorgestellt. Im folgenden werden die geologischen Eigenschaften des Grundwassers ausführlich behandelt.

3.1 Lockergestein

3.1.1 Kiese und Sande

Kiese und Sande, als hauptsächliche Grundwasserleiter, wurden in Deutschland meist von Flüssen oder in Seen abgelagert. Sie stammen überwiegend aus der jüngsten Erdzeit, dem Quartär, wobei insbesondere in den Eis- und Zwischeneiszeiten Lockersedimente abgelagert wurden, die ergiebige Aquifere darstellen.

Bild 3-1 zeigt den Querschnitt eines Flußtales, das sich während der letzten Eiszeit in eine stauende Mergelschicht ($k_f = 1{,}0 \cdot 10^{-7}$) eingeschnitten hat. Zwei parallel verlaufende Kiesrinnen mit grober Körnung und einer nutzbaren Porosität von > 30 % stellen gute Grundwasserleiter dar. Die darüberliegende, ca. 15 m mächtige Schluffschicht verdeckt die beiden Rinnen vollkommen. Auf der Oberfläche gibt es deshalb keinerlei Anzeichen für dieses Grundwasservorkommen.

Das Grundwasser wird durch Niederschlagswasser gespeist, das durch die überlagernde Schluffschicht ($k_f = 5{,}0 \cdot 10^{-5}$ m/s), die zur ungesättigten Zone gehört, langsam einsickern kann. Es sammelt sich in den beiden Kiesrinnen, deren Durchlässigkeitsbeiwert k_f ca. $5 \cdot 10^{-2}$ m/s beträgt.

Die Kiesrinnen sind durch Flüsse entstanden, in denen die Schmelzwässer der Gletscher nach der letzten Eiszeit zu Tale strömten. Dabei haben sie tiefe Rinnen in die Oberfläche der Mergel geschnitten. Dieses grundwasserleitende System folgt deshalb nicht dem heutigen Gefälle des Geländes. Das Grundwasser richtet sich immer noch nach den glazialen Flüssen, obwohl diese inzwischen durch jüngere Schluff-Sedimente zugedeckt worden sind.

Bild 3-2 stellt die Karte zum Schnitt in Bild 3-1 dar. Darin vereinigen sich die beiden Kiesrinnen weiter im Norden zu einer Rinne mit 100 m Breite. Die beiden Grundwasserströme, deren Richtungen dicke schwarze Pfeile anzeigen, fließen ebenfalls zusammen. Sie strömen nach Norden, d.h. entgegen der heutigen Hangneigung, die von den gestrichelten Höhenlinien dokumentiert wird. Das Grundwasser fließt sozusagen in den Berg hinein!

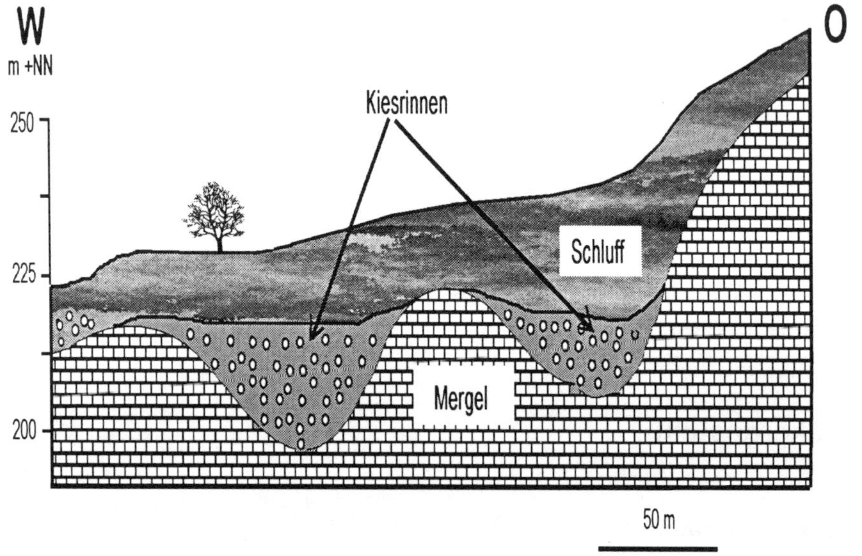

Bild 3-1. Zwei Grundwasserleiter unter Überdeckung

Dieses Beispiel soll verdeutlichen, daß nicht die Gestalt der gegenwärtigen Erdoberfläche die Bewegungen des Grundwassers dirigiert, sondern daß auch Untergrundstrukturen, die in vergangenen Erdzeiten entstanden sind, erheblichen Einfluß haben können. Für die Praxis heißt das: der geologische Aufbau eines Gebietes, in dem Grundwasser erschlossen werden soll, muß bekannt sein, um Fehlplanungen bei der Grundwassererschließung zu vermeiden.

In diesem Beispiel sind vor der Anlage von Brunnen geoelektrische Messungen erfolgt (Abschn. 7.1.1). Diese ergaben Anzeichen für zwei Kiesrinnen und rechtfertigten das Niederbringen von Erkundungsbohrungen. In diesen sind Pumpversuche (Abschn. 8.1) durchgeführt worden, die Auskunft über die Ergiebigkeit der beiden Grundwasserleiter gaben. Schließlich sind in den Bereichen mit den besten Resultaten die drei Produktionsbrunnen (schwarz gefüllte Kreise) angelegt worden.

Die Brunnen 1 und 2 liegen nicht in der Mitte der Kiesrinne 1. Dies ist kein Zufall, sondern eine Folge der geophysikalischen und bohrtechnischen Vorerkundung (Abschn. 6.2). Diese hat die besten Wasserwegsamkeiten und die höchsten k_f-Werte, die sich an den Rändern dieses Grundwasserleiters ergeben.

Wie wichtig die Kenntnis der geologischen Strukturen für die Beurteilung und Erschließung von Grundwasser aus mehreren Stockwerken ist, beweist auch der artesische Grundwasserleiter in Bild 2-4.

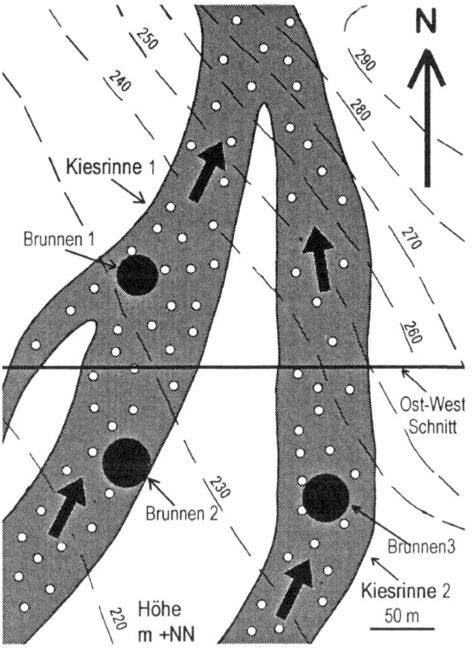

Bild 3-2. Karte der Kiesrinnnen in Bild 3-1

3.1.2 Tone – artesische Wässer

In Bild 3-3 werden die Wechselwirkungen zwischen einem freiem und einem artesischem Grundwasserleiter beschrieben. Es wurden zwei Brunnen angelegt, die aus den Grundwasserleitern 1 und 2 fördern:

- Brunnen 1 ist bis auf den Grundwasserstauer verrohrt, d.h. er ist gegen Zuflüsse aus dem Grundwasserleiter 1 abgedichtet. Im Grundwasserleiter 2 ist die Verrohrung jedoch perforiert (Pfeile) damit Wasser aus diesem Aquifer gewonnen werden kann.
- Brunnen 2 ist über seine gesamte Tiefe verrohrt und perforiert. Er fördert deshalb Wasser aus beiden Grundwasserleitern.

Bild 3-3 stellt eiszeitliche Sedimente als Vertikalschnitt dar. Unter der Oberfläche liegt ein sandiger und durchlässiger Boden. Die Grundwasserleiter 1 und 2 bestehen aus groben Sanden und Kiesen mit hoher Durchlässigkeit. Die undurchlässige Tonschicht (schwarz) wurde vom Eis hochgepreßt. Zur Tiefe folgen ebenfalls undurchlässige, ältere Tonschichten (schwarz), deren horizontale Lage sich nicht verändert hat. Grundwasser führende Bereiche sind grau gefärbt.

Diese geologische Struktur bewirkt, daß das Grundwasser des 2. Leiters, das nach links strömt, immer stärker unter Druck gerät bzw. artesisch wird. Seine

Grundwasseroberfläche, hier mit „Druckwasserspiegel" bezeichnet, befindet sich in der linken Bildhälfte über der Erdoberfläche. Im Brunnen 1 liegt sie in der nach oben verlängerten Verrohrung. In der Praxis würde man allerdings auf diese Verlängerung verzichten, sondern vielmehr den artesischen Druck nutzen, um das aufsteigende Wasser durch Rohre ableiten zu können.

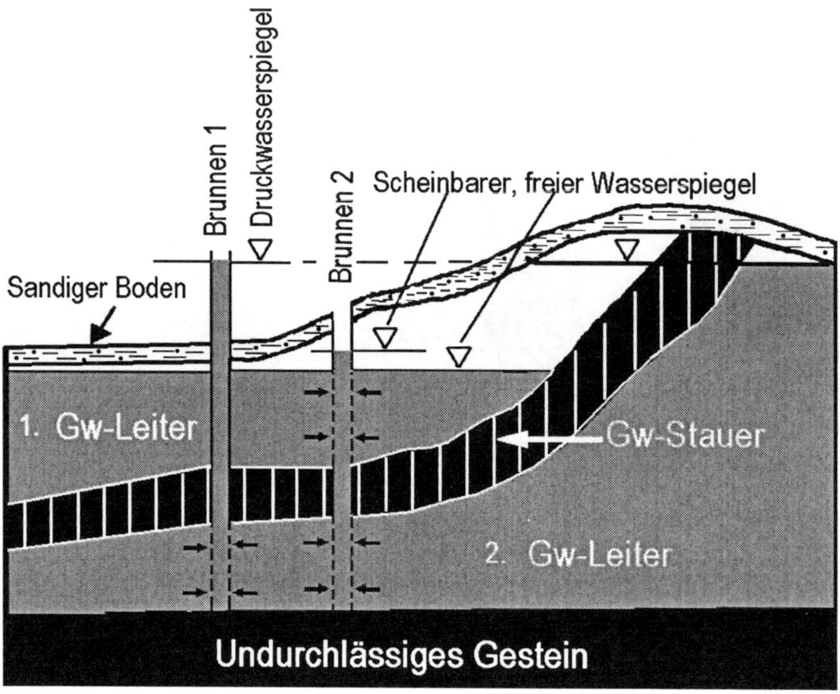

Bild 3-3. Grundwasserspiegel bei freien und artesischen Grundwasserleitern

Die Grundwasseroberfläche im Brunnen 2 entspricht nicht, wie zu erwarten war, dem freien Spiegel des 1. Grundwasserleiters. Sie stellt vielmehr eine „scheinbare" Grundwasseroberfläche dar, die höher liegt als der freie Grundwasserspiegel, aber niedriger als der Druckwasserspiegel. Sie wurde offensichtlich durch den gespannten 2. Grundwasserleiter angehoben. Dies erweckt den Anschein eines höheren Grundwasserstandes und höherer Grundwasservorräte. Um Fehlberechnungen zu vermeiden, ist es notwendig, den komplexen Einfluß geologischer Strukturen auf Grundwasservorkommen zu berücksichtigen. Durch *Flowmeterlogs* (Abschn.7.3.4) in Bohrungen oder Brunnen sollten alle Grundwasserzuflüsse und ihre Tiefe festgestellt werden, um ggf. auftretende artesische Zonen zu lokalisieren.

3.1.3 Grundwasserstockwerke

Bild 3-4 enthält zwei Grundwasserleiter unter einem Gebirgsvorland. Die Berge bestehen aus klüftigen Gneisen, die durch immensen tektonischen Druck auf das Vorland überschoben wurden. Der bergnahe Brunnen 1 wurde in einem sehr grobem Sediment niedergebracht, das auch als Flysch bezeichnet wird. Er ist ein sehr guter Grundwasserleiter (k_f = 0,1 m/s), aus dem die Wassermenge von 50 l/s gefördert werden konnte. In der Annahme, daß dieser ergiebige Aquifer unter dem gesamten Vorland vorhanden sei, wurde der Brunnen 2 gebohrt. Der blieb jedoch trocken, denn er traf auf eine tonige und undurchlässige Zwischenschicht ohne Wasserführung. Erst der Brunnen 3 lieferte wieder Wasser, jedoch konnten nur 5 l/s aus einem zweiten, geringmächtigen und feinsandigen Grundwasserleiter herausgepumpt werden.

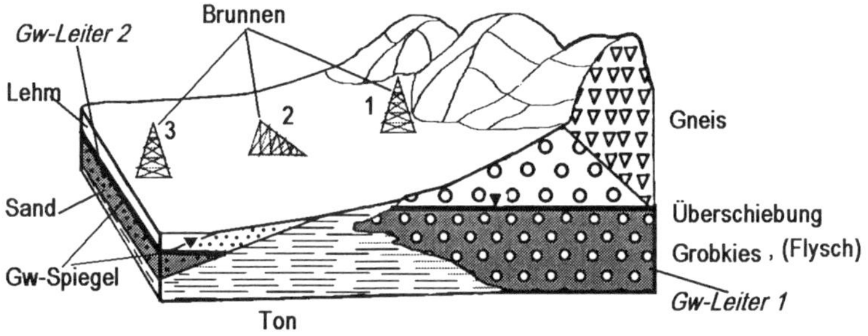

Bild 3-4. Getrennte Grundwasserleiter im Gebirgsvorland

Aus diesem Beispiel ergibt sich: Vor dem Abteufen von Bohrungen bzw. der Anlage von Brunnen, die mit hohen Kosten verbunden sind, sollte der geologische Aufbau des Untergrundes möglichst genau bekannt sein. Zu diesem Zweck sollten alle vorhandenen Unterlagen, z.B. hydrogeologische Karten und Veröffentlichungen über das Gebiet und vorhandene Bohrdaten ausgewertet werden. In vielen Fällen sind darüber hinaus geophysikalische Untersuchungen (Kap.7) zur Klärung der hydrogeologischen Strukturen erforderlich.

In Bild 3-4 wurden zwei neben- und übereinanderliegende Grundwasservorkommen vorgestellt. Sie stellen zwei *Grundwasserstockwerke* dar, die sich in ihren Eigenschaften deutlich unterscheiden. In Bild 3-5 werden drei Grundwasserstockwerke mit folgenden Merkmalen gezeigt:

Grundwasserstockwerk 1:

Eine Sand/Kiesschicht bildet den ersten Grundwasserleiter. Sie ist durchschnittlich 20 m mächtig und liegt über einem gering durchlässigen, tonigen Schluff, der flach nach links einfällt. Da der freie Grundwasserspiegel nahezu waagerecht liegt, erhöht sich der Grundwasserstand von rechts nach links von 8 auf 16 m. Durch die Mitte des Bildes fließt ein breiter Fluß, durch dessen undichtes Bett

Flußwasser in den Grundwasserleiter einsickert. Dieser Vorgang wird *Infiltration* genannt, das eingesickerte Grundwasser *Uferfiltrat.*

Grundwasserstockwerk 2:

Eine Schicht aus Mittel- und Feinsand dient als zweiter Grundwasserleiter. Seine gesamte Mächtigkeit, die nach links von 30 m auf 20 m abnimmt, ist mit Grundwasser. gefüllt, denn unter dem tonigem Schluff als Grundwasserstauer konnte sich kein freier Grundwasserspiegel ausbilden. Das Grundwasser dieses Stockwerkes steht deshalb unter Druck bzw. hat artesische Eigenschaften. Eine Schicht fetten Tones begrenzt den zweiten Grundwasserleiter nach unten.

Grundwasserstockwerk 3:

Das Gestein des dritten Grundwasserleiters wurde nicht als Sediment am Grunde eines Gewässers abgelagert, sondern durch die Verwitterung eines massiven Granites entstand an Ort und Stelle ein grobkörniges, lockeres Gestein, ein Grus. Seiner Entstehung entsprechen unregelmäßige Begrenzungen und wechselnde Größen der Körnung. Darüber hinaus gibt es keine feste Schichtgrenze zum Granit, sondern der lockere Grus geht allmählich in dieses gering durchlässige Festgestein über. Der Grus besteht aus kantigen, groben Körnern, und ist ein guter Grundwasserleiter (kf = $3 \cdot 10^{-2}$). Die Mächtigkeit des 3. Grundwasserleiters nimmt plötzlich in der Bildmitte um 25 m zu. Hier ist ein Teil des Granits an einer „*Verwerfung*" abgesunken.

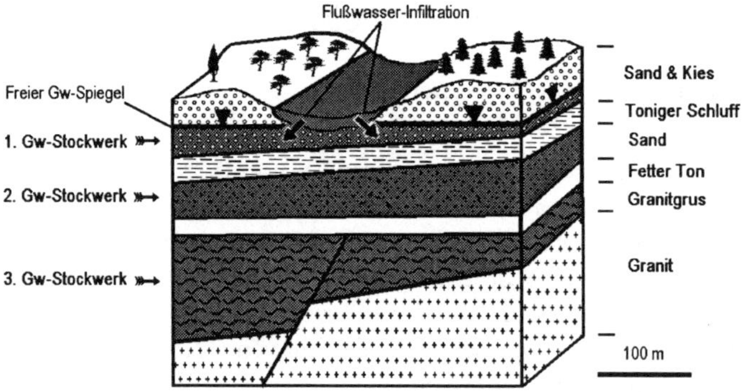

Bild 3-5. Grundwasserstockwerke

Dieses tektonische Element, auch Störung genannt, hat nur den Granit und nicht die überlagernde Tonschicht verformt. Der Grund ist in der Erdgeschichte zu suchen: Der Granit verwitterte zu Grus und wurde eingeebnet als er im Erdzeitalter Tertiär an der Erdoberfläche lag. In einer Mulde dieser Ebene bildete sich ein See, in dem sich die weiß eingezeichnete Tonschicht ablagerte. Eine solche Unterbrechung geologischer Strukturen wird als „Transgression" bezeichnet.

Die Bilder 3-1 bis 3-5 beschreiben nur wenige Grundwasser führende Strukturen im Lockergestein. Weitere werden in den folgenden Kapiteln behandelt. Es gibt jedoch viel zu viele Aquifertypen, um sie alle in diesem Buch aufzuführen. Weitere Beispiele müssen deshalb der im Literaturverzeichnis aufgeführten Fachliteratur entnommen werden.

3.2 Festgestein

Grundwasser kann sich im Festgestein nicht unbeschränkt im Raum bewegen, sondern muß mit geringen Porenräumen und engen, komplizierten Kluftsystemen vorlieb nehmen. Seine Ressourcen sind i.a. geringer als im Lockergestein und lassen sich schwerer gewinnen. Deshalb herrscht Wassermangel in vielen Festgesteinsgebieten. Die Hydrogeologie ist gefordert, hier Abhilfe zu schaffen, obwohl die Erkundung von Grundwasser im Festgestein erheblich schwieriger ist als im Lockergestein.
Festgesteine weisen zwei unterschiedliche Porensysteme auf:

1. Offene Poren im Gestein gleichen denen der Lockergesteine. Manche Sedimente behielten diese Hohlräume auch nach ihrer Verformung unter Druck, die als *Diagenese* bezeichnet wird. Das Grundwasser wird zwischen ihren fest verbackenen Mineralkörnern gespeichert. Diese Porengrundwasserleiter können sogar ergiebig sein.
2. Offene Hohlräume gibt es auch in Kluftsystemen. Sie befinden sich auf Schichtfugen, Überschiebungs-, Verwerfungs- oder Kluftflächen. Diese *Kluftgrundwasserleiter* sind durch tektonische Vorgänge, wie Faltung, Überschiebung oder Bruchbildung, entstanden. Ein gemeinsamer Grundwasserspiegel kann sich nicht immer ausbilden, da nicht alle Kluftflächen miteinander verbunden sein müssen. Kluftstrukturen folgen ferner meist bestimmten Richtungen, dann besteht eine *Anisotropie.* Auch das Grundwasser muß diesen Kurs der besten *Wegsamkeiten* einschlagen.

3.2.1 Sandsteine, Quarzite

Ein Festgestein, das viel Grundwasser speichern kann, ist der Sandstein. Etwa 30 % aller Sedimente sind Sandsteine und davon enthalten > 50 % offene Porenräume, die Grundwasser führen. Obwohl die Durchlässigkeiten im Mittel um zwei Zehnerpotenzen unter denen lockerer Sande liegen, sind sie gute Grundwasserleiter. Häufig sind Anisotropien, bei denen Permeabilitäten und Fließgeschwindigkeiten in Richtung der Schichtung größer als senkrecht dazu sind. Mit der Tiefe nimmt i.a. ihr Porenraum ab, dafür steigt gelegentlich die Anzahl der offenen Klüfte, insbesondere in gefalteten Sandsteinen, an.

Der Quarzit besteht ebenfalls aus Sandkörnern; im Gegensatz zum Sandstein sind diese jedoch fest miteinander verbacken und der Porenraum ist mit amorphen Silikaten zugesetzt. Dieses Gestein kann deshalb Grundwasser nur auf seinen offenen Klüften speichern

Die Festgesteine in Bild 3-6 wurden stark tektonisch verformt. Entlang der flach nach rechts einfallenden Überschiebungsfläche haben sie sich übereinander geschoben. Die nach links bewegte, obere Scholle wurde während dieses Vorgangs besonders eng gefaltet und stark geklüftet.

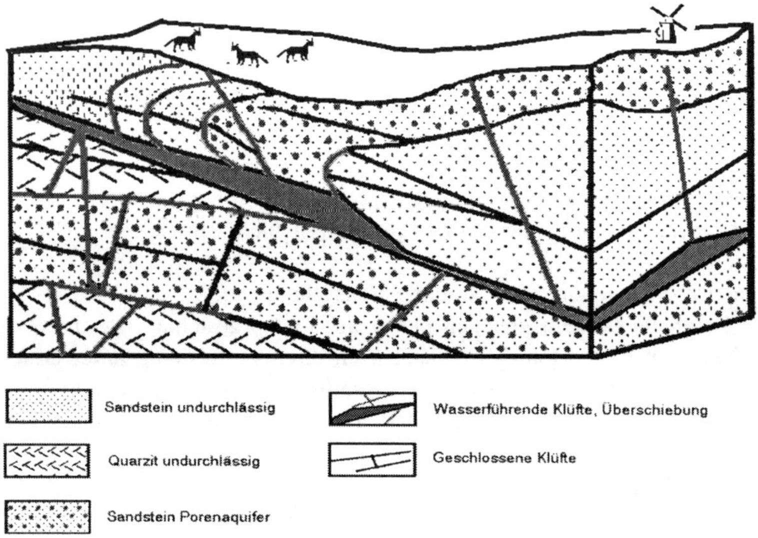

Bild 3-6. Festgesteine als Kluft- und Porengrundwasserleiter

In Bild 3-6 werden die beiden Aquifertypen des Festgesteins vorgestellt. Die Überschiebung ist der Hauptkluftwasserleiter. Sie ist mit zerbrochenen und zermahlenen Gesteinsbröckchen erfüllt; zwischen denen zahlreiche, wassererfüllte Hohlräume miteinander verbunden sind. Es entsteht so ein zusammenhängendes *Grundwasserstockwerk.* Außerdem zirkuliert das Grundwasser auf vielen offenen Klüften und Schichtflächen, die nicht immer mit der Überschiebung verbunden sind. Die besten Wegsamkeiten dieses Typs weisen die Schichtgrenzen oberhalb der Überschiebung auf, die zu einem Sattel aufgefaltet wurden.

Einige Sandsteinschichten besitzen beträchtlichen Porenraum, d.h. sie sind Porengrundwasserleiter. Überdies werden sie von offenen Klüften durchzogen, die ebenfalls Grundwasser enthalten. Hier sind also beide Grundwasserleiter vorhanden. Welcher Typ mehr Wasser führt bzw. ergiebiger ist, und inwieweit zwischen beiden Wasser ausgetauscht wird, läßt sich indessen erst durch *Pumpversuche* und komplizierte Berechnungen ermitteln.

Die ebenfalls abgebildeten dichten und undurchlässigen Quarzite und Sandsteine führen Grundwasser nur auf offenen Klüften, allerdings in sehr geringer Menge.

Zusammenfassend gilt für Festgesteine:

- Festgesteine können Grundwasser auf Klüften und/oder im Porenraum speichern.
- Poröse Festgesteine verhalten sich wie Lockergesteine. Ihre Grundwasserleiter sind allerdings häufig gefaltet und/oder fallen steil ein.
- Kluftwässer folgen vorwiegend tektonisch geprägten Strukturen, die unregelmäßig angeordnet sind.
- Die Bestimmung der Grundwasserergiebigkeit ist schwieriger als im Lockergestein.

Mit *Wasseradern* bezeichnet man steilstehende, mit Wasser gefüllte Spalten, die es nur in Kluftwasserleitern der Festgesteine geben kann. Diese Strukturen finden sich nicht in den flächig ausgedehnten Lockergesteinen der Ebenen und Täler.

Bild 3-7 macht an einer Festgesteins-Schichtfolge Baden-Württembergs besonders deutlich, wie komplex die Möglichkeiten zur Grundwassernutzung im Festgestein sind, und wie sehr sie von Schicht zu Schicht wechseln. Bestimmend dafür sind:

- die *stratigraphische* Vielfalt, entsprechend dem Alter und der Entstehungsgeschichte,
- die *petrographische* Vielfalt, entsprechend dem Gestein und seinem Mineralbestand.

Der großen Zahl von über 40 stratigraphischen Einheiten steht in Bild 3-7 eine ähnlich große Schar von Gesteinen gegenüber. Von Schicht zu Schicht ist die Ergiebigkeit indessen sehr unterschiedlich. Dies sollte im Festgestein bei jeder Erkundung oder Erschließung des Grundwassers berücksichtigt werden.

Nutzbares Grundwasser findet sich in Bild 3-7 nicht nur in den Kalken des Malms oder des Muschelkalkes, sondern auch im mittleren Buntsandstein. Sein Hauptkonglomerat ist ein guter Kluftwasserleiter, der aus groben kantigen Blökken besteht. Am ergiebigsten ist er dort, wo seine tektonische Zerrüttung besonders viele Klüfte aufgerissen hat.

Im gesamten Profil ist Grundwasser in den tonigen Gesteinen gering oder gar nicht vorhanden. Tonig sind u.a. das Rotliegende, der Letten- und Gipskeuper und die Tone des Lias oder Doggers. Am dichtesten sind der Opalinuston, die Mergelschichten des Malms und die Tonschichten der tertiären Molasse. Nur ca. 1/3 aller Gesteine Baden-Württembergs eignen sich zur Wassergewinnung.

Die Festgesteine in Bild 3-7 wurden auch tektonisch durchbewegt, so daß gerichtete bzw. anisotrope Strukturen entstanden sind. Das Grundwasser folgt deshalb nicht nur dem Gefälle.

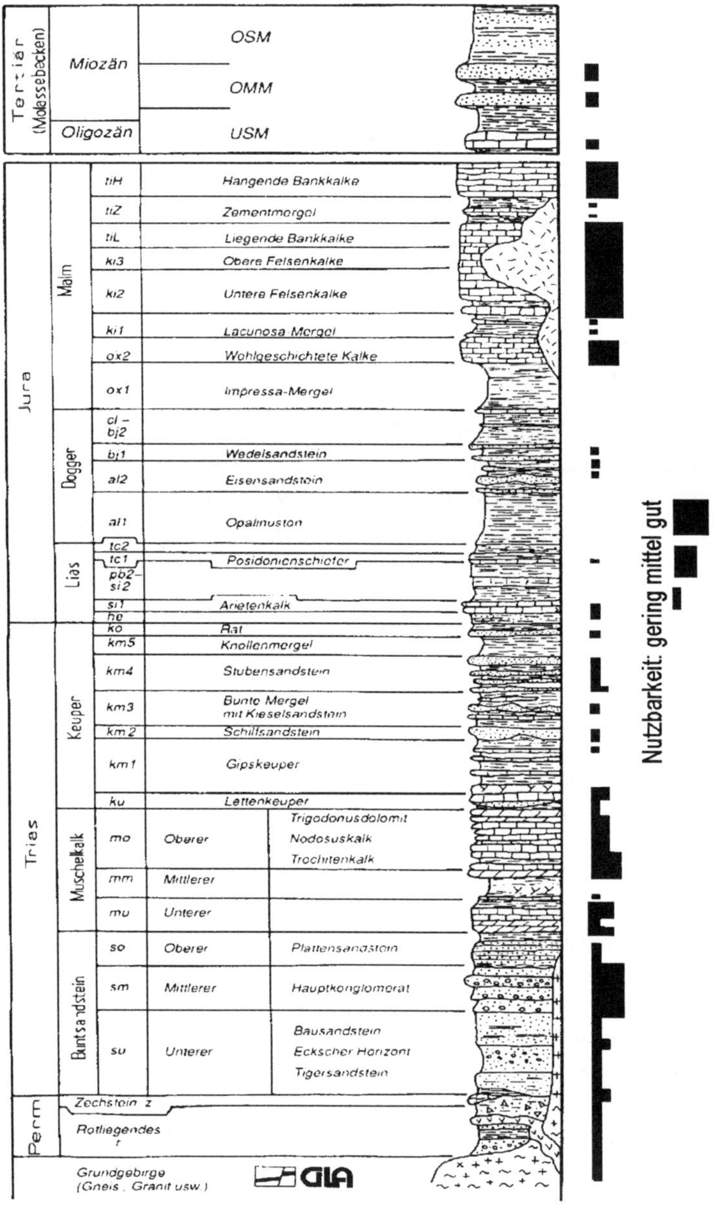

Bild 3-7. Nutzbarkeit von Festgesteinen für die Wassererschließung (GLABW)

In Sedimenten, insbesondere in Sandsteinen, sind die Sandkörner häufig parallel zum einstigen Flußlauf oder zum Sog einer längst vergangenen Brandung, d.h. anisotrop, ausgerichtet. Dies hat zur Folge, daß noch heute das Grundwasser diese Richtung bevorzugt. In Bild 3-8 kennzeichnen die kleinen weißen Pfeile das

Fließverhalten im Detail und die unterschiedlichen Wassermengen, die horizontal (80 %) mit der oder vertikal (20 %) gegen die Gefügehauptrichtung abströmen.

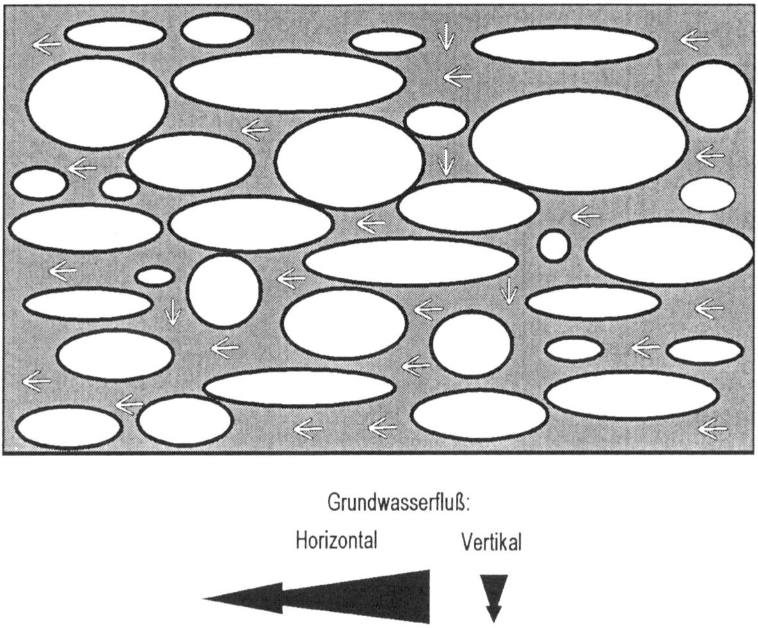

Bild 3-8. Fließanisotropie durch Kornausrichtung

Bild 3-9 stellt Grundwasser in einem anisotropen Kluftwasserleiter vor, der sich in dem massiven und harten Gestein einer Grauwacke ausgebildet hat. Der Kreis rechts oben gibt eine Kluftstatistik wieder. In eine Halbkugel wurden die gemessenen Streich- und Fallrichtungen (Winkel gegen Nord und gegen die Horizontale) von 425 Klüften eingetragen. Die überwiegende Mehrzahl der Kluftflächen steht steil bis senkrecht und verläuft (streicht) von Nordnordwest nach Südsüdost. Nur wenige Klüfte weichen von dieser Hauptrichtung ab. Sie erstrecken sich, etwas flacher einfallend, von Nordost nach Südwest.

Zum besseren Verständnis wurden charakteristische Kluftrichtungen im Blockbild 3-9 zusammengestellt. Die schwarzen Pfeile entsprechen den Richtungen der durchströmenden Wassermengen. Auch hier fließen 80 % durch die Klüfte der Hauptrichtung Nordnordwest–Südsüdost und nur 20 % durch die zweite, seltenere Kluftrichtung. Die Ergiebigkeit der Grauwacke erreicht indessen nur 12 % des Sandsteines in Bild 3-8. Die geringen Grundwasser-Ressourcen dieses Kluftwasserleiters können deshalb nicht wirtschaftlich erschlossen werden.

Die Ergiebigkeit eines Kluftwasserleiters darf jedoch nicht nur nach der statistischen Verteilung beurteilt werden. Es ist zu berücksichtigen, daß intensive tektonische Bewegungen einzelne Klüfte erheblich ausweiten können (z.B. die Über-

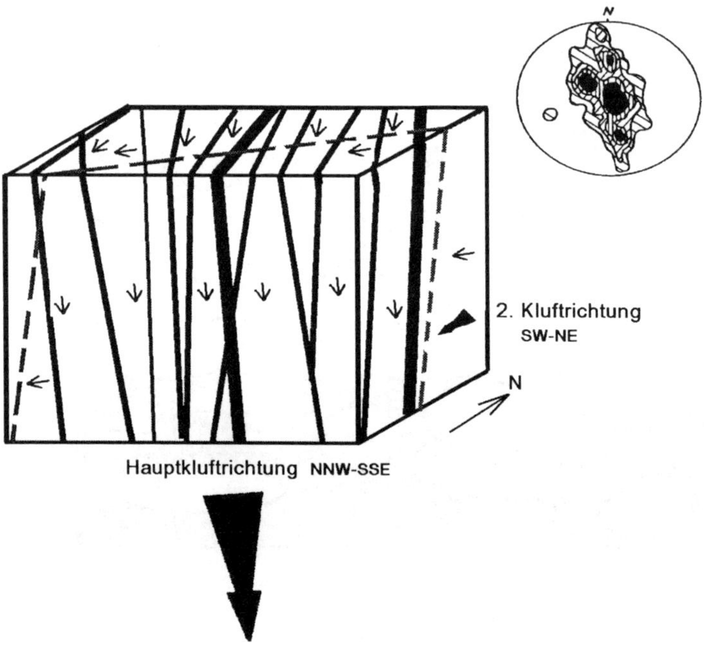

Bild 3-9. Fließanisotropie durch Kluftausrichtung

schiebung in Bild 3-6). Insbesondere in harten und spröden Gesteinen führt dies zu ausgedehnten *Ruschelzonen*, die steil stehen können. Diese Strukturen enthalten erhebliche Wassermengen, die starken hydrostatischen Druck entwickeln. Deshalb ist Vorsicht geboten beim Vortrieb von Tunneln oder bei Sprengungen in Steinbrüchen! Die plötzliche Öffnung einer solchen Spalte kann zum katastrophalen Ausbruch riesiger Wassermassen führen, die große Schäden verursachen und Menschenleben kosten können.

3.2.2 Karstgebiete

Einer der ergiebigsten Grundwasserleiter im Festgestein ist der Karst. Er bildet sich dort, wo Kalk vom Grundwasser angegriffen, d.h. gelöst werden kann, wobei Hohlräume entstehen. Folgende Gesteine können verkarsten:

- Kalk,
- Dolomit,
- Anhydrit.

Kalk und Dolomit entstehen durch Sedimentation kalkhaltiger Schalen oder anderer Kalkabscheidungen der Lebewesen des Meeres. Bekannt sind die Korallen, die im Lauf der Erdgeschichte riesige Riffe aufbauten, die z.B. zu hoch aufragenden Kalkmassiven der Alpen verdichtet und hochgepreßt wurden. Der Anhydrit ummantelt viele Salzstöcke. Er entsteht als Lösungsrückstand auf der Oberfläche des Steinsalzes und schützt es vor weiterer Auslaugung.

Diese Karstgesteine sind undurchlässig. Im Laufe der Zeit können sich jedoch Klüfte bilden oder Schichtflächen öffnen, auf denen Grundwasser eindringen und diese Gesteine auflösen kann. Dadurch entstehen nach und nach riesige Höhlensysteme. Die Verkarstung verleiht ganzen Landschaften, z.B. der schwäbischen Alb, einen besonderen Charakter und schafft spezielle Grundwasserprobleme.

Eine Karstlandschaft (Bild 3-10) ist hügelig und wird von Senken, Erdfällen, Steilkanten und Dolinen geprägt, die beim Zusammensturz unterirdischer Hohlräume einbrachen. Nicht alle Karststrukturen bzw. Höhlen sind miteinander verbunden, so daß nebeneinander getrennte Grundwasserstockwerke mit unterschiedlichen Wasserspiegeln bestehen. In Bild 3-10 ist eine Höhle dargestellt, die nur bis zu einem separaten Karstwasserspiegel mit Wasser und darüber mit Luft gefüllt ist. Im nahegelegenen Erdfall steigt dagegen das Grundwasser bis dicht unter die Oberfläche.

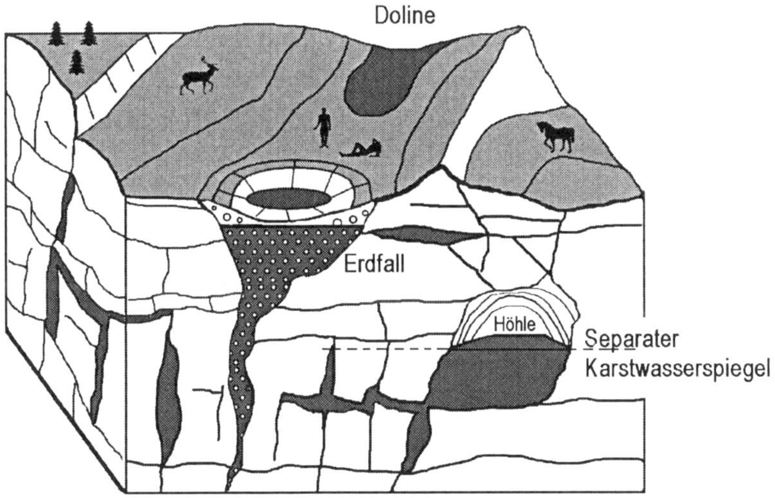

Bild 3-10. Grundwasser im Karst

In den Senken, Dolinen und Erdfällen sammelt sich das Oberflächenwasser der Niederschläge. Meist versinkt es dort sehr rasch in den Untergrund. Solche Strukturen werden als *Schlucklöcher* bezeichnet. Der Erdfall in Bild 3-10 hat diese Funktion, denn er ist mit grobem Kies und Kalkbruchstücken erfüllt. Die Zwischenräume sind offen und durchlässig. Er führt das Oberflächenwasser dem Karstwasser zu. Seine maximale Aufnahmefähigkeit von ca. 20 l/s reicht aus, um dieses abflußlose Gebiet zu entwässern. Auch nach starken Regenfällen verbleibt kein Wasser im Schluckloch.

Karststrukturen und damit das Karstgrundwasser folgen überwiegend tektonisch vorgezeichneten Richtungen. Das führt meist zu komplizierten unterirdischen Flußsystemen. Bild 7-17 zeigt die Strukturkarte des Donau-Aach-Karstgebietes in dem ein Teil des Donauwassers bei Immendingen im Flußbett versinkt und 12 km weiter südlich, in der Aachquelle, als Fluß wieder ans Tageslicht kommt. Der Verlauf dieser linearen Karststrukturen ist jedoch an der Erdoberfläche nicht zu erkennen.

Viele Karstwässer behalten die Verunreinigungen des versunkenen Fluß- oder Oberflächenwassers; denn diese werden in den großen Karsthöhlen nicht herausgefiltert. Sie können deshalb nicht als Trinkwasser genutzt werden. Es ergibt sich dann die paradoxe Situation, daß in einem Gebiet mit riesigen Karstquellen Trinkwassermangel herrschen kann.

3.2.3 Metamorphe und magmatische Gesteine

Granit soll stellvertretend für viele Gesteine dieser Kategorie beschrieben werden. Der Granit ist als Magma aus der Tiefe in die Erdkruste aufgedrungen und unter Kristallisation seiner Minerale erkaltet. Er ist massiv und dicht; seine Porosität beträgt meist weniger als 3 %. Entsprechend gering ist die Durchlässigkeit, die bei $1{,}0 \cdot 10^{-9}$ liegt. Dennoch wurde in Bild 3-5 gezeigt, daß sein Verwitterungsprodukt, der körnige und lose Granitgrus, ein guten Aquifer sein kann.

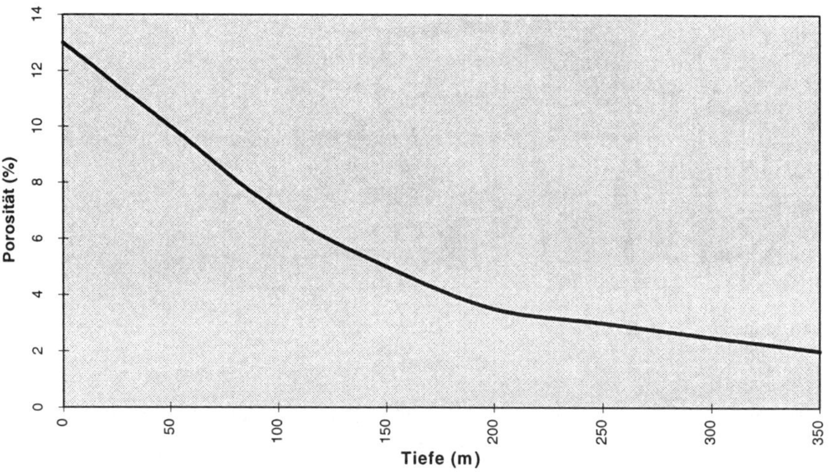

Bild 3-11. Abnahme der Porosität kristalliner Gesteine zur Tiefe

Offensichtlich verbessert sich die Durchlässigkeit dieses Tiefengesteins, wenn es durch Abtragung, auch *Erosion* genannt, an die Erdoberfläche kommt. Die Durchlässigkeit steigt auch an, wenn unter tektonischem Druck das Gestein zerreißt und klüftig wird. Auf diese Weise werden Fließwege des Grundwassers im dichten Granitgefüge geschaffen, auf denen aggressive Oberflächenwässer das Gestein angreifen und zersetzen können. Diese Zersetzung oder *Verwitterung* schreitet so lang fort, bis schließlich der massive Granit zum sandartigen Grus zerfallen ist.

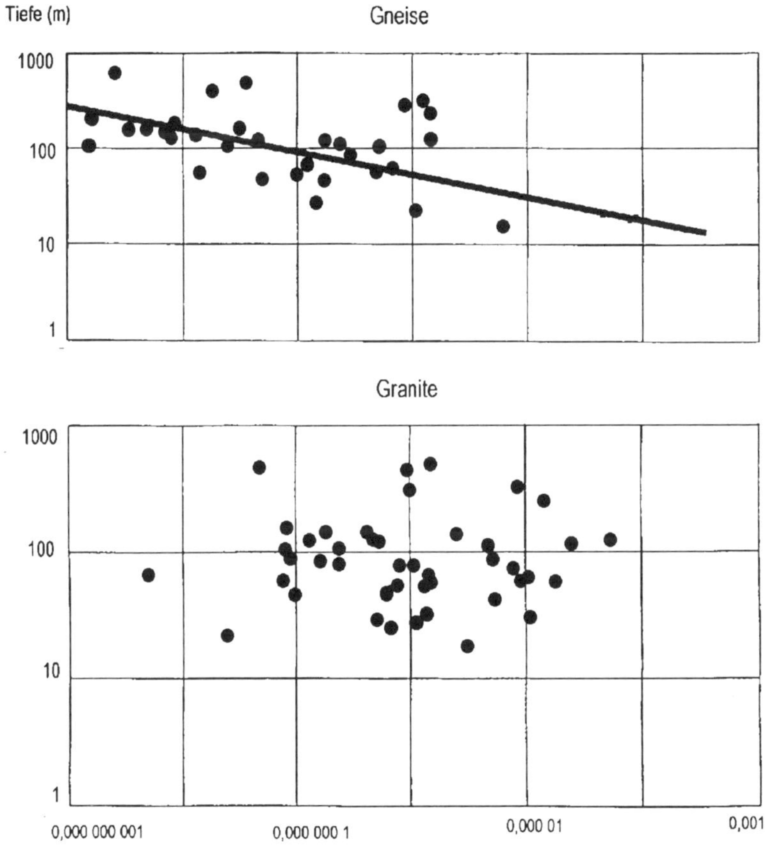

Bild 3-12. Änderung der Durchlässigkeit mit der Tiefe in Gneisen und Graniten (Stober, 1994)

Da dies von der Oberfläche her geschieht, folgt, daß die Durchlässigkeit des Granits und anderer kristalliner Gesteine mit der Tiefe zunehmen muß. Bild 3-11 liefert den Beweis an Hand von 324 Porositätsbestimmungen an Bohrkernen. Von 350 m bis 200 m Tiefe steigt die Porosität nur langsam an. Darüber wächst sie schneller bis auf den Wert von 13 % nahe der Oberfläche. Hieraus ergibt sich, daß dieses kristalline Gebirge etwa 200 m tief zerklüftet ist. Die Durchlässigkeiten entsprechen jedoch nicht dem Porenraum oder der durchflußwirksamen Porosität, da in den engen Klüften ein großer Teil des Grundwassers nicht fließen kann, sondern an den Mineraloberflächen haften bleibt.

Eine Untersuchung der Gneise und Granite des Schwarzwaldes ergab folgende mittlere Durchlässigkeiten (T/H):

Kristallin gesamt	$2{,}14\cdot10^{-7}$ m/s
Granite	$9{,}55\cdot10^{-7}$ m/s
Gneise	$5{,}01\cdot10^{-8}$ m/s
	(Stober 1994)

In Bild 3-12 werden Durchlässigkeiten aus verschiedenen, bis 900 m tiefen Bohrungen miteinander verglichen, die in zahlreichen hydraulischen Tests ermittelt worden sind. Aus der oberen Trendlinie geht hervor, daß die Durchlässigkeit der Gneise mit der Tiefe abnimmt, die Granite zeigen dagegen keine ausgeprägte Verminderung. Offensichtlich gibt es Unterschiede in der Tiefenabhängigkeit der Porositäten bzw. der Durchlässigkeit bei kristallinen Gesteinen.

3.2.4 Eruptivgesteine

Vulkanische Gesteine, insbesondere Laven, kühlen nach ihrer Eruption rasch an der Luft oder im Wasser ab, wobei ihr Volumen schrumpft. Dabei reißen zahlreiche Dehnungsklüfte auf, die sich später mit Grundwasser füllen. Ein markantes Beispiel ist der Basalt, der in langen, sechsseitigen Säulen erstarrt, die in den Basaltsteinbrüchen wie steinerne Orgelpfeifen nebeneinanderstehen.

Viele Basalte sind Grundwasserleiter (Bild 3-13), allerdings mit wechselnden Ergiebigkeiten. Die höchsten finden sich im unverwitterten Gestein, denn durch die Verwitterung entsteht toniger Zersatz, der die Kluftflächen verschließt und die Wasserbewegung hemmt.

Der Basalt des Bildes 3-13 weist gute Durchlässigkeiten bis zu 0,05 m/s auf, wie auch andere geklüftete Lavaströme und Vulkanschlote des Tertiärs. Mit zunehmendem erdgeschichtlichen Alter vermindert sich jedoch ihre Permeabilität.

Insgesamt gesehen ist:

- die Eignung der Festgesteine als Grundwasserleiter geringer als in Lockergesteinen. Sie hängt ab vom Mineralbestand, dem Alter und der tektonischen Beanspruchung,
- die Erkundung und Erschließung des Grundwassers in Festgesteinen schwieriger und aufwendiger als in Lockergesteinen.

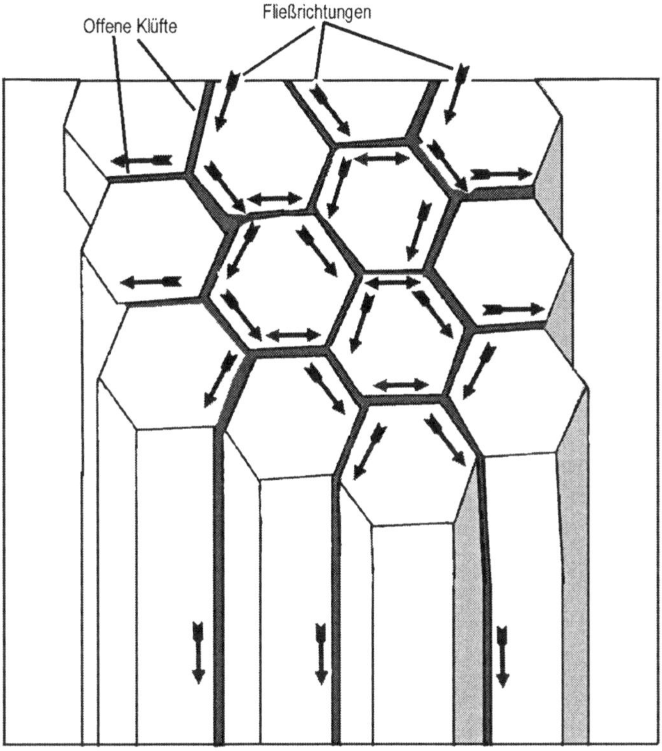

Bild 3-13. Fließwege zwischen Basaltsäulen eines Lavastromes

4 Eigenschaften

4.1
Einzugsgebiet

4.1.1
Lockergestein

Grundwasser wird nicht nur von den Strukturen unter der Erde, sondern auch von der Gestalt der Erdoberfläche beeinflußt. Bild 4-1 erklärt, welche Geländeformen das *Einzugsgebiet* eines Grundwasserleiters bzw. Brunnens begrenzen können. Das Einzugsgebiet umfaßt den Bereich, in dem alle Niederschläge, die nicht oberirdisch abfließen, zur Grundwasserneubildung beitragen.

In Bild 4-1 ist das Einzugsgebiet eines Brunnens und seines Grundwasserleiters grau dargestellt. Die Zahlen an den gestrichelten Höhenlinien geben die Höhe in Metern über dem normalen Meeresniveau (+NN) an. In diesem Gebiet erreicht jeder versickerte Regentropfen die ungesättigte Zone und schließlich den Grundwasserleiter (vorn im Bild). Dies gilt bis an die *Wasserscheide,* das ist eine Linie, welche die höchsten Punkte des hufeisenförmigen Höhenzuges rings um das Tal verbindet.

Trifft der Regentropfen jedoch außerhalb der Wasserscheide auf, so wird er seitlich abgeführt. Wenn er dann versickert, gelangt er nicht mehr in den Grundwasserleiter des Brunnens, denn undurchlässige Tonschiefer (rechts in Bild 4-1) leiten ihn zu einem anderem Grundwasserleiter ab. Offensichtlich legen nicht nur die Geländegestalt, sondern auch der geologische Bau die Ausdehnung eines Einzugsgebietes fest.

Bild 4-2 ist ein Beispiel für die geologische Erweiterung eines Einzugsgebietes über die Wasserscheide hinaus. Eine Tonschieferschicht, deren Oberfläche nach rechts einfällt, tritt als Grundwasserstauer auf. Auf ihrer Oberfläche fließen die Sickerwässer nach rechts in einen Grundwasserleiter aus Kiesen und Sanden, dessen Mächtigkeit anwächst. Die ungesättigte Zone darüber wird wiederum von einem Hügel, der aus *Löß* besteht, überdeckt. Löß ist eine vom Wind verfrachtete, *äolische* Ablagerung aus feinem Staub, die im Vorland eiszeitlicher Gletscher abgelagert wurde. Wegen seiner mittleren Durchlässigkeit kann Wasser langsam hindurch sickern.

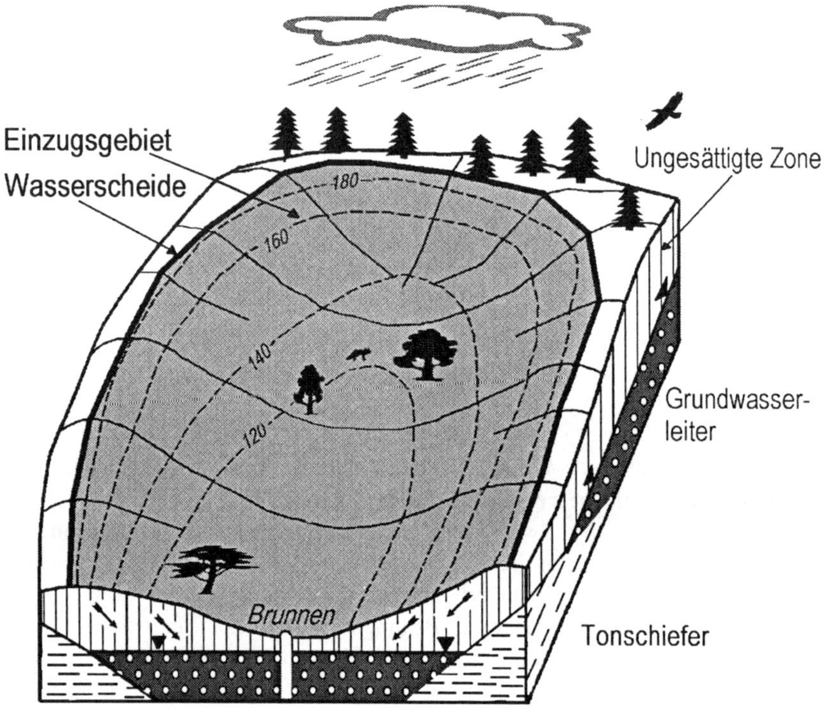

Bild 4-1. Schema eines Grundwassereinzugsgebietes

Das Einzugsgebiet in Bild 4-2 wird auf diese Weise von den geologischen Strukturen um 1/3 nach links, über die Wasserscheide hinaus, vergrößert. Auf der Erdoberfläche gibt es jedoch dafür keine Anzeichen.

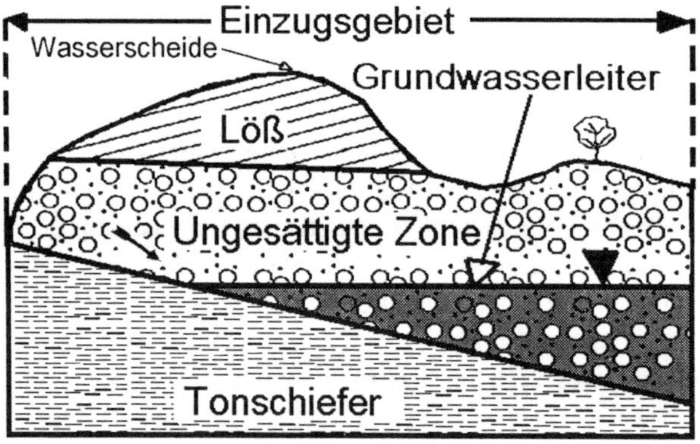

Bild 4-2. Geologisch vergrößertes Einzugsgebiet

Für die Bemessung von Einzugsgebieten gilt:

- Die Grenzen eines Einzugsgebietes können nicht nur nach der Geländegestalt festgelegt werden.
- Der geologische Aufbau des Untergrundes muß bekannt sein.
- Fehlen diese Kenntnisse, die z.B. aus geologischen oder hydrogeologischen Karten, Profilen und Veröffentlichungen gewonnen werden können, sind zusätzliche geophysikalische Messungen, Bohrungen oder andere Aufschlußarbeiten erforderlich.
- Das Einzugsgebiet muß den Anforderungen an Schutzgebiete für Grundwasser genügen (DVGW, 1995), (Abschn. 11.1).
- Die Kenntnis der Größe von Einzugsgebieten ist für die Berechnung der Grundwasserneubildung erforderlich.

4.1.2 Festgestein

Die Bestimmung der Grundwasser-Einzugsgebiete ist in den Kluftgrundwasserleitern des Festgesteins schwieriger als im Lockergestein. Bild 4-3 beschreibt einen Anhydritkarst, der sich über einem Salzstock gebildet hat. In ihm sind zwei langgestreckte und parallele Spaltenzüge oder *Lineare* aufgerissen.

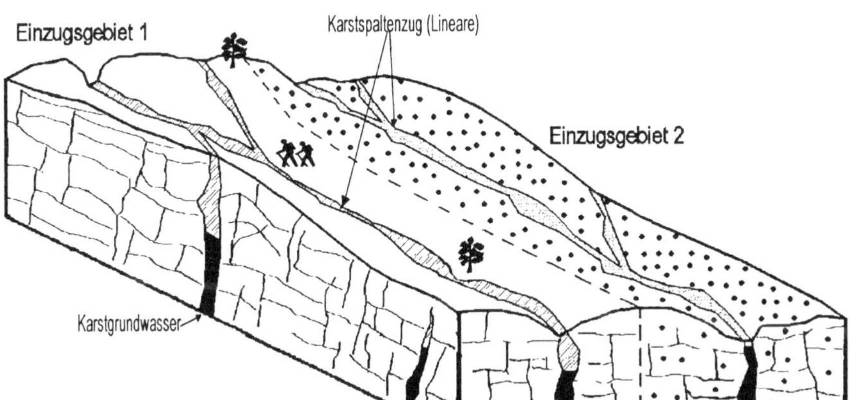

Bild 4-3. Zwei Einzugsgebiete in einer Karstregion

An der Oberfläche verlaufen beide in flachen Senken und zeigen keine Unterschiede. Erst der Vergleich ihrer Grundwasserspiegel ergibt einen Gegensatz: der Grundwasserspiegel im Einzugsgebiet 2 liegt höher. Hieraus geht hervor, daß die beiden nicht miteinander verbunden sein können. Zusätzlich zum Einmessen der Grundwasserspiegel sollten in diesem Fall *Tracer- oder Markierungsversuche* (Abschn. 6.1) durchgeführt werden, um diesen Befund zu bestätigen.

Die Kenntnis der Verbindungen von Kluftsystemen ist im Karst besonders wichtig, da hier Verschmutzungen durch versickerndes Flußwasser oder der Eintrag von Schadstoffen in das Grundwasser häufig vorkommen. Die hohe Fließgeschwindigkeit und weit offene Klüfte verhindern die Reinigung durch Adsorption der Schadstoffe (Kap. 3). Auf diese Weise können gefährliche Substanzen im Karstgrundwasser rasch über große Entfernungen transportiert werden und Trinkwasservorkommen unbrauchbar machen.

In porösen Festgesteinen, die der Verwitterung und Abtragung durch Niederschläge besser widerstehen als andere Gesteine, kann es vorkommen, daß Einzugsgebiete nicht als Senken, sondern als Berge, ja sogar als Fels- und Gipfelregionen ausgebildet sind. Bild 4-4 macht dies an einem vertikalen Schnitt durch eine Bergzone mit zwei Gipfeln deutlich.

Zwei poröse und klüftige Sandsteinschichten fallen nach rechts ein. Sie sind gute Grundwasserleiter und widerstanden der Verwitterung. Als *Härtlinge* ragen sie nun in zwei Felsregionen über die undurchlässigen und weicheren Tonsteine hinaus. Trotzdem werden die Niederschläge von den Sandsteinen aufgenommen und sinken durch die ungesättigte Zone in das Grundwasser, das grau gezeichnet ist.

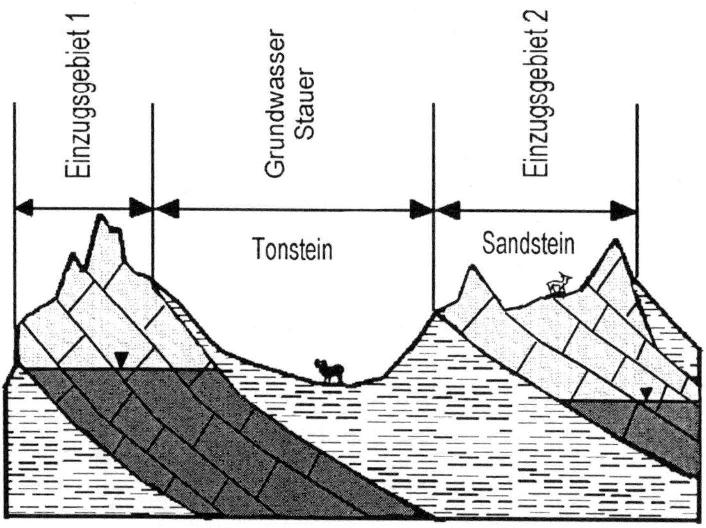

Bild 4-4. Bergige Einzugsgebiete im Festgestein

Der Grundwasserspiegel im Einzugsgebiet 1 liegt höher als im Gebiet 2. Daraus geht wiederum hervor, daß die beiden Einzugsgebiete und die zu ihnen gehörenden Grundwasserleiter nicht miteinander verbunden sind. In diesem Fall kann auch von zwei verschiedenen *Grundwasserstockwerken* gesprochen werden, obwohl diese nicht über-, sondern nebeneinander liegen.

Diese Beispiele von Einzugsgebieten könnten in beliebigem Umfang ergänzt werden, da unendlich viele Geländeformen und geologische Strukturen zu Einzugsgebieten werden können. Dies würde jedoch den Umfang dieses Buches überschreiten. Für weitergehende Informationen stehen Beispiele in der angeführten Literatur zur Verfügung.

4.2 Vorfluter

Eine Grundwasserneubildung kann nur stattfinden, wenn der Grundwasserleiter das eingesickerte Wasser speichern kann. Ist seine Kapazität erschöpft, muß er Wasser abgeben; er läuft sozusagen über. Das überschüssige Wasser tritt in Quellen (Abschn. 4.3) oder in Bächen und Flüssen aus. Sie werden als *Vorfluter* bezeichnet.

Bei Platzregen strömt ein großer Teil des Niederschlagswassers breit gefächert auf der Erdoberfläche zu Tal, bevor es in die Bodenschicht bzw. die ungesättigte Zone einsickern kann. Ein Vorfluter nimmt diese Wässer auf und führt sie ab. In Bild 4-5 wird dies von flachen schwarzen Pfeilen dargestellt.

Währt der Regen länger, dringen erhebliche Wassermengen auch in die Bodenschicht ein und fließen darin ab, wobei auch sie dem Gefälle des Geländes folgen. Ihren Weg kennzeichnen die kleinen Pfeile an der Seite des Bildes 4-5.

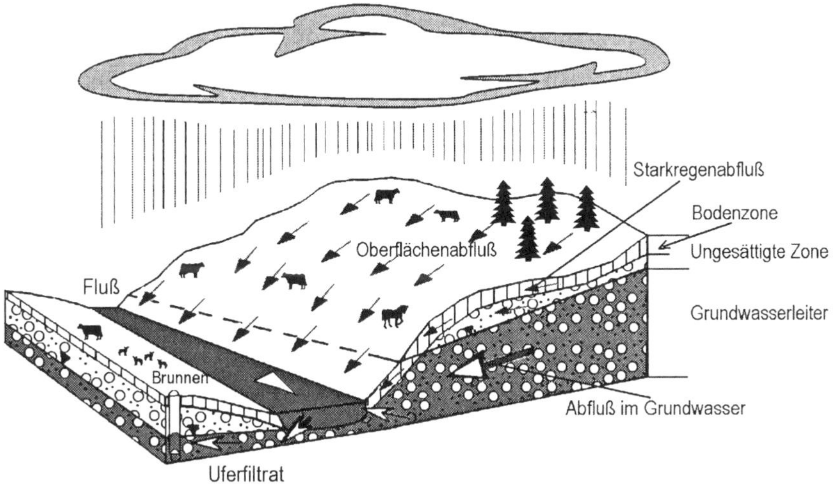

Bild 4-5. Vorfluter mit Zu- und Abflüssen

Bei andauerndem Regen verringern sich die Oberflächen- und Bodenabflüsse zugunsten der Versickerung noch mehr, d.h. der Anteil, welcher in das Grundwasser gelangt, steigt an. Darin angekommen (großer Pfeil in Bild 4-5) strömen die Wässer unterirdisch zum nächsten Bach oder Fluß, dem Vorfluter, wo sie seitlich oder von unten in das Flußbett eindringen (kleiner Pfeil). Dies setzt jedoch voraus, daß das Flußbett durchlässig und der Grundwasserspiegel gleich oder höher ist als der Wasserstand des Flusses. Flüsse, deren Bett durch lehmige oder tonige Ablagerungen abgedichtet wird, können nicht als Vorfluter dienen.

Vorn rechts wird in Bild 4-5 gezeigt, wie Wasser aus dem Fluß wieder in den Grundwasserleiter einsickert und im Abstrom abgeführt wird (kleiner Pfeil). Dieses verunreinigte Flußwasser wird in den Sanden und Kiesen des Grundwasserleiters gereinigt und kann schließlich als sauberes *Uferfiltrat* aus Brunnen neben dem Fluß entnommen werden.

4.3 Quellen

Bereits in Bild 2-4 wurden eine artesische Quelle und ein Quellhorizont, der von einem gestauten Grundwasser gespeist wird, vorgestellt. Das Quellgebiet liegt im Gebirge, wo die meisten Quellen sprudeln. Im Flachland steigt das Grundwasser in der Regel aus gespannten (artesischen) Grundwasserleitern auf. Es tritt nur selten als starke Quelle zutage, sondern dringt diffus im Boden nach oben. Diese Zonen werden oft übersehen, wenn sie sich nicht durch dichten Bewuchs wasserliebender Pflanzen verraten.

Bild 4-6 gibt zwei Quelltypen aus dem Mittelgebirge wieder. Beide liegen in Kalkgesteinen; ihre Grundwasserleiter unterscheiden sich dennoch erheblich. Die wasserführenden Bereiche sind grau gefärbt.

In Bild 4-6 A besteht der Grundwasserleiter aus gebankten und geklüfteten Kalken, die flach nach rechts einfallen. Zwei Quellen treten auf beiden Seiten eines Tales aus, dessen Hänge durch unterschiedliche Maßstäbe für Höhe und Länge sehr steil erscheinen. Auch die als Grundwasserstauer wirkenden Tonschiefer fallen nach rechts ein.

Die Quelle links des Tales, wo die Oberfläche des Grundwasserstauers über das Talniveau ansteigt, weist nur eine geringe *Schüttung* (Ausfluß) auf. Die Quelle auf der rechten Seite des Tales liefert dagegen mehr Wasser. Sie dient als Überlauf des Aquifers, dessen Mächtigkeit und Speicherfähigkeit nach rechts zunimmt.

Die linke Quelle liefert in Regenperioden viel, in trockenen Zeiten jedoch nur wenig oder gar kein Wasser, d.h., ihre Schüttung ist variabel. Die rechte Quelle läuft gleichmäßiger, kann jedoch in Trockenperioden versiegen, wenn der Grundwasserspiegel unter ihr Niveau absinkt.

Diese Beispiele zeigen, daß die Schüttung natürlicher Quellen erheblich schwanken kann. Vor einer Nutzung zur Trinkwassergewinnung ist es deshalb notwendig, die Schüttung über einen längeren Zeitraum zu registrieren, um geringste, größte und durchschnittliche Wassermengen in Abhängigkeit von Niederschlag und Jahreszeit zu ermitteln.

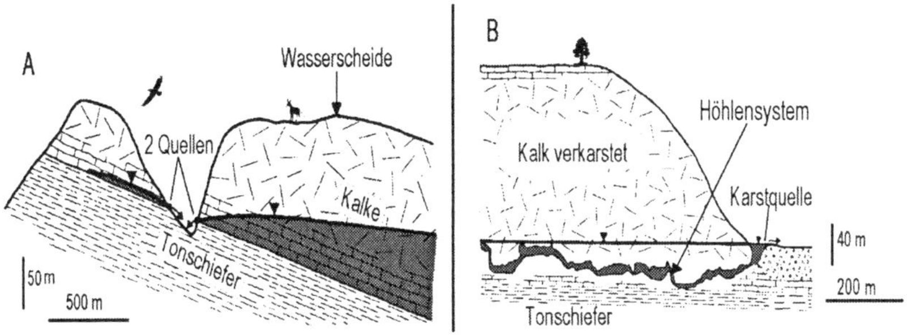

Bild 4-6. Quellen an Kluft- und Karstgrundwasserleitern im Kalk (Strayle u. a. 1994)

Ein typischer Karstgrundwasserleiter wird in Bild 4-6 B vorgestellt. Hier erstreckt sich ein langgestrecktes und offenes Höhlensystem etwa 1700 m tief in einen Kalkberg hinein. Es wird von Wasser (grau) durchströmt. Die Schüttung der Karstquelle, die an seinem Ende einen *Quelltopf* ausgespült hat, ist zwar groß, sie kann jedoch wegen ihrer Trübung und Schmutzfracht (s.o.) nicht als Trinkwasser verwendet werden. Ihre Schüttung schwankt mit den Niederschlagsmengen, allerdings mit Verzögerungen von einigen Stunden bis zu Tagen.

4.4 Grundwasseroberfläche

Die Bezeichnung „Grundwasseroberfläche“ ist zutreffender als „Grundwasserspiegel“, denn sie entspricht nur selten dem ebenem Spiegel eines stillen Sees, sondern ist gewöhnlich geringfügig geneigt. Da das Grundwasser im Normalfall in die Neigungsrichtung fließt, ist es wichtig, diese zu kennen. Dies geschieht, indem man die Wasserstände einzelner *Grundwassermeßstellen*, d.h. in Pegelbrunnen oder -bohrungen, gleichzeitig registriert und in eine Karte einträgt. Durch Interpolation entsteht daraus eine *Isolinienkarte* der Grundwasseroberfläche, welche die Hydrogeologen auch als Karte der *Grundwassergleichen* bezeichnen.

Eine solche Karte gibt Bild 4-7 wieder. Alle Werte sind auf NN (Normal-Null- oder Meerersniveau) bezogen. Die Zahlen der topographischen Höhen sind geneigt, die Zahlen der Grundwasseroberfläche gerade dargestellt. Die Grundwassergleichen sind durchgezogen, die Höhenlinien, die der topographischen Karte entnommen wurden, gestrichelt eingezeichnet. Während das Gelände von Süden nach Norden von 95 m +NN auf über 115 m +NN ansteigt, fällt die Grundwasseroberfläche von 90 m +NN im Nordwesten bis auf 82 m +NN im Südosten ab. Dementsprechend strömt das Grundwasser von Nordwesten nach Südosten.

In dem in Bild 4-7 dargestelltem Gebiet liegen 7 Grundwassermeßstellen. Davon ist die Nr. 7 ein Brunnen, alle anderen sind Pegelbohrungen, die eigens zur Beobachtung des Grundwassers angelegt wurden. Mathematisch betrachtet, reicht diese Datendichte nicht aus, um die Grundwasseroberfläche genau zu erfassen. Es sind deshalb Kenntnisse der Geologie, der Grundwasservorkommen in Nachbargebieten und die Resultate geophysikalischer Tiefensondierungen (Kap. 7) hinzugezogen worden.

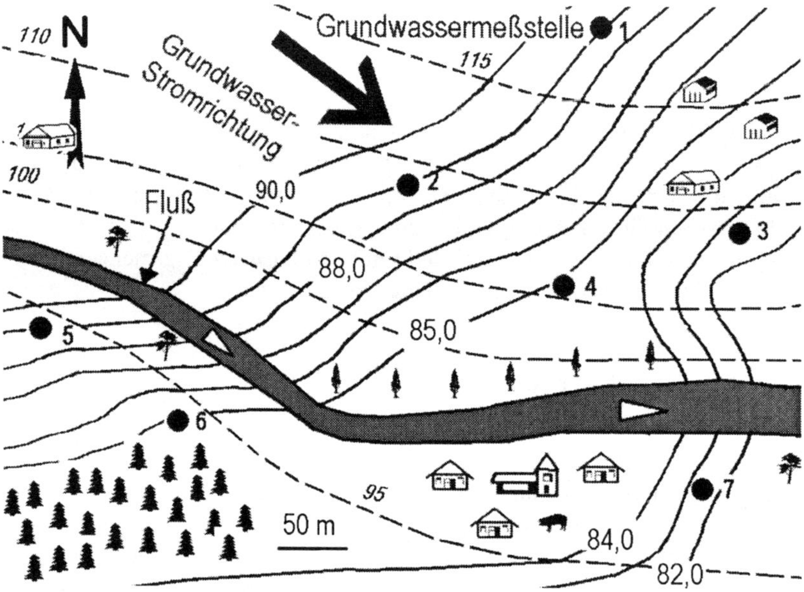

Bild 4-7. Grundwassergleichen eines Grundwasserleiters mit Höhenlinien (gestrichelt)

Aus den Daten des Bildes 4-7 läßt sich eine Karte mit dem Verlauf der Grundwasseroberfläche in der Tiefe konstruieren. Da die Erdoberfläche in der Hydrogeologie „Flur" genannt wird, wird die Tiefe auch als der Abstand von dieser Flur (nach unten gerechnet) beschrieben. Die Fachbezeichnung der entsprechenden Tiefenlinien-Karte lautet deshalb *Karte der Flurabstände*. Bild 4-8 stellt die entsprechende Konstruktion vor. Jetzt wird z.B. ersichtlich, daß an der Meßstelle 5, (bei A) die Grundwasseroberfläche nur 6 m tief liegt, danach sinkt sie nach links (bei B) erheblich ab.

Bild 4-9 erläutert dies in einem Vertikalschnitt der von A (im Westen) nach B (im Osten) gelegt wurde. Die Grundwasseroberfläche liegt bei B 24 m tiefer als bei A. Für einen Brunnen müßte deshalb im Osten 5 mal tiefer gebohrt werden als im Westen. Dieses Beispiel zeigt, daß Karten der Flurabstände vorhanden sein müssen, ehe man mit der Erschließung eines Grundwasserleiters beginnen kann.

Das Grundwasser strömt in Bild 4-9 in Richtung des weißen Pfeils. Allerdings wird die Oberfläche des Grundwassers zu steil dargestellt, da das Bild etwa zweieinhalb mal überhöht wurde, um alle Schichten sichtbar zu machen.

Obwohl der Grundwasserleiter unter einer Tonschicht liegt, ist sein Wasser nicht gespannt oder artesisch, weil er nicht bis an die obere Tonschicht reicht.

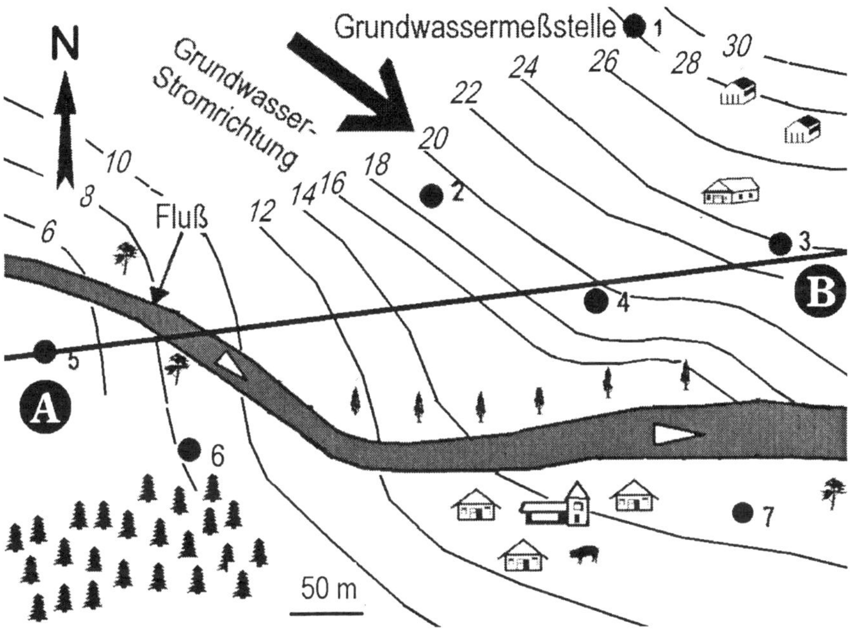

Bild 4-8. Tiefenlinienkarte der Grundwasseroberfläche (Flurabstandskarte)

Dazwischen liegt die ungesättigte Zone. Da deren Sande sowohl Haft- oder Sickerwasser als auch Luft enthalten, findet eine Entspannung bzw. ein Druckausgleich statt.

Weder die Grundwassergleichen noch die Tiefenlinien der Grundwasseroberfläche werden vom Verlauf des Flusses abgelenkt. Hieraus ist zu schließen, daß kein Wasseraustausch zwischen Fluß- und Grundwasser stattfindet. Die Ursache ist der Verlauf des Flußbettes in der Tonschicht, die sein Bett gegen den darunter liegenden, sandigen Grundwasserleiter abdichtet. Das Flußwasser kann daher nicht versickern.

Bild 4-9 enthält noch einen zweiten Grundwasserleiter. Das ist die als „Kiesterrasse" bezeichnete oberste Schicht, die oberhalb des Flusses aufhört oder „auskeilt". Sie besteht aus grobkörnigen, älteren Ablagerungen des Flusses, die auf einem höherem Niveau als das heutige Flußbett liegen. Allerdings kann sich in dieser Terrasse nur wenig Grundwasser ansammeln, denn dort, wo sie auskeilt, dringen die eingesickerten Wässer z.T. als Quellen, z.T. diffus heraus und fließen an der Erdoberfläche bzw. in der Bodenschicht über die undurchlässigen Tone in den Fluß. Diesen Quellhorizont bezeichnet der schwarze Pfeil (Bild 4-9).

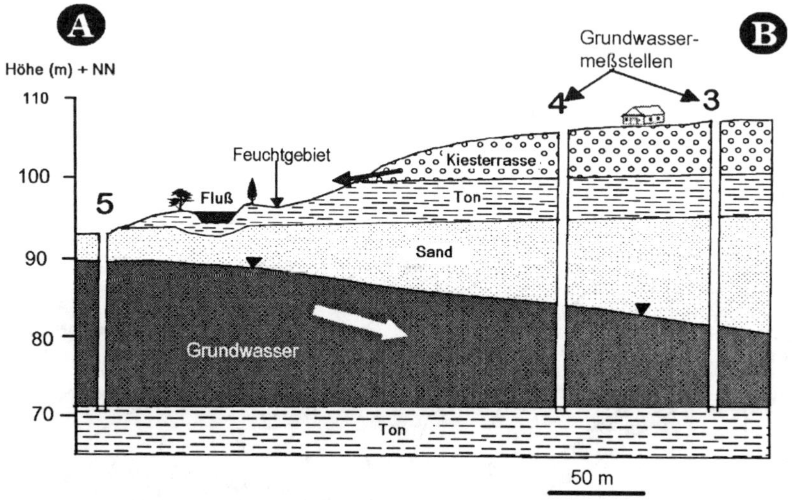

Bild 4-9. Schnitt durch den Grundwasserleiter der Bilder 4-7 und 4-8

Das Gebiet zwischen dem „Fuß" der Kiesterrasse und dem Fluß ist feucht. Dort wachsen Sumpfpflanzen und es kann nur eingeschränkt landwirtschaftlich genutzt werden.

4.5 Stoffe im Grundwasser

In diesem Abschnitt werden ausschließlich natürliche Bestandteile des Grundwassers behandelt. Verschmutzungen, die auf menschliche Aktivitäten zurückgehen, sind Gegenstand des Kap. 10.

4.5.1 Gelöste Stoffe

Regen und Schnee enthalten bereits gelöste Stoffe, wenn sie auf die Erde fallen. Tabelle 5 gibt Durchschnittswerte wieder.

Tabelle 5. Im Niederschlag gelöste Stoffe: Mitteleuropa 1977–1986

Kationen (mg/l)				Anionen (mg/l)				pH
	Na	Mg	K	Cl	SO_4	NO_3	SiO_2	
2,1	1,4	0,4	0,4	3,5	2,2	0,4	0,2	5,5

(UN Report 1990)

Im Grundwasser treten weitere gelöste anorganische Verbindungen auf; die wichtigsten werden in Tabelle 6 aufgezählt (ohne Mineral- und Heilwässer).

Tabelle 6. Im Grundwasser gelöste Stoffe

Hauptanteile > 5 mg/l		Spurenanteile < 0,1 mg/l	
Kohlenstoff - als Kohlensäure-CO_2	C	Aluminium	Al
Sauerstoff	O	Antimon	Sb
Kalzium	Ca	Arsen	As
Chlor - im NaCl-Kochsalz)	Cl	Barium	Ba
Magnesium	Mg	Blei	Pb
Silizium	Si	Gold	Au
Natrium - im NaCl-Kochsalz	Na	Jod	J
Schwefel - als Sulfid	S	Kadmium	Cd
		Kupfer	Cu
Nebenanteile 0,1–5 mg/l		Mangan	Mn
Bor	B	Nickel	Ni
Fluor	F	Phosphor	P
Eisen	Fe	Radon	Rn
Stickstoff - in Nitraten	N	Silber	Ag
Kalium	K	Zink	Zn
Strontium	Sr	Zinn u. a.	Sn

(UN Report, 1990)

4.5.2 Wasserhärte

Grundwasser ist kein chemisch reines H_2O, sondern führt eine Anzahl von gelösten Stoffen als Ionen mit. Am besten bekannt ist die *Wasserhärte*, da sie den Verbrauch an Waschmitteln bestimmt. Hierfür ist hauptsächlich die Karbonathärte oder der Anionen-Gehalt an Hydrogenkarbonaten (HCO_3^-)[1] verantwortlich. Die zugehörigen Kationen sind Kalzium (Ca^+) und zum geringeren Teil Magnesium (Mg^+)[2].

Die *Wasserhärte* hängt vom chemischen Gleichgewicht zwischen dem Kalk/Magnesiumgehalt (Ca/Mg) des Wassers und der vorwiegend aus der Luft

[1] - bezeichnet Anionen

[2] + bezeichnet Kationen

gelösten Kohlensäure (CO_2) ab (Tabelle 7). Sie wird in „Deutsche Härtegrade" unterteilt.

Tabelle 7. Deutsche Härtegrade

Eigenschaft	Härte (°dH)
sehr weich	0 - 4
weich	4 - 8
mittel hart	8 - 18
hart	18 - 30
sehr hart	>30

Kalk und Kohlensäure sind im Gleichgewicht, wenn das Gas Kohlendioxid (CO_2) vom Regen aus der Luft aufgenommen wird und mit den einsickernden Wässern als Kohlensäure (HCO_3) ins Grundwasser gelangt. Falls im Grundwasserleiter Kalk ($CaCO_3$) vorhanden ist, wird dieser so lange als Kalzium-Hydrogenkarbonat ($CaHCO_3$) gelöst, bis das Gleichgewicht der Kurve (Bild 4-10) erreicht ist. Höhere Wassertemperatur bzw. hoher Wasserdruck beschleunigen diesen Vorgang.

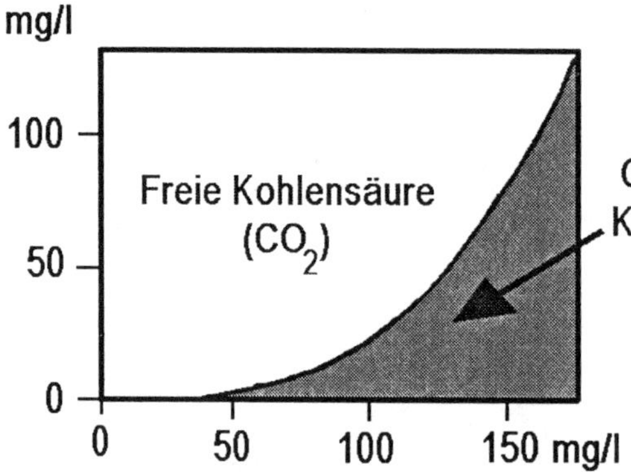

Bild 4-10. Kurve des Kalk-Kohlensäure-Gleichgewichts

In sandigen oder kiesigen Grundwasserleitern stellt sich dieses Gleichgewicht zwischen der gelösten Kohlensäure und den Kalziumionen rasch ein. Dies ändert sich jedoch sofort, wenn das Grundwasser Kalk durchfließt. Bei hohem Kohlensäureanteil wird viel Kalk gelöst und vom Grundwasser abgeführt (senkrechte Schraffur in Bild 4-11). Alle Gebiete mit kalkhaltigen Gesteinen führen deshalb „hartes" Grundwasser.

Wird der CO_2- oder Kohlensäuregehalt durch Verdunstung plötzlich vermindert, so fällt der gelöste Kalk wieder aus. Diesem Vorgang verdanken wir die schönen Tropfsteine bzw. Stalaktiten und Stalakmiten in vielen Kalkhöhlen (Bild 4-11).

Die Wasserhärte macht sich indessen nicht nur in der Natur, sondern auch in Industrie und Haushalten bemerkbar. Wenn die im Wasser gelösten Verbindungen von Kalzium oder Magnesium mit Seife reagieren, entwickeln sich unlösliche Salze, d.h., die Seife wird unwirksam. In Wasserleitungen und Heißwasser- oder Dampfkesseln fällt der Kalk als Kesselstein aus und vermindert die Wärmeleitfähigkeit oder den Querschnitt der Leitungen. Deshalb sollte die Härte von Brauch- und Trinkwässern möglichst unter 20°dH liegen.

Weiches Wasser geringer Härte findet sich dementsprechend nur in kalkfreien Gesteinen, z.B. in reinen Kiesen oder Sanden der Flußtäler und Ebenen, sowie in Schiefern, Graniten oder Gneisen der Gebirge. Dieses Wasser ist nicht nur begehrt, um Waschmittel zu sparen, sondern auch um gutes Bier zu brauen.

In einigen Karstgebieten muß Trinkwasser, das über 30° Härte aufweist, „aufbereitet" oder enthärtet werden. Dies geschieht durch Zusatz von Kochsalz oder von künstlichen Harzen, welche die Karbonate binden. Obwohl die Harze durch Säuren regeneriert und mehrfach verwendet werden können, ist dieses Ver-

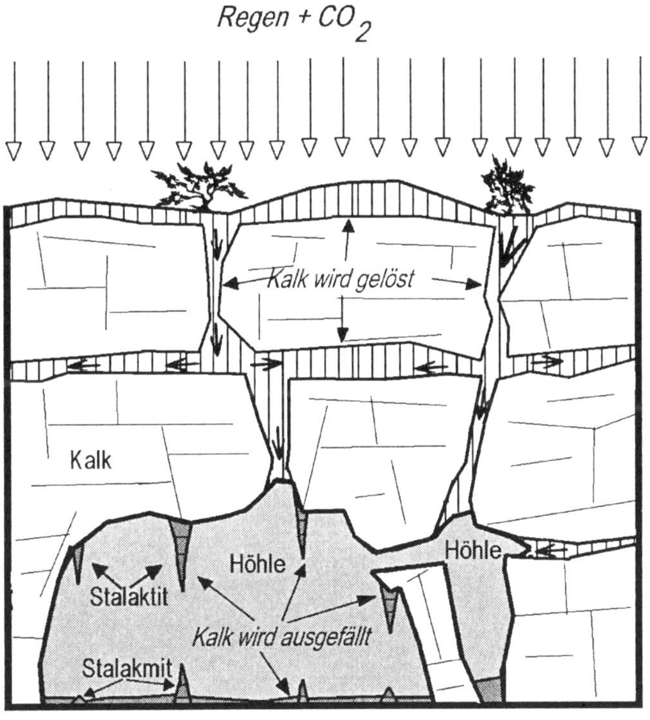

Bild 4-11. Schnitt durch ein Karstgebiet mit Zonen der Lösung und Ausfällung

fahren relativ teuer und bedingt hohe Wasserpreise. Andererseits werden dadurch erhebliche Mengen an Waschmitteln eingespart.

4.5.3
pH-Wert

„pH" ist die Abkürzung für die lateinische Bezeichnung: „potentia hydrogenii", die Stärke des Wasserstoffs. Der pH-Wert gibt die Konzentration der im Wasser enthaltenen Wasserstoffionen an, welche bestimmt, ob eine wässerige Lösung sauer oder alkalisch bzw. basisch reagiert.

Der pH-Wert entspricht dem negativen dekadischen Logarithmus der Konzentration an Wasserstoffionen bei einer Temperatur von 25 °C. Reines Grundwasser mit dem neutralen pH-Wert 7 zeigt weder eine saure noch eine alkalische Reaktion. Saure Wässer haben einen geringeren, basische einen höheren pH-Wert als 7.

In neutralem Wasser befinden sich die positiven Wasserstoffionen H^+ im Gleichgewicht mit den negativen Hydroxydionen OH^-. Sinkt die Wassertemperatur unter 25 °C, so verschiebt sich dieses zu höheren pH-Werten. Dementsprechend vermindert sich der pH-Wert bei höheren Wassertemperaturen. Bei 0 °C stellt sich das Gleichgewicht bei pH 7,5 und bei 50 °C bei pH 6,6 ein.

In Mitteleuropa bewegen sich die pH-Werte des Grundwassers überwiegend zwischen 5 und 8. Die Unterschiede basieren meist auf den Gesteinen des Grundwasserleiters und der ungesättigten Zone. In reinen Quarzsanden und Kiesen tritt hauptsächlich saures Wasser (pH < 6) auf, in Tonen, insbesondere mit Einschlüssen von Torf oder Kohle, überwiegen basische Wässer (pH > 7).

Dies gilt allerdings nur für einzelne Grundwasserstockwerke. Es ist durchaus möglich, daß in verschiedenen Tiefen einer Wasserbohrung unterschiedliche pH-Werte angetroffen werden. Der pH-Wert steuert, zusammen mit dem Sauerstoffgehalt, die chemischen Reaktionen Oxidation und Reduktion oder das Redox-Potential im Grundwasser und die Lösung von Ionen. Hier werden nur die natürlichen pH-Werte des Grundwassers behandelt. Extrem niedrige pH-Werte, die durch Umwelteinflüsse entstanden sind, werden in Kap. 10 diskutiert.

4.5.4
Sauerstoff und Schwefel

Den Sauerstoff bringen einsickernde Niederschläge aus der Atmosphäre und aus der Bodenluft ins Grundwasser. Da die Bodenluft in den Hohlräumen der ungesättigten Zone noch Sauerstoff enthält, wird beim langsamen Durchsickern des Wassers der Sauerstoff gelöst und später im Grundwasser weiter verfrachtet. In mitteleuropäischen Grundwässern wird oftmals eine Sättigung mit Sauerstoff erreicht. Sie verringert sich mit steigender Temperatur und reicht von 8,4 mg/l bei +25 °C bis zu 13,1 mg/l bei +4 °C (Bild 4-12). In der Regel wird jedoch nicht der Sauerstoffgehalt angegeben, sondern die Differenz zwischen gemessener Sauerstoffkonzentration und Sättigung in %.

Der im Wasser gelöste Sauerstoff verursacht eine Reihe von *Redox*-Vorgängen (Redox, da jede *Red*uktion von einer *Ox*idation begleitet wird). Vor allem zweiwertige Eisen- und Manganverbindungen werden oxidiert und verstopfen als dunkle Eisen- oder Manganausfällungen oder Verockerungen die Poren der Gesteine, aber auch die Filterstrecken von Brunnen. Dadurch wird nicht nur die Wasserbewegung in der ungesättigten Zone und im Grundwasserleiter eingeschränkt, sondern auch die Schüttung von Brunnen vermindert.

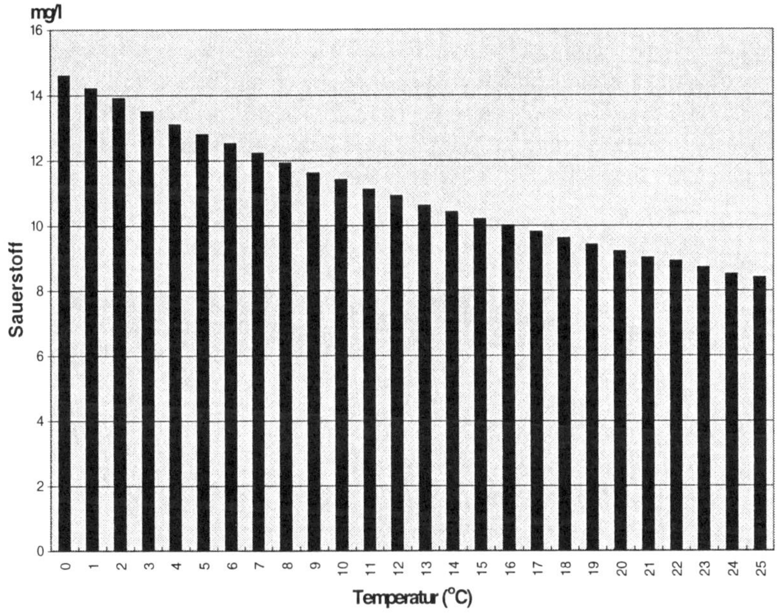

Bild 4-12. Sauerstoff-Sättigungswerte im Grundwasser in Temperaturabhängigkeit

Die Oxidation des häufig in tonig-kohligen Lockersedimenten anzutreffenden Eisensulfids Markasit oder des Pyrits (beide FeS_2) in Tonschiefern führt zur Bildung von Sulfaten und Schwefelsäure, letztere reagiert wiederum mit den Natrium-Kationen der Gesteine zu löslichen Natriumsulfaten. Es entstehen dadurch saure Sulfatwässer, welche die Gesteine bleichen und zersetzen können.

Bei diesen chemischen Reaktionen wird der Sauerstoff im Grundwasser vermindert oder ganz verbraucht, es entsteht ein „reduziertes Wasser". Es enthält Kationen des zweiwertigen Eisens und Mangans sowie Methan. Die Anionen von Schwefelwasserstoff und Stickstoffdioxid tragen ebenfalls zur Reduktion bei.

4.5.5 Salze

Der überwiegende Anteil des Wassers unserer Erde befindet sich in den Ozeanen (Tabelle 1) und enthält 3,5 % Salze. Diese bestehen zu 75 % aus Kochsalz (NaCl). Dagegen sind fast alle Grundwässer süß, sie haben nur einen geringen Salzgehalt, der weniger als 20 mg/l beträgt.

An Küsten und Auslaugungszonen natürlicher Salzvorkommen treffen süße und salzige Grundwässer aufeinander. Zum Glück vieler Inselbewohner vermischen sie sich jedoch nicht. Das liegt daran, daß Salzwasser schwerer als Süßwasser ist. Es schwimmt deshalb als Linse auf dem Salzwasser (Bild 4-13).

Süßwasserlinsen sind jedoch nicht konstant. Entsprechend der Niederschlagsmenge, der Verdunstung und der Trinkwasserentnahme verändern sie ihre Ausdehnung und Mächtigkeit.

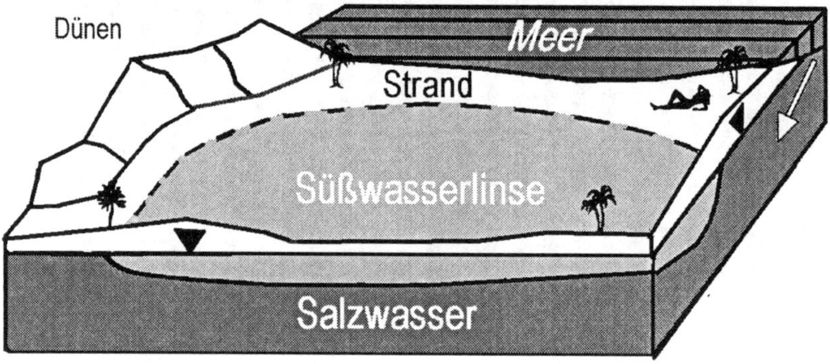

Bild 4-13. Süßwasserlinse unter einer Insel

Eine Süßwasserlinse sollte möglichst nicht durchbohrt werden, denn dabei werden Süß- und Salzwasser intensiv vermischt und es bildet sich eine brakische Übergangszone. Es kann Jahrzehnte dauern, bis sich die Süßwasserlinse wieder davon erholt. Zu starkes Abpumpen, um Trinkwasser zu gewinnen, kann zur völligen Erschöpfung der Linse führen, die sich dann nicht mehr erneuern kann.

Wenn Sturmfluten Deiche oder Dünen durchbrechen, wird Salzwasser auf das Land gespült und versickert dort. Hierdurch können Süß- bzw. Trinkwasservorkommen, die auf salzigem Grundwasser schwimmen, zerstört oder verkleinert werden.

Bild 4-14 zeigt den Tiefenlinienplan und Bild 4-15 den Vertikalschnitt einer Süßwasserlinse unter einer Insel. Beide Bilder halten die Veränderungen während einer Zeit von 21 Jahren fest. Diese Verwandlung wurde durch geoelektrische Tiefensondierungen (Abschn. 7.1.1) in den Jahren 1971 und 1992 festgestellt.

Bohrungen wären nicht nur teurer gewesen, sondern hätten auch die Süß-/Salzwassergrenze verletzt.

Aus Tiefenlinienplan und Schnitt der Bilder 4-13 und 4-14 läßt sich die Verminderung der Süßwasservorräte errechnen. Sie beträgt ca. 40%. Die Tiefenlinien der Süß-/Salzwassergrenze sind in Bild 4-14 für 1971 gestrichelt und die Zahlen der Tiefenangaben geneigt eingetragen. Für 1992 sind die Tiefenlinien durchgezogen, die Zahlen gerade gestellt und der Tiefenabschnitt von –10 bis +30 m in Graustufen eingefärbt worden.

Da das Süßwasservorkommen zur Trinkwasserversorgung der Insel dient, liegt es nahe, diese Abnahme durch Entnahmen des Wasserwerkes zu erklären. Das ist jedoch nicht die einzige Ursache. Es müssen auch die Niederschlagsmenge, die Rate der Verdunstung und außergewöhnliche Vorgänge einbezogen werden.

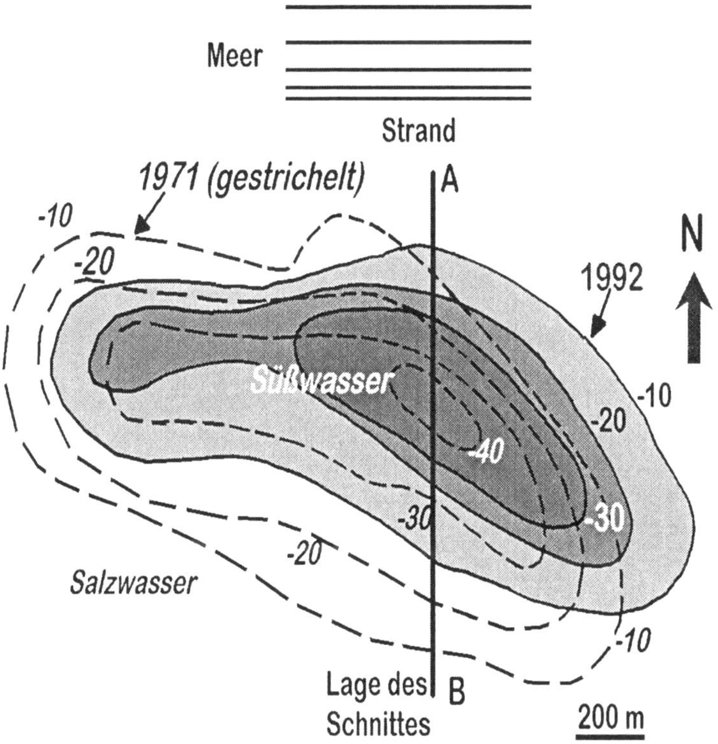

Bild 4-14. Änderung der Süßwasserlinse einer Insel 1971 bis 1992 (Worzyk, 1994)

Ein außergewöhnliches Ereignis war z.B. eine Sturmflut, welche die schützenden Dünen durchbrach und teilweise wegspülte. Dadurch wurde die Insel nicht nur verkleinert, sondern es versickerte auch zusätzliches Meerwasser an der Bruchstelle. Die Folgen dieser Katastrophe machen sich im Schnitt (Bild 4-15) dadurch bemerkbar, daß die Süßwasserlinse im Bereich des Durchbruches zusammengedrückt wurde.

Natürliche Grundwasserversalzungen gehen nicht nur vom Salzwasser des Meeres aus, sondern auch von Salzlagerstätten im Untergrund. Bild 4-16 stellt einen Grundwasserleiter des Tertiärs vor, der bis zur Tiefe von 1500 m Salzwasser führt.

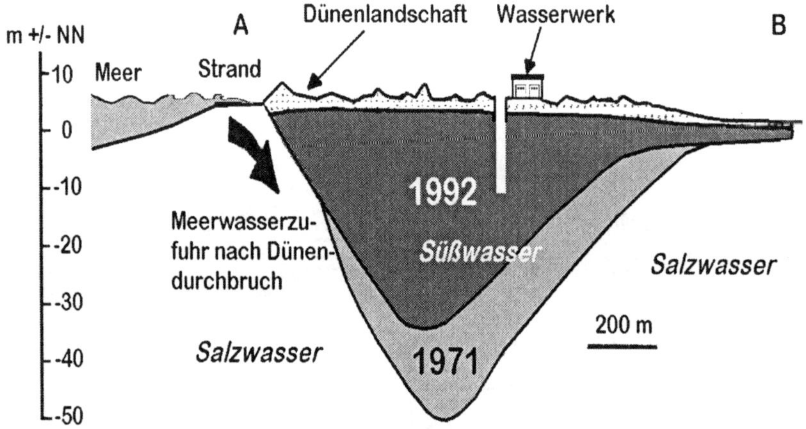

Bild 4-15. Schnitt durch die Süßwasserlinse in Bild 4-14 (Worzyk, 1994)

In einer Bohrung bei Kehl, das am Rhein gegenüber Straßburg liegt, war in 200 m Tiefe unerwartet Salzwasser erbohrt worden. Zunächst wurde vermutet, daß dieses aus Salzhalden der Umgebung ausgelaugt worden sei. Geoelektrische Tiefensondierungen (Abschn. 7.1.1) auf dem 60 km langen Profil des Bildes 4-16 ergaben jedoch extrem niedrige Widerstände, die sich bis in die große Tiefe von 1500 m erstreckten.

Dieses Ergebnis läßt sich nur durch salziges Grundwasser erklären. Sein Ursprung ist eine Salzlagerstätte des Erdzeitalters Tertiär, die an der Tertiärbasis liegt und in mehreren Bergwerken am Oberrhein abgebaut wurde. Allerdings wurde in den Bergwerken keine tiefreichende Grundwasserversalzung beobachtet, denn dort schützen über der Lagerstätte liegende tonige Schichten das Salz vor der Auslaugung durch das Grundwasser.

Es ist zu vermuten, daß diese abdichtende Tonschicht bei Kehl fehlt und das Salzlager in Millionen von Jahren vom Grundwasser aufgelöst wurde, wo es heute nur noch in den Ionen von Na^+ und Cl^- vorhanden ist.

Salze kommen im Grundwasser mit zunehmender Tiefe häufiger vor. In den Tiefbohrungen des Kontinentalen Tiefbohrprogramms KTB fanden sich in den Kluftwässern des Kristallins ab ca. 4000 m Tiefe gelöste Salze. Aber auch in geringeren Tiefen enthält nicht nur das Tertiär des Oberrheingebietes Salz. Neben den großen Natrium- und Kalisalzlagerstätten des Zechsteins, die in riesigen Lagern oder Domen vorkommen, gibt es kleinere Salzvorkommen, z.B. in der Kreide (Wealdentone).

Es ist deshalb wichtig, vor der Planung einer Wassergewinnung festzustellen, ob im weiteren Umfeld salzführende Gesteine oder versalzenes Grundwasser bekannt sind. Sonst kann es geschehen, daß durch die Wasserentnahmen auch zunächst weit entfernte Salzwässer nach und nach in die Brunnen gelangen.

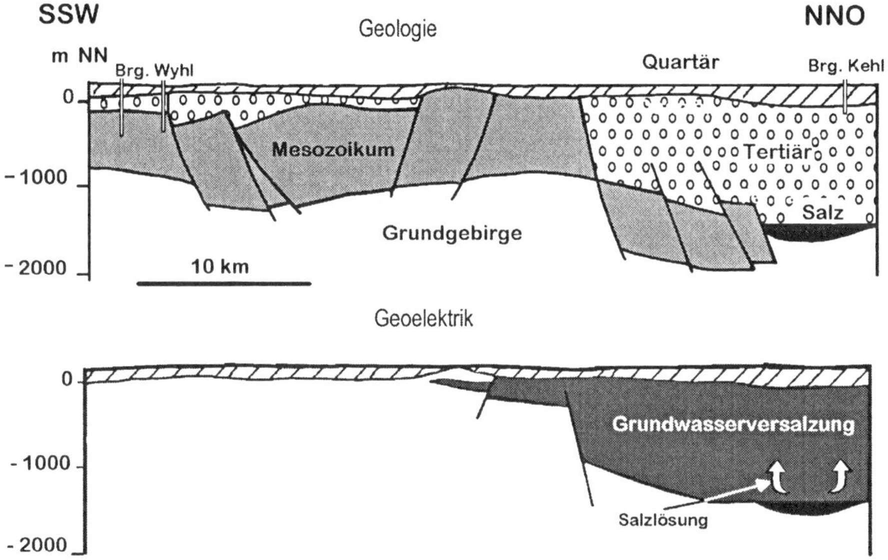

Bild 4-16. Versalzung des Grundwassers bis 1500 m Tiefe am Oberrhein (Brost, 1993)

4.5.6 Eisen und Mangan

Zweiwertige, wassergelöste Eisenverbindungen sind in den meisten Grundwässern enthalten. Dabei gilt, daß oberflächennahe Grundwässer mehr Eisen enthalten, als tiefliegende. Der Grund sind Bodenbakterien, welche unlösliche dreiwertige Eisenverbindungen angreifen. Dabei wird Sauerstoff verbraucht, und es entstehen huminsaure, eisenhaltige Wässer, die braun gefärbt sind.

Das Eisen muß nicht nur wegen dieser Verfärbung aus dem Trinkwasser entfernt werden, sondern auch weil es beim Kontakt mit Luftsauerstoff wieder ausfällt und Rohrleitungen *verockern* und sogar verstopfen kann. Andererseits dient diese Eigenschaft dazu, das Eisen bereits im Wasserwerk auszufällen, indem man das eisenhaltige Wasser intensiv durchlüftet.

Lösliche Manganverbindungen kommen seltener vor, sie lassen sich aber auch schwerer entfernen. Im wesentlichen gelten für Mangan die gleichen Bedingungen wie für das Eisen, obwohl Färbung und Ausfällung meist unbedeutend sind und keine spezielle Wasseraufbereitung erfordern.

4.5.7 Isotope

Isotope eines chemischen Elements haben auch dessen Eigenschaften. Sie weisen jedoch unterschiedliche Atomgewichte auf, obwohl die Anzahl ihrer Protonen (positiv geladene Atomkernteile) übereinstimmt. Der Grund ist die verschiedene Anzahl von Neutronen (Atomkernteile ohne Ladung). Es gibt sowohl stabile als auch radioaktive Isotope natürlichen Ursprungs. Außerdem werden künstliche Isotope durch die Kernspaltung erzeugt.

Grundwasser enthält außer dem normalen Sauerstoffisotop ^{16}O noch geringe Anteile des Sauerstoffisotops ^{18}O und neben dem normalen Wasserstoffisotop ^{1}H das ebenfalls stabile Isotop ^{2}H-*Deuterium* sowie das instabile oder radioaktive Isotop ^{3}H-*Tritium*. Das letztere zerfällt in einer „*Halbwertszeit*" von 12,43 Jahren. In sehr geringen Anteilen findet sich auch das Isotop des Kohlenstoffs ^{14}C mit einer Halbwertszeit von 5730 Jahren.

Diese Isotope werden für Untersuchungen zur Neubildung und Dynamik des Grundwassers, zur Unterscheidung von Grundwässern und zur Abschätzung von Mischungsanteilen eingesetzt. Die Isotopenverhältnisse des Wasserstoffs und des Sauerstoffs im Grundwasser lassen sich bestimmen. Das $^{18}O/^{16}O$-Isotopenverhältnis einer Probe wird dabei als *δ-Wert* (Delta-Wert) bezeichnet.

Diese stabilen Isotope sind die Bausteine von vier unterschiedlich schweren Wassermolekülen: $^{1}H_2{}^{16}O$, $^{1}H_2H^{16}O$, $^{2}H_2{}^{16}O$ und $^{1}H_2{}^{18}O$, in denen die Moleküle mit den Atommassen 18,19 und 20 am häufigsten vorkommen.

Bei Verdunstung oder Sublimation von Wasser werden die leichteren Moleküle im Wasserdampf angereichert, und es erfolgt eine Isotopenfraktionierung, die auf unterschiedlichem Dampfdruck der Isotope beruht.

Das Verhältnis zwischen Wasserstoff- und Sauerstoffisotopen wird meist nur als *VSMOW-Deltawert* (Vienna-Standard Mean Ocean Water, (s-Wert) in Promille ($0/_{00}$) angegeben. Bei Grundwasser aus Niederschlägen, das auch als *meteorisches Wasser* bezeichnet wird, besteht eine direkte Beziehung zwischen den Delta-Werten des schweren Sauerstoffs $\delta^{18}O$ und des schweren Wasser-Deuteriums $\delta^{2}H$, die den Namen *MWL* (Meteoric Water Line) trägt.

Die schweren Wassermoleküle verdunsten schneller bei höherer Temperatur, so daß sich die Isotopenanteile der Sommer- und Winterniederschläge unterscheiden. Diesen *Jahresgang* verdeutlicht das Bild 4-17.

Nach Bestimmung dieses Isotopenverhältnisses können folgende Fragen beantwortet werden:

- Ist das Grundwasser älter als vier Jahre ?
- Entstand es im warmen oder kalten Klima ?

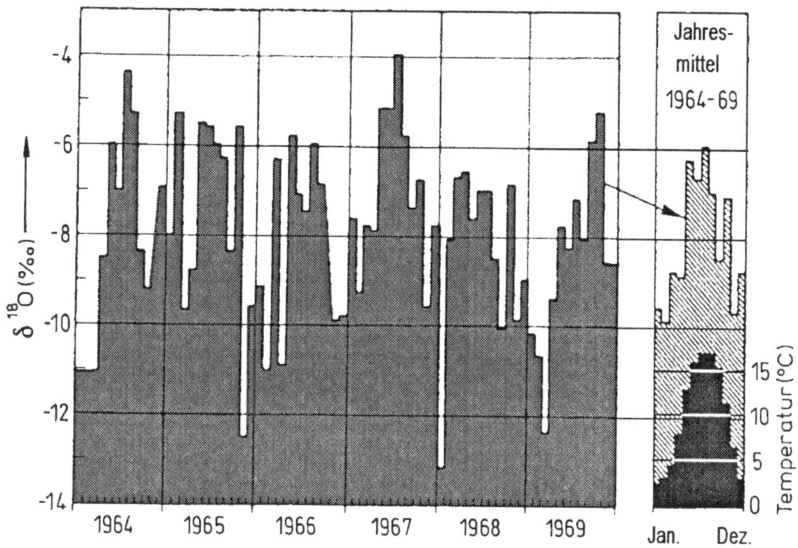

Bild 4-17. Jahresgänge der ^{18}O-Deltawerte. Rechts: Durchschnitte

Auch die Abnahme der Lufttemperatur mit der Höhe führt zu geringeren Delta-Werten der Niederschläge. Hieraus kann sogar die Höhe des Einzugsgebietes von Quellwässern über NN mit einer Genauigkeit von +/- 50 m bestimmt werden.

Das radioaktive Kohlenstoffisotop ^{14}C wird zur Altersbestimmung von sehr altem Grundwasser eingesetzt. Es entsteht durch die allgegenwärtige *Höhenstrahlung*. Von Lebewesen, die nach ihrem Tod verwesen, wird als es Kohlendioxid (CO_2) aufgenommen.

Während der Alterung nimmt die Radioaktivität gleichmäßig ab. Allerdings ergeben häufig Kohlenstoffanteile, die aus dem gelöstem Kalk der Wasserhärte stammen, zu hohe Wasseralter. Diese müssen korrigiert werden. Die Differenz zwischen unkorrigiertem und korrigiertem Alter ist konstant und wird z.B. benutzt, um bestimmte Grundwässer zu identifizieren, damit ihre Bewegungen im Untergrund verfolgt werden können.

Geringe Alter des Wassers konnten während und nach den Atombombenversuchen in der Atmosphäre mit der *Tritiummethode* erfaßt werden. Dieses *Radionuklid* erreichte im Grundwasser in den Jahren 1963/1964 sein Maximum (Bild 4-18). Wegen des seither stark verminderten Tritiumgehaltes der Niederschläge ist diese Altersbestimmung heute nicht mehr möglich. Die Aussage muß sich nun auf den qualitativen Nachweis von seither neugebildetem Grundwasser beschränken.

Die Gehalte werden in Tritium-Einheiten oder -Units = TU angegeben. Diese Maßeinheit ist der äußerst geringen Menge der Tritiumatome im Grundwasser angepaßt, denn ein Tritiumatom (1 TU) entspricht 1018 Wasseratomen. Fortlaufende ^{3}H-Messungen werden von der Internationalen Atomenergiebehörde, Wien, in vielen Ländern vorgenommen, um den kurzfristigen Grundwasserzyklus zu studieren und die Atomsperrverträge zu überwachen.

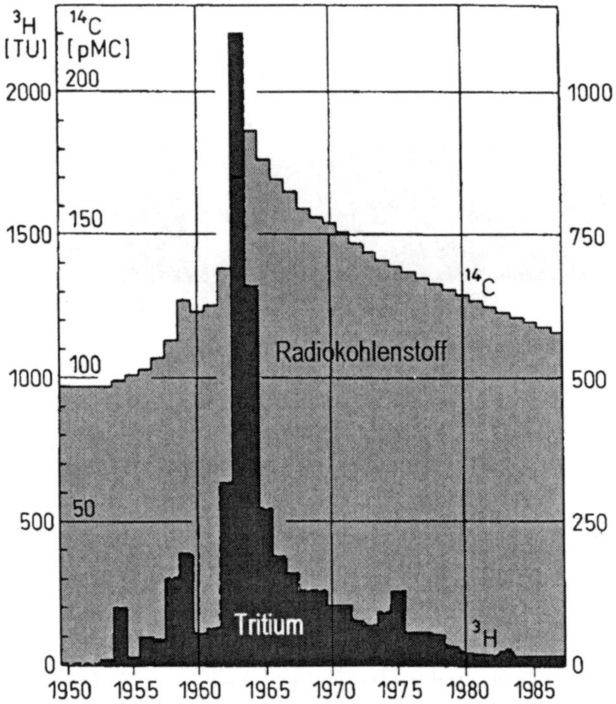

Bild 4-18. Tritium in Niederschlägen/ Radiokohlenstoff in Luft-, Atomversuche 1954 - 1975

In der Hydrogeologie werden diese Isotopenverfahren vielfältig eingesetzt:

- Bei Grundwasserversalzungen wird unterschieden, ob diese von Tiefenwässern oder Auslaugungen der Halden des Salzbergbaues ausgehen.
- Bei der Grundwassergewinnung wird geprüft, ob Entnahmen zur Übernutzung führen.
- Bei Grundwasserverschmutzungen wird ermittelt, wann sie entstanden sind.

5 Veränderungen

5.1 Gezeiten

Ebbe und Flut gibt es nicht nur im Meer, sondern auch im Grundwasser unter der Erde. Selbstverständlich ist der Tidenhub (Höhenunterschied zwischen Hoch- und Niedrigwasser) der Grundwasseroberfläche wesentlich geringer als in den Weltmeeren. Er kann überdies nur in Grundwasserleitern mit freiem Wasserspiegel gemessen werden. Die genauesten Messungen liegen aus tiefen Bohrungen vor, da nahe der Erdoberfläche auch andere Vorgänge den Grundwasserstand verändern.

Bild 5-1 gibt kurzzeitige Wasserstandswechsel während einer Meßzeit von 33 Tagen in einer Bohrung wieder, die in ca. 600 m Tiefe verfiltert war. Jeden Tag

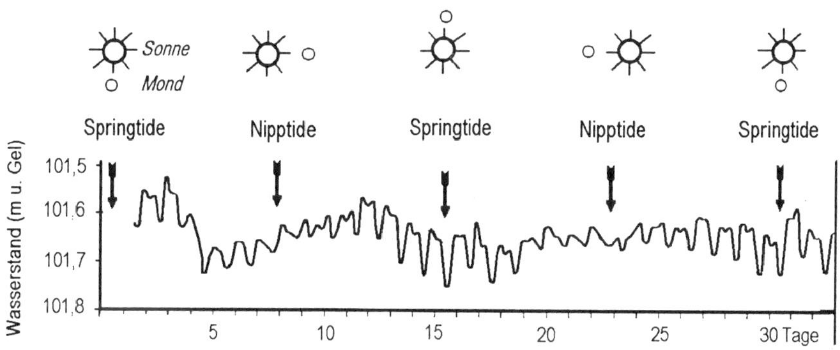

Bild 5-1. Schwankungen des Wasserspiegels in einer Bohrung (Stober, 1994)

zeichnen sich Maxima und Minima ab. Bei Springtide oder -flut, die bei Voll- oder Neumond eintritt, addieren sich die Schwerewirkungen von Sonne und Mond (Bild 5-1 oben). Der entsprechende Tidenhub im Grundwasser reicht bis zu 13 cm. Andererseits heben sich die entgegengerichteten Anziehungskräfte dieser Himmelskörper bei Nipptide teilweise auf. Der Tidenhub im Grundwasser vermindert sich dabei bis auf wenige Zentimeter.

Grundsätzlich sind die Wasserspiegelschwankungen des Grundwassers durch Ebbe und Flut jedoch so gering, daß sie bei der Grundwassererkundung nicht ins Gewicht fallen.

5.2 Luftdruck

Wenn der Luftdruck steigt, fällt der Grundwasserstand, allerdings nur geringfügig. Maximal wurden 6 cm in einem Feinsand festgestellt (Turk, 1975). In artesischen Grundwasserleitern erhöht sich dafür der hydrostatische Druck, wodurch Quellschüttungen geringfügig zunehmen können. Aber auch diese Veränderung sind i.a. so gering, daß sie bei der Bestimmung der Ergiebigkeit vernachlässigt werden können.

5.3 Jahresgang

Jeder Regen trägt zur Grundwasserneubildung bei, jede Trockenperiode vermindert das Grundwasser und läßt seine Oberfläche absinken. Dieser *Gang des Grundwassers* hängt jedoch nicht nur von der Niederschlagsmenge, sondern auch von vielen anderen, von Ort zu Ort wechselnden Faktoren ab. Immerhin kann man zwischen langzeitlichen und akuten Veränderungen unterscheiden.

Bild 5-2 stellt einen für Mitteleuropa typischen, jährlichen Gang der Grundwasseroberfläche vor. Zwei Pegel wurden fünf Jahre lang kontinuierlich aufgenommen und der Durchschnitt aller Monatsmittel errechnet. Der Pegel mit geringerer Durchlässigkeit im tonigen Feinsand weist mit 0,7 m eine kleinere Schwankungsbreite auf als der Pegel im gut durchlässigem Kies/Grobsand mit insgesamt 1,9 m.

Entsprechend den höheren Niederschlägen im Winter registrieren beide Pegel ihren Höchststand im Januar; der tiefste Stand wird im meist trockenen Monat August erreicht.

Daraus ergibt sich:

- Je durchlässiger ein Gestein ist, um so mehr schwankt der Grundwasserstand.
- In Mitteleuropa sind die Grundwasservorräte und -stände im Winter hoch und im Sommer niedrig.

Hoch- und Tiefstand des Grundwassers drücken sich auch in den verfügbaren Grundwassermengen aus. In einem freien Kies-Grundwasserleiter mit einer Oberfläche von 20 000 m^2 betrug der Zuwachs im Winter 3.500 m^3. Der Grundwasserstand erhöhte sich dabei um 0,5 m. Das waren immerhin 1,5 % des gesamten Wasservorrates von 250 000 m^3.

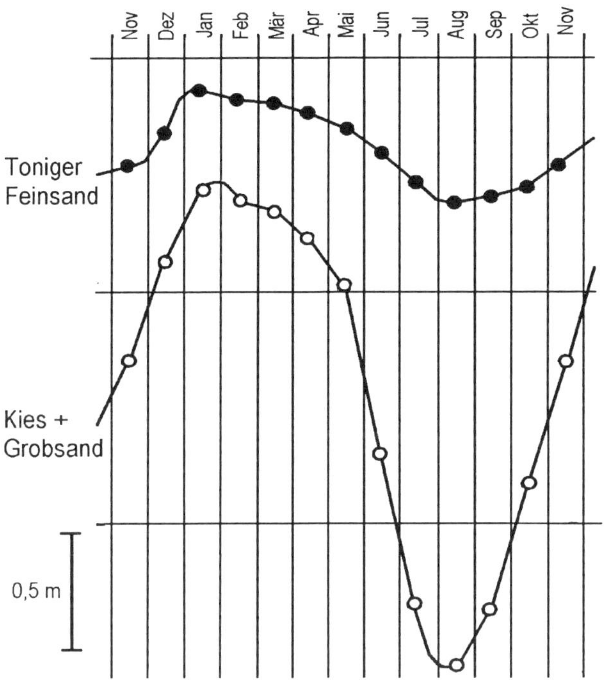

Bild 5-2. Fünfjährige Monatsmittel der Grundwasserstände zweier Pegel

Natürlich werden diese statistisch errechneten, langfristigen Bewegungen von kurzfristigen Schwankungen überlagert. Wolkenbrüche, lang anhaltende Regen oder die Schneeschmelze zeichnen sich in ansteigendem Grundwasser der obersten Stockwerke ab; vorausgesetzt die Deckschicht oder der Boden sind durchlässig. Allerdings dauert es meist nicht lange, bis der alte Pegel wieder erreicht wird. Deswegen genügt i.a. die Kenntnis des langfristigen Durchschnitts für die Berechnung der Wassermenge. Andererseits sollten jeder Erschließung mehrjährige Pegelbeobachtungen vorausgehen, um akute Veränderungen sicher vom lang andauernden, periodischen Gang unterscheiden zu können.

Dennoch können plötzlich auftretende, mehrjährige Trockenzeiten auch sorgfältige Voraussagen zunichte machen. Es ist deshalb am sichersten, nicht das langjährige Mittel, sondern den jährlichen Tiefststand zur Grundlage der Planung zu machen.

Der Zusammenhang zwischen den Mitteln der Winter- und Sommerniederschläge und dem Gang eines Pegels wird in Bild 5-3 deutlich gemacht. Ohne Frage stimmen Regen- bzw. Schneemengen nicht absolut mit den Veränderungen des Grundwasserspiegels überein. Es reicht deshalb nicht aus, nur Niederschlagsmengen zu registrieren, um ein Grundwasservorkommen zu beurteilen. Die kostspielige Anlage von Pegelbohrungen ist dafür leider unumgänglich.

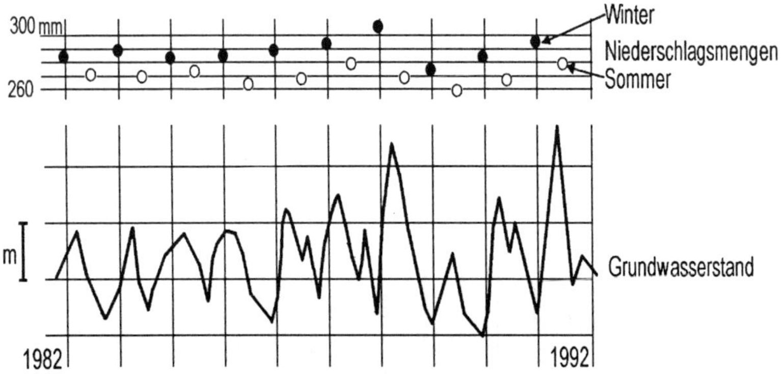

Bild 5-3. Sommer / Winterniederschläge und Grundwasserstand

5.4 Umfeld

Grundwasservorkommen werden von natürlichen oder künstlichen Umgestaltungen der Landschaft oder des Untergrundes betroffen. Wenn die Strömung eines Flusses, z.B. auf Grund von Begradigungen oder Zunahme der Wassermenge, schneller wird, gräbt er sein Bett tiefer (Flußerosion). Dabei wird auch das Niveau der Vorflut abgesenkt (Abschn. 4.2). Grundwasser dringt nun verstärkt in das Flußbett ein und fließt oberirdisch weg, so daß der Grundwasserstand und die Grundwasservorräte sinken (Bild 5-4).

Ein tiefer eingeschnittenes Flußbett senkt die Grundwasseroberfläche aber auch dort ab, wo der Fluß das Grundwasser speist, d.h. im Bereich des Uferfiltrats, wo viel Trinkwasser gewonnen wird.

Auch dieses Beispiel beweist, daß Eingriffe an der Erdoberfläche unerwartete Folgen für das Grundwasser haben können. Dies gilt nicht nur für den Wasserbau, sondern auch für Hoch- und Tiefbauvorhaben, denn jeder größere Bau belastet den Untergrund und verringert dadurch, vor allem bei tonigen Gesteinen, die Durchlässigkeit durch das Zusammendrücken der Porenräume.

Deshalb sollte vor Genehmigung oder dem Beginn großer Bauvorhaben geprüft werden, ob im Baugebiet ein Grundwasserleiter in geringer Tiefe vorhanden ist und ob ggf. eine Trinkwassergewinnung beeinträchtigt werden könnte.

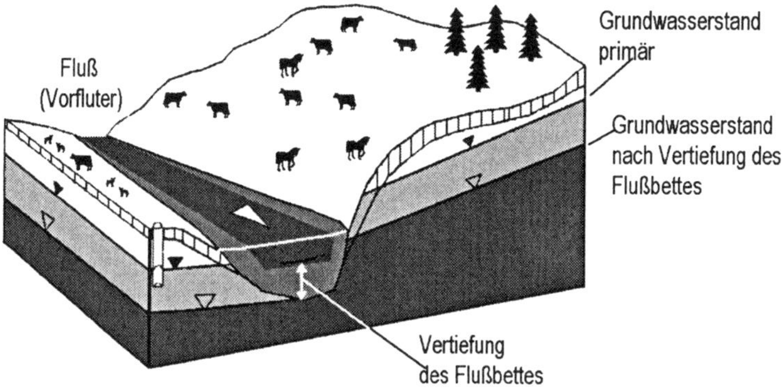

Bild 5-4. Flußvertiefung und Grundwasserstand

Auch Erdbeben wirken sich auf das Grundwasser aus (Tabelle 8). Dabei spielt es keine Rolle, ob sie künstlich oder natürlich entstanden sind. Sie erzeugen Schwingungen der Grundwasseroberfläche und Druckwellen innerhalb des Grundwasserleiters, die wiederum plötzliche Verdichtungen der Gesteine zur Folge haben können. Bekannt sind Fälle, in denen nach Sprengungen in Steinbrüchen der Grundwasserspiegel plötzlich stark fiel und weit entfernte Häuser, Straßen oder Bahnlinien absackten. Bei großen Erdbeben trat zugleich Grundwasser aus. Die damit verbundene Verdichtung der Lockergesteine ließ große Bauwerke einstürzen.

Tabelle 8. Einwirkungen auf den Grundwasserstand

Eigenschaften → Vorgänge↓	Freie Oberfläche	Gespannt, artesisch	Natürliche Einwirkung	Künstliche Einwirkung
Versickerung an Erdoberfläche	•	×	•	×
Versickerung durch undichte Flußbetten und Seegründe	•	×	•	•
Verdunstung	•	×	•	×
Gezeiten	•	•	•	×
Luftdruckschwankungen	•	•	•	×
Jahresgang	•	•	•	×
Erdbeben	•	•	•	×
Erschütterungen z.B. Seismik, Verkehr, Sprengungen	•	•	×	•
Wassergewinnung	•	•	×	•
Tiefwurzelnde Pflanzen	•	×	•	×
Landwirtschaftliche Bewässerung, Drainage	•	×	×	•
Schadwasser-Injektion	×	•	×	•

• = Einwirkung möglich, × = Einwirkung nicht möglich

Andererseits können auch Erdbeben durch Grundwasserbewegungen entstehen. Die Druckinjektion von belastetem Wasser in tiefliegende Kluftgrundwasserleiter wird häufig von vielen kleinen Erdbeben begleitet, die auch nach Abschluß der Verpressung anhalten.

6 Untersuchung

6.1 Markierung

Um die Fließrichtung und Geschwindigkeit einer Grundwasserbewegung zu ermitteln, werden dem Grundwasser in einer Bohrung, einem Brunnen oder einem Schluckloch markierende Substanzen zugegeben. Danach wird die Ankunft der *Markierung* an einem oder mehreren *Beobachtungsbrunnen*, Quellen oder anderen *Meßstellen* im Abstrom des Markierungsortes erwartet. Wenn der markierende Stoff eintrifft, wird die verflossene Zeit registriert.

Aus dieser Zeitspanne und der Entfernung der Meßstelle vom *Markierungsort* ergibt sich die tatsächliche Durchschnittsgeschwindigkeit, mit der das Grundwasser von der Eingabestelle zur Meßstelle geflossen ist. Sie ist i.a. geringer als die Geschwindigkeit, die sich aus den Durchlässigkeitsdaten (Tabelle 2) errechnen läßt und wird als *Abstandsgeschwindigkeit* v_a bezeichnet.

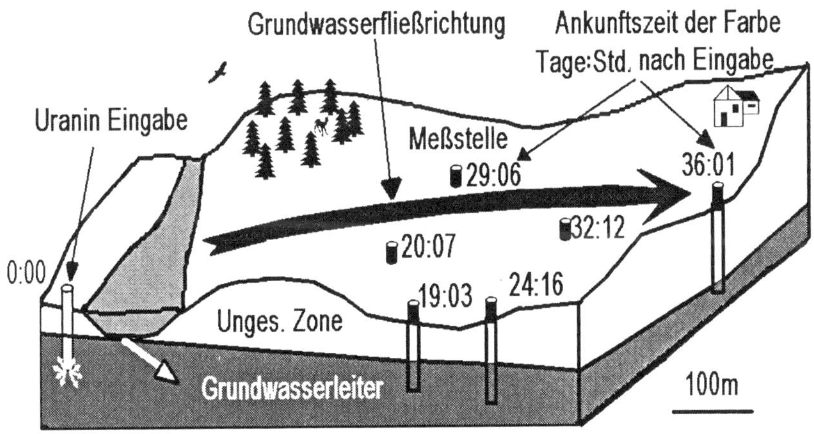

Bild 6-1. Abstandsgeschwindigkeiten und Fließrichtung im Markierungsversuch

Um den Zeitaufwand in vertretbaren Grenzen zu halten, sollten Markierungsversuche nur in gut durchlässigen Grundwasserleitern erfolgen. Ihre Abstandsgeschwindigkeit sollte über 10 m pro Tag (Durchlässigkeitsbeiwert kf ca. 10^{-2} cm/s bis 10^{-4} m/s) liegen. Die besten Resultate zeigen Markierungsversuche in Grundwasserleitern grober Körnung, mit weit offenen Klüften oder im Karst.

Tabelle 9. Markierungsstoffe

Zustand	Name	Art	Bezeichnung/Formel	Bemerkungen
löslich	Salz	Salz	NaCl/CaCl	schädigt Umwelt
löslich	Uranin	Farbe	Na-Salz des Fluoresceins	sehr gut
löslich	Rhodamin	Farbe	Salz des Rhodamins	gut
löslich	Li-chlorid	Farbe	LiCl	gut
löslich	Freon	Farbe	Cl_3CF	gut
löslich	Tritium	Radioisotop	^3H	gut & teuer[1]
löslich	Jod	Radioisotop	^{131}J	gut & teuer
löslich	Brom	Radioisotop	^{29}Br	gut & teuer
fest	Polystirol	Kunststoff	gefärbter Kunststoff	gut
fest	Sporen	Pflanzenteil	Lycopodium clavatum[2]	gut
fest	Bact.prodigiosum	Bakterium	Serratia marescens	befriedigend

Durch die Grundwasser-Kennzeichnung mit Uranin (Tabelle 9) wurden in Bild 6-1 Abstandsgeschwindigkeiten zwischen 18 und 26 m/Tag ermittelt. Nach den höchsten Geschwindigkeiten zwischen der Eingabestelle und den sechs Brunnen einer ehemaligen Trinkwassergewinnung ist die Hauptfließrichtung bestimmt worden (schwarzer Pfeil in Bild 6-1). Außerdem konnten der Anteil der Zuflüsse bzw. der des Uferfiltrats aus dem Fluß (links im Bild) abgeschätzt werden. Der Grundwasserleiter besteht aus großen, kantigen Geschiebeblöcken und grobem Kies.

Als markierende Substanzen können lösliche Farben, Salze und Isotope, aber auch feste, triftende und eingefärbte Polystyrolkügelchen, Bärlappsporen und sogar unschädliche Bakterien verwendet werden. Für alle gilt:
Markierungsstoffe (auch *Tracersubstanzen* genannt)

- müssen auch in geringster Verdünnung nachweisbar sein,
- dürfen während der Testzeit nicht zerfallen,
- dürfen nicht mit den durchflossenen Gesteinen reagieren,
- dürfen nicht an den Wänden durchflossener Hohlräume haften,
- dürfen die Gesundheit nicht schädigen,
- dürfen nicht in Gewässer eingeleitet werden.

Außerdem können folgende Markierungsstoffe eingesetzt werden:

- Eosin,
- Sulforhodamin B,
- Amidorhodamin G extra,

1 Die Strahlenschutzbestimmungen sind zu beachten; Genehmigung ist einzuholen.
2 Keulen-Bärlapp

- Naphthionat,
- Strontiumchlorid und Strontiumbromid.

Für die Trinkwassererkundung werden nicht empfohlen:

- Rhodamin WT,
- Rhodamin B,
- Rhodamin G6,
- Tinopal CBS-XC,
- Tinopal ABF-flüssig.

Die Eingabe großer Mengen Koch- oder Viehsalz ist preiswert, dabei wird das Grundwasser jedoch auf lange Zeit versalzen. Um eine Gefährdung der Umwelt zu vermeiden, sollte Salz nicht mehr verwendet werden. Die in Tabelle 9 aufgezählten Markierungsfarben sind gesundheitlich unbedenklich. Am besten hat sich das intensiv grün färbende Uranin bewährt, das noch in der Verdünnung von 1 : 100 Millionen sichtbar ist. Ähnliche Eigenschaften haben auch Rhodamin und Lithiumchlorid, die jedoch das Wasser rötlich färben. Da Rot psychisch den Eindruck einer gefährlichen Verschmutzung vermittelt, sollten diese Farben nur dort verwendet werden, wo das markierte Wasser nicht an die Oberfläche gelangen kann. Grundsätzlich sollte jeder Versuch so angelegt werden, daß gekennzeichnetes Wasser nicht versehentlich in die Brauch- oder Trinkwasserversorgung gelangt. Freon tönt das Wasser wiederum grünlich, es wird jedoch nicht so häufig eingesetzt wie Uranin.

Markierungen mit künstlich hergestellten, löslichen Radioisotopen sind mit menschlichen Sinnen nicht feststellbar. Sie verursachen nur einen geringen und unbedenklichen Anstieg der Radioaktivität (Gammastrahlung), dessen Beginn und Intensität mit Hilfe von Scintillometern registriert wird. Ihre Anwendung ist jedoch mit hohem Aufwand verbunden, da die Herstellung künstlicher radioaktiver Isotope teuer ist. Darüber hinaus müssen die Strahlenschutzbestimmungen (in Deutschland z.B. BGBL. I:2905) beachtet werden.

Auch wenn kein radioaktives Mittel verwendet wird, ist in Deutschland vor jedem Markierungsversuch eine wasserrechtliche Genehmigung einzuholen. Bei bakteriellen Markierungen muß zusätzlich das Bundesseuchengesetz beachtet werden. In jedem Fall ist zu bedenken, daß kennzeichnende Stoffe jahrelang im Grundwasser verbleiben und damit seine Verwendung als Trink- oder Brauchwasser einschränken können.

Die Ankunft des markierten Wassers in einer Meßstelle wird durch den sofortigen Anstieg der Färbung oder der Menge des Markierungsstoffes signalisiert (nach 20 Stunden in Bild 6-2). Danach geht die kennzeichnende Wirkung zuerst schnell, dann langsam zurück.

Nur der abklingende Teil dieser Durchgangskurve wird in dem Verfahren *Bohrlochmarkierung* benutzt, um die Abstandsgeschwindigkeit in einer einzigen Meßstelle, durch die zugleich die Eingabe des Markierungsstoffes erfolgt, zu bestimmen (Bild 6-3). Diese Methode wurde bereits 1950 in Rußland entwickelt und wird dort seither mit Erfolg angewendet.

Dabei wird der Bereich des Grundwasserleiters, dessen Abstandsgeschwindigkeit bestimmt werden soll, durch aufblasbare Gummiwülste (Packer) nach oben und unten abgedichtet. Dort hinein ragt das gleichfalls abgedichtete Gestänge, an dessen Ende ein Drehflügel (Propeller) elektrisch angetrieben wird. Außerdem befinden sich daran Vorrichtungen

- zur kontrollierten Eingabe von Markierungsstoffen durch das Gestänge,
- zur direkten Messung der Konzentration des Markierungsstoffes,
- zur mehrfachen Entnahme von Flüssigkeitsproben durch das Gestänge.

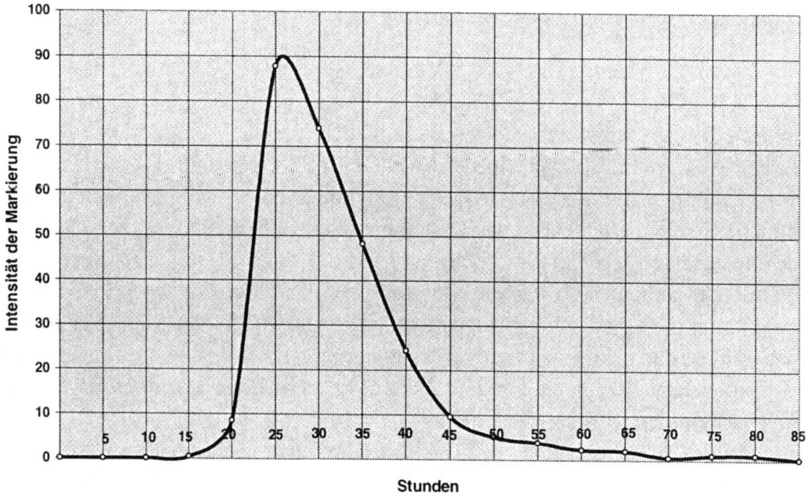

Bild 6-2. Durchgangskurve der Markierung in einer Meßstelle

Das Grundwasser fließt in Bild 6-3 in Richtung der acht schwarzen Pfeile von links nach rechts, auch durch das Filterrohr der Bohrung. Im abgeschotteten Bereich zwischen den Packern wird eine kleine Menge des Markierungsstoffes durch den Meßschlauch eingespritzt. Gleichzeitig wird der Flügel durch einen Elektromotor, der in den oberen Packer eingebaut ist, in Drehung versetzt.

Das markierte Wasser wird nun über eine längere Zeit intensiv durchmischt, während von links unmarkiertes Wasser zuströmt und nach rechts markiertes Wasser ausströmt. Dadurch vermindert sich die Konzentration des Markierungsmittels. Diese wird entweder durch direkte Messung des Gehaltes durch einen Meßfühler am Gestänge oder durch die Entnahme von Proben über den Meßschlauch in kurzen Abständen kontrolliert.

Alle Meßergebnisse werden mit den Zeitpunkten der Messungen zu einer Kurve verbunden. Diese entspricht dem abklingenden Teil der Durchgangskurve einer großräumigen Markierung (Bild 6-2). Spezielle Programme errechnen aus diesen Daten die Abstandsgeschwindigkeit. Obwohl das gleiche Ergebnis wie bei der Eingabe wesentlich größerer Mengen des Markierungsmittels in den Grundwasserleiter erzielt wird, sind die Kosten und der Aufwand für diese Art der Markierung geringer.

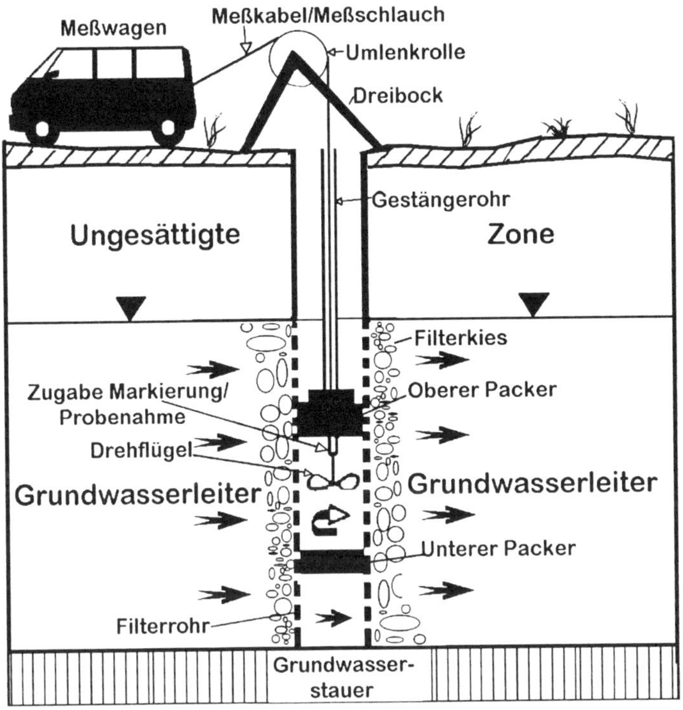

Bild 6-3. Grundwassermarkierung in einem Bohrloch

Vorteile der Markierung in einem Bohrloch:

- es wird nur eine Bohrung benötigt,
- es werden nur kleine Mengen des Markierungsstoffes eingesetzt,
- die Anzahl der Probenahmen/Analysen oder Messungen ist geringer,
- es wird nur ein kleiner, genau definierter Bereich markiert, nicht aber das gesamte Volumen des Grundwasserleiters,
- das Verfahren ist kostengünstiger und umweltfreundlicher.

Ein Nachteil ist, daß die Fließrichtung nicht bestimmt werden kann!

6.2 Bohrungen

Bohrungen sind erforderlich um

- Grundwasser nachzuweisen,
- Grundwasserstand in Meßstellen zu registrieren,
- Qualität, gelöste Stoffe und Verschmutzungen zu bestimmen,
- Markierungsversuche vorzunehmen,
- Fließ- bzw. Abstandsgeschwindigkeiten zu messen,

– Pumpversuche durchzuführen,
– Förderbrunnen anzulegen.

Bohrungen sind zur Wassererschließung unerläßlich, obwohl sie erhebliche Kosten verursachen. Diese sind in Lockergesteinen niedriger und in Festgesteinen höher. Es gibt so viele Bohrtechniken, daß hier nicht alle aufgeführt werden können. Die drei wichtigsten sind:

1. Rammsondieren,
2. Schlagbohren,
3. Drehbohren.

6.2.1 Rammsondierungen

Mobile Verbrennungs-, Elektro- oder Luftdruckmotore treiben Bohrhämmer an, welche Stahlsonden in den Boden rammen (Bild 6-4). Die Antriebe werden entweder von Hand gehalten oder auf Fahrzeuge montiert. Zuerst werden die Sonden direkt, bei fortschreitender Tiefe, über ein Gestänge an den Hämmern betrieben. Die Sonden holen Proben des durchbohrten Gesteins als *Bohrkern* oder *Schlitzprobe* an die Oberfläche. Bohrkerne haben die Form kleiner, runder Säulen. Schlitzproben können nur aus wei-

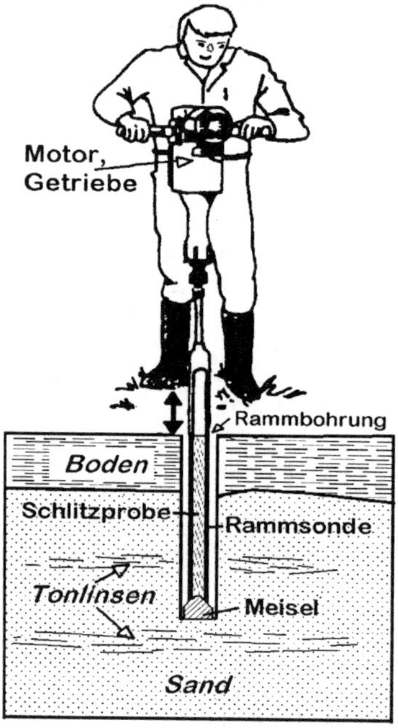

Bild 6-4. Rammbohrverfahren zur Gewinnung von Gesteinsproben

chen bzw. bindigen Gesteinen gezogen werden, die sich in den Schlitz der Sonde einpressen lassen.

Die Sondendurchmesser reichen von 35 bis 100 mm. Ihre maximale Eindringtiefe liegt bei 10 m. Meist werden jedoch nur die obersten fünf Meter mit dem Rammverfahren beprobt. Die Bestimmung der Grundwasseroberfläche oder des Flurabstandes ist nur möglich, wenn das Bohrloch „steht", d.h., nicht sofort nach dem Herausziehen der Sonde zufällt. Es sollte nicht versucht werden, den Grundwasserstand aus der sichtbaren oder fühlbaren Feuchtigkeit der gezogenen Proben abzuleiten, da diese sich beim Herausziehen rasch ändert.

Rammsondierungen können nur in feinkörnigen und bindigen Lockergesteinen vorgenommen werden. Sie eignen sich i.a. nicht zum Ausbau als Meßstelle oder Förderbrunnen. In groben oder festen Gesteinen können keine Rammsondierungen eingesetzt werden. Hier müssen die Schlag- oder Drehbohrverfahren angewendet werden

6.2.2 Schlagbohrungen

In Grundwasserleitern der Lockergesteine wird häufig die *Schlammbüchse* eingesetzt (Bild 6-5). Dieses einfache Bohrverfahren ist international auch unter dem Namen *Percussion Drill* bekannt. In einem senkrechten Stahlrohr mit mehr als 100 mm Durchmesser hängt die gleichfalls stählerne Schlammbüchse an einem Seil, das über eine Umlenkrolle, die sich in einem mobilen Bohrturm oder Dreibock befindet, in die Bohrung geführt wird. Der untere Rand des Stahlzylinders der Schlammbüchse ist gezackt, verstärkt oder sogar mit Hartmetallzähnen (z.B. WIDIA) besetzt. Er dient als schneidendes Bohrwerkzeug.

Dieses Seil wird durch einen Wechselantrieb oder Exzenter, der auf dem Bohrfahrzeug installiert ist, hin und her bewegt und die Schlammbüchse auf- und abgezogen. Dabei öffnet sich beim Absenken ein Klappventil am Boden der Büchse und durch ihr Gewicht wird lockeres Gesteinsmaterial und Wasser hineingepreßt. Beim Hinaufziehen fällt das Ventil zu und das Gemisch aus Lockergestein und Wasser kann nicht wieder nach unten herauslaufen. Immer mehr Gestein und Wasser werden durch die Auf- und Abbewegungen in die Schlammbüchse gepumpt, bis diese voll ist. Sie wird dann zur Oberfläche gezogen und entleert. Diese Gesteinsprobe sollte möglichst sofort petrografisch untersucht und in einem Bohrprotokoll beschrieben werden.

Es liegt auf der Hand, daß bei diesem Vorgang die ursprünglichen Gesteinsstrukturen verlorengehen. Auch ist die genaue Zuordnung zu einer bestimmten Tiefe nicht möglich. Lediglich der Tiefenabschnitt, in dem die Schlammbüchse gefüllt wurde, kann angegeben werden. Aus diesem Grund sollten Schlammbüchsen nicht zu lang sein. Längen von 1 bis 2 Metern sind üblich. Da die Schlammbüchse nur in Grundwasserleitern verwendet werden kann, muß die ungesättigte Zone und der Boden darüber mit einem Trockenbohrverfahren durchdrungen werden.

Bei schlagenden Bohrtechniken in trockenen Löchern ist es oft schwierig, das vom Meisel zerschlagene Gesteinsmaterial nach oben zu fördern. Druckluft reicht dafür nur in engen Bohrungen bis ca. 25 cm Durchmesser aus.

Für größere *Kaliber* müssen speziell geformte Greifer oder Schappen als Fördergeräte eingesetzt werden. Um eine *Kiespumpe* anwenden zu können, muß von oben Wasser in die trockene Bohrung gegossen werden.. Allerdings ist dieses Verfahren nur bei Kies in feiner bis mittlerer Körnung oder bei Sand und Schluff möglich.

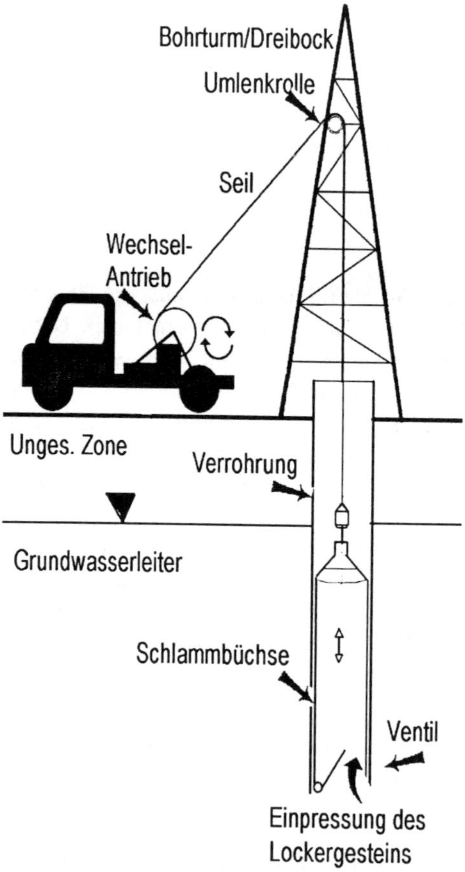

Bild 6-5. Schlagbohrverfahren mit Schlammbüchse

6.2.3 Drehbohrungen

Dreh- oder *Rotationsverfahren* sind weltweit die am häufigsten angewendeten Bohrtechniken. Dreh- und Schlagbohrverfahren werden vielfach kombiniert. In bindigen Lockergesteinen werden z.B. Boden und ungesättigte Zone von einem Schraubenbohrer, der auch *Auger* genannt wird, durchdrungen. Im Grundwasser wird das drehende Verfahren dann durch eine *Schlammbüchse* ersetzt.

Die Technik des rotierenden Bohrens zeigt Bild 6-6. Die Bohrmaschine ist fest auf einer LKW-Ladefläche montiert. Der *Bohrturm* wird zum Transport an einem starkem Scharnier nach vorn gekippt und auf dem Dach des Führerhauses abgelegt. Am nächsten *Bohrpunkt* wird er mit Hilfe der *Seilwinde*, die ebenfalls auf der Ladefläche befestigt ist, wieder aufgerichtet.

Auf der Ladefläche des LKW sind befestigt:

- Drehtisch,
- Bohrturm,
- Seilwinde mit Bremse,
- Getriebe für Seilwinde und Drehtisch ,
- Antrieb: Verbrennungs- Elektro- oder Druckluftmotor ,
- Spülungspumpe.

Der Drehtisch wird vom Antrieb über das Getriebe zum Drehen gebracht. Er versetzt das *Bohrgestänge* in Richtung des Uhrzeigers in Rotation. Damit es nicht in das Bohrloch fallen kann, wird es durch besondere Klemmbacken am Drehtisch festgeklemmt. Außerdem dient der Drehtisch zum An- und Abschrauben einzelner Gestängestangen, deren Länge für Flachbohrungen 3 m, für tiefere Bohrungen 6 m beträgt.

Die Rohre des Gestänges bestehen aus hohlen Stahlrohren höchster Festigkeit und haben einen kleineren Durchmesser als das Bohrloch oder seine Verrohrung. Über sie wird die Rotationskraft auf den *Meisel* übertragen, der am unteren Ende des Bohrlochs durch seine Drehbewegung das Gestein zerkleinert.

Gleichzeitig dient das Gestänge als Teil des *Spülungskreislaufes* zur Zuleitung der *Bohrspülung* zum Meisel und zum unterem Ende des Bohrlochs. Die Spülflüssigkeit wird im Meisel durch Düsen in das Bohrloch gespritzt. Sie steht unter hohem Druck, der von der Spülungspumpe auf der LKW-Ladefläche erzeugt wird. Dieser ist notwendig, um auch in tiefen Bohrungen die Spülung zwischen Bohrlochwand und Gestänge wieder nach oben zu pressen. Dabei nimmt sie das vom Meisel zu Bohrklein zermahlene Gestein mit nach oben.

Aus dem Bohrloch ergießt sich die Spülung mit ihrer Gesteinsfracht zunächst in eine *Absetzgrube*, in der das Bohrklein nach unten sinkt und/oder durch Rüttelsiebe abgefangen wird. Die gereinigte Spülung gelangt durch einen Überlauf in eine weitere Grube, den *Pumpensumpf*. Die Spülungspumpe auf dem LKW saugt die gesäuberte Spülung aus dem Pumpensumpf durch den *Saugschlauch* und den *Saugkopf* wieder heraus. Sie arbeitet gleichzeitig als Saug- und Druckpumpe und drückt die Spülflüssigkeit durch Rohre, den *Spülungsschlauch* und den *Spülkopf*, der im Bohrturm auf dem Gestänge angeschraubt ist, wieder in das Gestänge. Pfeile markieren in Bild 6-6 diesen Kreislauf der Spülung.

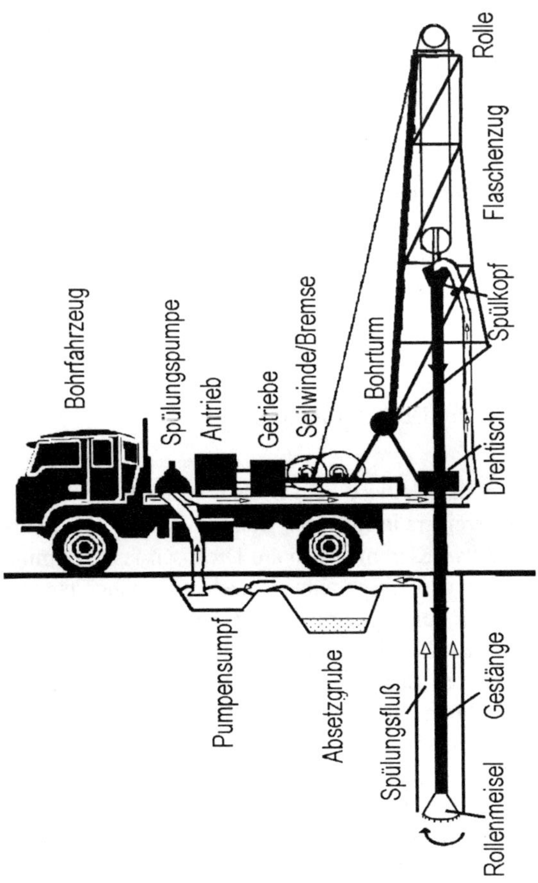

Bild. 6-6. Drehbohranlage bis 500 m Tiefe mit Kippmast

Dieser Kreislauf des *direkten* Spülbohrverfahrens wird beim *indirekten* Spülbohrverfahren umgekehrt. Die Spülung wird nicht in das Gestänge, sondern unter hohem Druck in das Bohrloch eingepreßt, dringt durch die Düsen der Bohrkrone in das Gestänge ein und steigt darin auf. Nachteilig ist, daß das Rohr, welches aus dem Bohrloch oben herausragt, das *Standrohr*, hochdrucksicher abgedichtet werden muß, während bei der direkten Methode die Spülung frei aus dem Bohrloch ausfließen kann. Außerdem verstopft das Bohrklein häufig die Düsen der *Bohrkronen*.

Spülungsschlauch, Spülkopf und das Gestänge hängen gemeinsam an der *Umlenkrolle* im Bohrturm und ergeben zusammen ein hohes Gewicht bzw. sind eine große Zugbelastung. Deshalb hängt unter der oberen Rolle eine zweite, so daß ein Flaschenzug entsteht, damit weniger Kraft für das Heben und Senken der Gestängerohre aufgewendet werden muß.

Der Meisel wird als *Rollenmeisel* bezeichnet. Darunter versteht man mehrere konisch zum Zentrum des Meisels angeordnete und scharfkantig gezähnte Rollen, die aus hochwertigem, besonders hartem Stahl (z.B. Widia) bestehen. Im Festgestein werden sogar mit Diamanten bestückte Rollenmeisel verwendet. Da Meisel, die man auch als Bohrkronen bezeichnet, entsprechend der Beschaffenheit des Gesteins verschleißen, können bei harten Gesteinen bis zu 30 % der Bohrkosten auf ihren Ersatz entfallen. Es entstehen nicht nur Materialkosten, sondern auch hohe Aufwendungen für Arbeitszeit und Antriebsmittel, um einen abgenutzten Meisel wieder ans Tageslicht zu holen. Es ist notwendig, alle Gestängerohre nicht nur zu heben, sondern auch mit Hilfe des Drehtisches und einer großen Rohrzange auseinander zu schrauben und neben der Bohrung zu lagern. Das „Ziehen des Gestänges" dauert um so länger, je tiefer die Bohrung ist.

Nachdem die Bohrkrone gewechselt wurde, muß der gesamte Bohrstrang wieder zusammengeschraubt und im Bohrloch versenkt werden. Es ist demzufolge durchaus wirtschaftlich, teure Bohrkronen mit langer Einsatzzeit (Standzeit) zu verwenden.

6.2.4 Bohrkerne und Bohrklein[1]

Rollenmeisel und ähnlich gestaltete Bohrkronen zerkleinern das gesamte Gestein innerhalb der Bohrung. Dadurch gehen alle Gesteinsstrukturen wie Schichtgrenzen oder Klüftung verloren; ihre Tiefe kann nur annähernd bestimmt werden. Nur durch eine sehr genaue Untersuchung des heraufgepumpten Bohrkleins, das aus zermahlenen Gesteinsbröckchen besteht, lassen sich die durchbohrten Gesteine bestimmen. Ihre exakte Tiefe kann dennoch nicht ermittelt werden.

Um unzerstörte Gesteinsproben aus einer Bohrung zu gewinnen, muß das aufwendigere Kernbohrverfahren (Bild 6-7) angewendet werden. Das Gestein wird von der Bohrkrone nicht zerkleinert, sondern kreisförmig angeordnete Diamant- oder Widiaschneiden trennen eine lange gerade und runde Säule des Gesteins, den *Bohrkern*, aus dem Gebirge heraus. Bei Vertiefung der Bohrung schiebt er sich immer weiter in ein am Gestänge befestigtes Rohr, das Kernrohr, hinein. Vorzuziehen sind Doppelkernrohre, bei denen der Bohrkern in ein inneres, zweites Rohr gelangt, das die Drehbewegung des Gestänges nicht mitmacht. Bei den Einfachkernrohren fehlt dieses zweite Rohr, der Kern sitzt direkt im sich drehenden äußeren Rohr und kann durch Reibung mitgedreht werden, dabei vom Gebirge mehrfach abreißen und ggf. zerbrechen.

Natürlich können Kernrohre nur so lang in der Bohrung bleiben, bis sie voll sind. Dann müssen sie mitsamt dem Kern „gezogen" werden. Dieser aufwendige Vorgang umfaßt den Aus- und Einbau aller Gestängerohre, der genauso verläuft wie bei der Erneuerung der Bohrkrone. Deshalb wird die Krone i.a. nur erneuert, wenn ein Kern gezogen wird. Der Kern muß dabei vom Gestein unterhalb der Bohrkrone abgerissen werden und darf beim Heben des Kernrohres nicht herausfallen. Deswegen sind unten im Kernrohr spitz zulaufende Keile (Kernfänger) rundum angebracht, die den Kern festkeilen.

[1] wird auch als „Bohrgut" bezeichnet

Das zeitraubende Ziehen des gesamten Gestänges wird vermieden, wenn das Kernrohr samt Bohrkern innerhalb des erweiterten Gestänges mit einem Seil hochgezogen werden kann. Dies wird als *Seilkernen* bezeichnet.

Sehr wichtig ist bei jedem Bohrverfahren und insbesondere beim Kernen die genaue Angabe der Bohrtiefe. Meist wird diese aus der Zahl der gezogenen Gestängestangen mal der Länge der einzelnen Stangen von 3 oder 6 m berechnet. Bei großen Tiefen können dabei Zählfehler auftreten. Um das zu vermeiden, sollten die Bohrmeister *Strichlisten* für die Anzahl der gezogenen Gestängerohre führen.

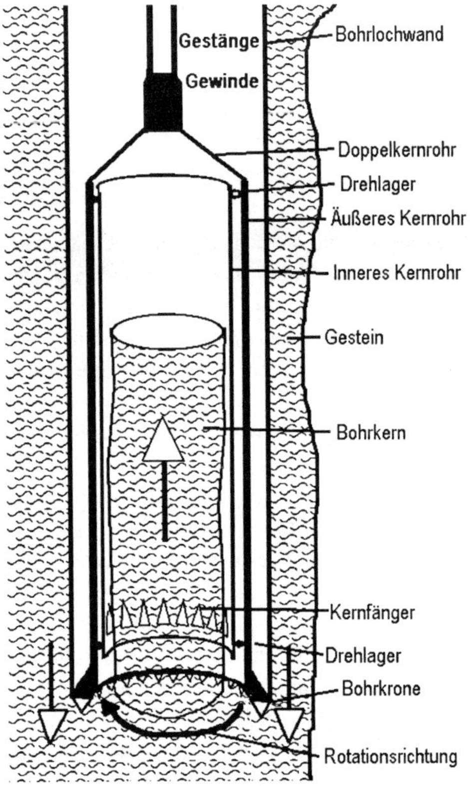

Bild 6-7. Schema eines Doppelkernrohres

Bohrklein und Bohrkerne bringen wichtige, wertvolle und unter hohen Kosten erworbene Informationen aus der Tiefe ans Tageslicht. Ihre Bearbeitung und Archivierung sollte deshalb mit größter Sorgfalt erfolgen. Feste Holzkisten mit Fächern zur Aufnahme der schweren Bohrkerne müssen schon vor Bohrbeginn vorhanden sein. Ihre Länge sollte einheitlich 1 m betragen (Bild 6-8). Die Tiefen werden nach dem *Bohrprotokoll*, das der *Bohrmeister* aufstellt, bestimmt. Sie werden als Tiefenmarken in Metern und Dezimetern z.B. mit Filzschreiber in großer Schrift auf die Wände und Fächer der Kernkisten übertragen.

Diese Markierung kann erst geschehen, nachdem die Kerne in die Kisten eingeordnet sind, denn häufig ist die Länge des Kerns geringer als die Länge des durchbohrten Gesteinsabschnittes: es tritt ein *Kernverlust* auf. Er entsteht durch Abrieb oder das Auswaschen weicher Gesteinspartien oder auch durch das Zerbrechen des Gesteins in kleine Stücke. Die Spülung nimmt diese Gesteinsreste auf und trägt sie gemeinsam mit dem Bohrklein nach oben. Sie fehlen jedoch in der Kernkiste.

Durch die einheitliche 1m-Länge der Kernkisten wird der Kernverlust beim Einordnen sichtbar. In Bild 6-8 sind die Kernverluste in den einzelnen Fächern in Prozenten angegeben. Die Zahlen in gerader Schrift geben die Tiefen der Bohrkerne an, die kursiven die erreichten Bohrtiefen.

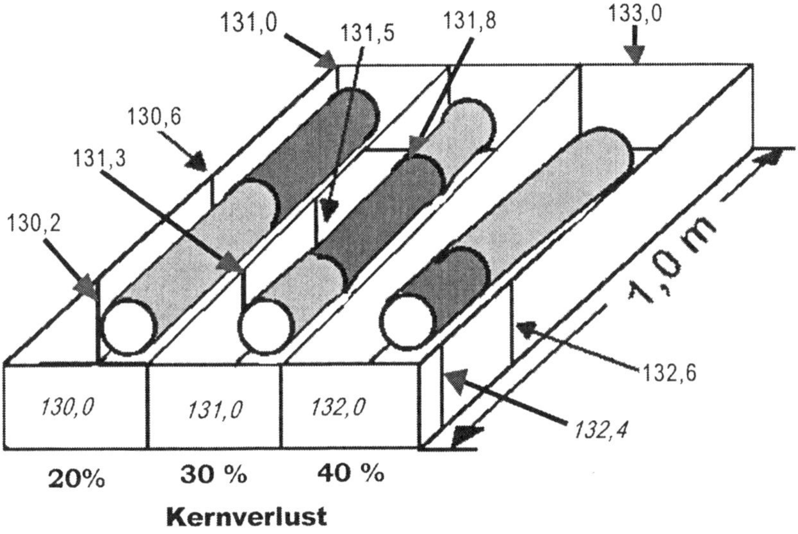

Bild 6-8. Kiste mit Bohrkernen und Tiefen in Metern

Die Kisten für Bohrklein (Bild 6-9) müssen ebenfalls mit einzelnen Fächern für jeden durchbohrten Abschnitt versehen werden. In die Fächer wird eine Durchschnittsprobe des Bohrkleins eingefüllt, die aus der Spülung während des Bohrens durch Absetzen oder Sieben gewonnen wurde. An jedes Fach müssen zwei Tiefen geschrieben werden: die obere bei Beginn und die untere am Ende der Probenahmestrecke des Bohrkleins.

Die Einordnung der Proben des Bohrkleins oder Bohrguts in Kernkisten (Bild 6-9) erfolgt wie bei Bohrkernen. Allerdings können hier keine genauen Tiefen angegeben werden, sondern nur der Tiefenabschnitt, der durchbohrt worden ist, während das Bohrklein aus der Spülung abgesiebt wurde.

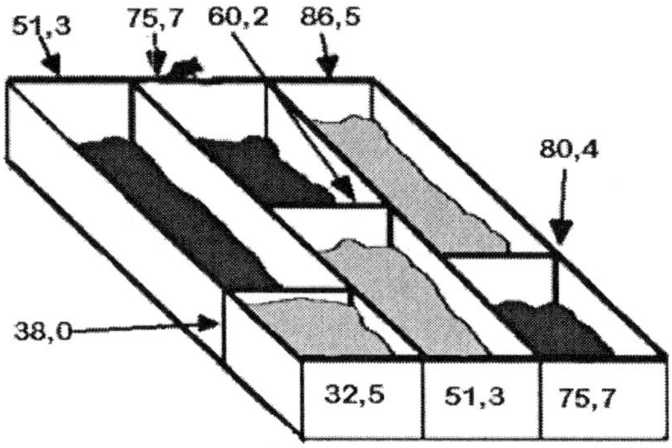

Bild 6-9. Kiste mit Bohrklein und Tiefen der Bohrabschnitte in Metern

Es ist deshalb nicht notwendig, Bohrkleinproben in Kisten einheitlicher Länge aufzubewahren, denn sie dienen nur dazu, das durchbohrte Gestein bzw. den Mineralbestand zu bestimmen. Verluste des Bohrkleins können nicht erfaßt werden. Deshalb ist es auch nicht erforderlich allen Proben des Bohrkleins das gleiche Volumen oder das gleiche Gewicht zu geben. Bohrklein sollte zusätzlich zum Kernen aufbewahrt werden. Bei Vollbohrungen, d.h. bei Bohrungen ohne Kerngewinn, muß das Bohrklein unbedingt beprobt werden, dann ist es die einzige Information über die Gesteine im Untergrund.

6.2.5 Geologische Aufnahme

In Bild 6-8 wurden die Tiefenmarken dort gesetzt, wo ein Wechsel des erbohrten Gesteins sichtbar war. Diese Einteilung nach der Gesteinsbeschaffenheit oder der „Lithologie“ bedarf großer Erfahrung. Bei flachen Bohrungen und einfacher Abfolge von Lockergesteinen, z.B. bei Wechsel zwischen Sand, Kies und Ton kann diese Aufgabe ggf. dem Bohrmeister überlassen werden. Bei schwierigen Gesteinsstrukturen, insbesondere im Festgestein, sollte die Beschreibung der Bohrkerne ein Geologe, Petrograph oder Hydrogeologe vornehmen.

Die Ergebnisse dieser Kernaufnahme, oder auch der Beschreibung der Proben des Bohrkleins, werden in *Schichtverzeichnissen* und *Säulenprofilen* dargestellt. Diese grafische Darstellung der Bohrergebnisse ist in der DIN 4023 geregelt. Bild 6-10 gibt hierfür ein Beispiel. Das Bohrprofil enthält links die Bohrtiefen, bezogen auf das Niveau Normal Null (NN). Mit zunehmender Tiefe vermindern sich deshalb die Zahlen, welche den Tiefen der einzelnen Schichten zugeordnet sind. Die Bohrung 1 hat Lockergesteine erbohrt und zwischen 365,7 m NN bis zur Endtiefe von 355,7 m NN einen Grundwasserleiter nachgewiesen (senkrechter Pfeil). Bei 359,4 m NN wurde eine Probe des Grundwassers entnommen. Rechts des Säulenprofils stehen Abkürzungen der geologischen Schichtbezeichnungen.

Tabelle 10 zählt die Daten auf, die erforderlich sind, um eine Bohrung:

1. zu lokalisieren,
2. den Bohrpunkt in eine Karte einzutragen,
3. die Bohrdurchmesser zu registrieren,
4. die Durchmesser der Verrohrung aufzunehmen,
5. die Endteufe festzuhalten.

Tabelle 10. Daten zur Kennzeichnung von Bohrungen

Lage / Bezeichnung der Bohrung	Höhe über NN (Karte oder Nivellement)	Rechts - und Hochwert (Gauß - Krüger)	Kartenunterlagen 1:5000 - 1:25000
Tiefe	Endtiefe (m)		
Durchmesser des Bohrlochs	Anfangsweite (cm/inches)	Abstufungen (cm/inches)	Endweite (cm/inches)
Länge der Verrohrung	Standrohrlänge (m)	Gesamtlänge Verrohrung (m)	Abstufungen (m)
Durchmesser der Verrohrung	Anfangsweite (cm/inches)	Abstufungen (cm/inches)	Endweite (cm/inches)

In der Bohrtechnik sind auch Angaben in Inches gebräuchlich (1 Inch = 1“ = 2,54 cm).

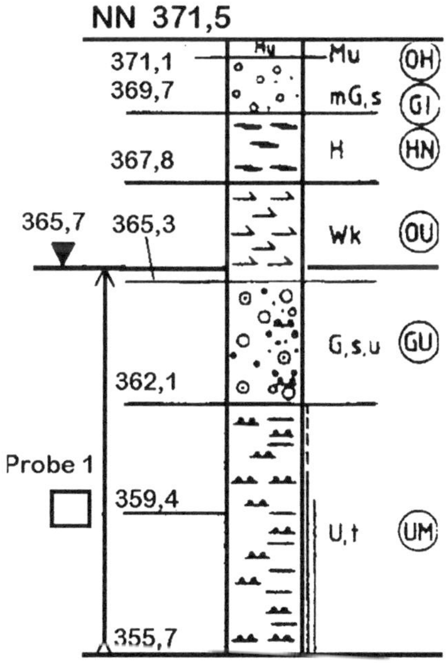

Bild 6-10. Bohrprofil nach DIN 4023 (LfU, 1995)

Tabelle 11 führt alle Angaben auf, die zur Darstellung von Bohrdaten benötigt werden:

Tabelle 11. Bohrdaten

Merkmale	Schicht 1	Weitere Schichten (n)
Grundwasserstand	Nach Bohrende (m)	beim Bohren
Tiefen der Schichtgrenzen	Schicht 1 (m)	Schicht n (m)
Schichtmächtigkeiten	Schicht 1 (m)	Schicht n (m)
Schichtbeschreibung	Schicht 1	Schicht n
Porositätsmerkmale	Schicht 1	Schicht n
Klüftung, Zerscherung	Schicht 1	Schicht n
Probenahme	Tiefe von bis (m)	Tiefe von bis (m)
Kerngewinn	Tiefe von bis (m)	Tiefe von bis (m)
Weiterbearbeitung durch:	Anschriften	Anschriften
Untersuchungen/Analysen	Beschreibungen	Beschreibungen
Bohrdaten:		
Bohrfortschritt	(m/Stunde)	(m/Stunde)
Andruck	(kg/cm^2)	(kg/cm^2)
Schwierigkeiten, Bemerkungen	Beschreibung	Beschreibung

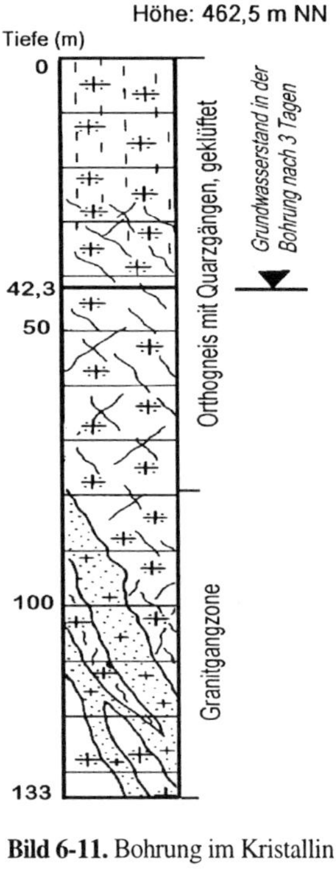

Bild 6-11. Bohrung im Kristallin nach DIN 4021/4022 (LfU,1995)

Die Bohrung 16 (Bild 6-11) hat kristalline Gesteine des Grundgebirges bis zur Tiefe von 133 m durchsunken. Erst drei Tage nach Schluß der Bohrarbeiten stellte sich in der nicht verrohrten Bohrung ein Wasserspiegel bei 42,3 m Tiefe ein. Er entspricht jedoch nicht der Oberfläche eines durchgehenden Grundwasserleiters im Lockergestein, sondern wird aus den unterschiedlichen Zuflüssen einzelner Klüfte gespeist.

Auch dieses Beispiel zeigt, daß die Erschließung von Grundwasser im Festgestein meist komplizierter ist als im Lockergestein. Darüber hinaus besteht ein höheres Risiko, denn es ist durchaus möglich, daß eine Bohrung die erwarteten Klüfte oder Spalten mit starker Wasserführung nur um wenige Zentimeter verfehlt und dennoch trocken bleibt.

6.2.6 Grundwasserstand

Er kann sowohl in Einzelmessungen als auch kontinuierlich bestimmt werden. Das bekannteste und einfachste Meßgerät ist das *Lichtlot* (Bild 6-12). Auf einer Kabeltrommel ist ein in Meter und Zentimeter unterteiltes Meßkabel aufgewickelt. An seinem Ende sitzt ein einfacher Meßfühler mit zwei Kontakten in geringem Abstand. Eine Batterie in der Kabeltrommel legt eine Gleichspannung an. Wenn die Kontakte in das Grundwasser eintauchen fließt ein Strom, da Wasser elektrisch leitet. Dadurch leuchtet eine Lampe an der Trommel auf und die Tiefe der Grundwasseroberfläche kann am Meßkabel abgelesen werden.

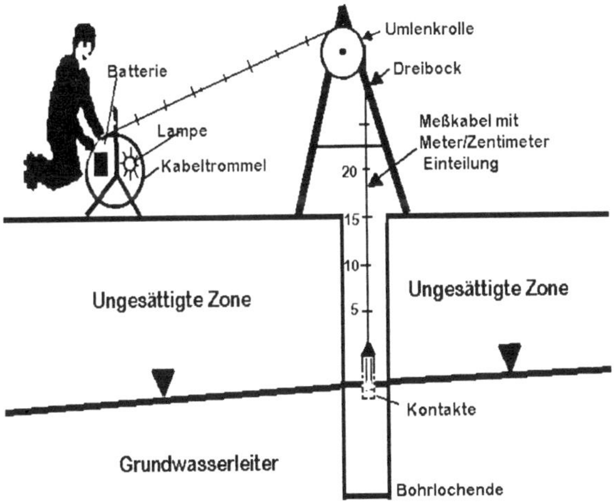

Bild 6-12. Wirkungsweise des Lichtlots

Das Lichtlot ist nur für Einzelmessungen geeignet. Für Dauerbeobachtungen eignen sich *Drucksonden* (Bild 6-13), die in das Grundwasser eingetaucht werden und den Druck der darüberliegenden Wassersäule periodisch als piezo-elektrische Impulse messen. Die Daten werden über das Meßkabel zu einer digitalen Speichereinheit auf der Oberfläche geleitet, dort registriert oder direkt telemetrisch weitergeleitet

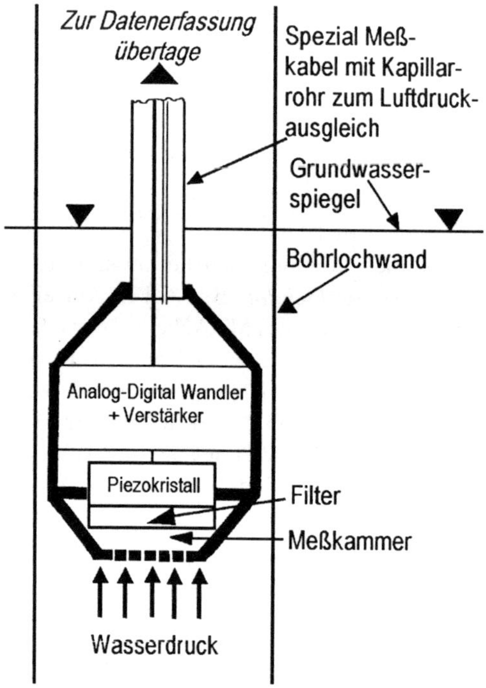

Bild 6-13. Drucksonde (Schema)

Um Luftdruckschwankungen abgleichen zu können, die während der Messungen auftreten, muß ein spezielles *Bohrlochkabel* verwendet werden, das neben der elektrischen und der Datenleitung zu Verstärker und Druckmesser ein dünnes Röhrchen enthält. Dieses ist oben (übertage) und unten (in der Drucksonde) offen und überträgt den aktuellen Luftdruck in das Innere der Sonde.

6.2.7 Bohrspülung

Das Bohrklein wird mit der Flüssigkeit oder Spülung, die sich in der Bohrung befindet, nach oben gepumpt Im Idealfall würde es darin schweben, wenn Spülung und Bohrgut das gleiche spezifische Gewicht besitzen. Das ist jedoch nicht unbedingt erforderlich. Bei flachen Bohrungen im Lockergestein kann auch mit Wasser gespült werden, sofern der Pumpendruck und die Umlaufgeschwindigkeit der Spülung groß genug sind, um Gesteinsbröckchen und Abrieb mit nach oben zu reißen.

Bei tiefen Bohrungen, insbesondere im Festgestein, muß eine *Bohrspülung* angerührt werden (Tabelle 12). Sie hat die Funktionen,

1. das Bohrklein oder Bohrgut zur Oberfläche zu transportieren. Dies geschieht durch spezielle Zusätze, welche die Dichte und die Viskosität heraufsetzen. Beispiele sind das Tonmineral Bentonit oder das schwere Bariummineral Schwerspat, lösliche Kunststoffe und quellfähige Stoffe (Kolloide). Grundlage sind meist wasserlösliche polymere organische Verbindungen, die sich durch die Zugabe bestimmter Stoffe (Tabelle 12) an die Bedingungen jedes Bohrlochs anpassen lassen.

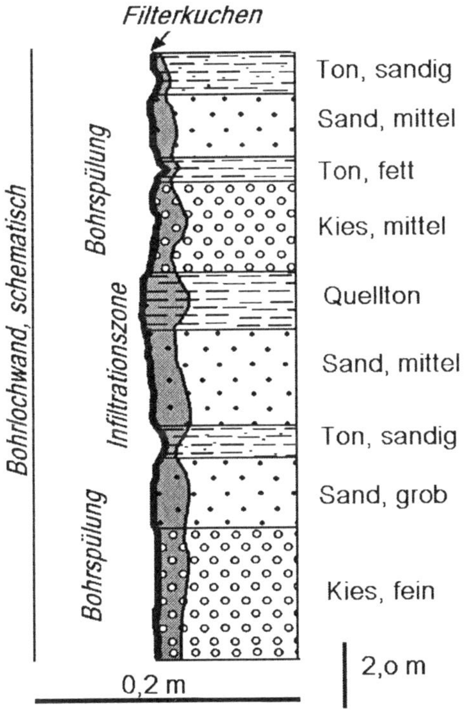

Bild 6-14. Filterkuchen und Filtrationszone

2. einen *Filterkuchen* zu bilden (Bild 6-14), der sich über die gesamte Wand der Bohrung legt und diese abdichtet. Er soll bewirken, daß Klüfte und Poren des umgebenden Gesteins von der Spülung nur geringfügig infiltriert werden, kein Grundwasser in die Bohrung eindringen kann, und poröse und beson-

ders klüftige Bereiche am Gestein festgehalten werden. Dadurch kann kein *Nachfall,* d.h. die Ablösung von Gesteinsstücken aus der Bohrlochwand, auftreten. Denn der Nachfall kann zwischen Bohrlochwand und Gestänge bzw. Kernrohr so fest eingeklemmt werden, daß sich das Gestänge nicht mehr drehen läßt! Darüber hinaus ist es wichtig, daß der Filterkuchen sich von selbst wieder auflöst und vor dem Beginn von Pumpversuchen durch das Spülen des Bohrlochs mit klarem Wasser wieder entfernt werden kann.

3. die Bohrkrone zu kühlen und zu schmieren. Dies ist notwendig, da sie sich durch die Reibung, die beim Drehen des Gestänges und dem Zerkleinern des Gesteins entsteht, so stark erhitzen kann, daß ihre Härte beeinträchtigt wird. Die Folge ist rascher Verschleiß. Deshalb muß die Spülung, insbesondere im harten Festgestein und in tiefen Bohrungen, so schnell fließen, daß sie diese Wärme aufnehmen und abführen kann. Darüber hinaus soll die Spülung die Oxidation des Gestänges verhindern und das System Gestänge–Kernrohr–Krone so gleitfähig machen, daß eine hohe Lebensdauer erreicht wird. Einige Rezepte für die Herstellung spezieller Spülungen enthält Tabelle 13.

Tabelle 12. Spülungszusätze

Bezeichnung	Eigenschaften	Bemerkungen
Bentonit	Stark quellfähiger Ton, der in Ruhe fest, beim Pumpen jedoch schwerflüssig ist.	
Polymer: CMC (Carboxy-Methyl-Cellulose)	Wesentlich für die Bildung des Filterkuchens. Verhindert die Abgabe von Wasser an quellfähige Gesteine (Tone), ist kochsalzarm oder -frei.	Allein einsetzbar.
Polymer: PAA (Polyacylamid)	Erhöht die Fähigkeit zur Wasserbindung, unterbindet das Aufquellen toniger Gesteine.	Nur mit anderen Zusätzen verwendbar
Mineralmehle (Schwerspat und Kreide)	Erhöhen die Dichte der Spülung und verbessern den Transport von Bohrklein; unerläßlich bei Bohrungen in gespanntem Wasser.	Preiswert
Abdichtende Stoffe z.B. Flocken von Glimmer, Cellophan, Nuß- und Eierschalen etc.	Zum Verschließen größerer Poren und Kluftzonen. Zur Verminderung von Spülverlusten.	Können nicht oder nur schwer wieder entfernt werden.

Die Einleitung von Spülungen oder anderen Flüssigkeiten in das Grundwasser erfordert in Deutschland eine wasserrechtliche Genehmigung, die dem Verfahren zur Benutzung von Oberflächengewässern entspricht (§ 2 und § 7 WHG). In Wasserschutzgebieten gelten die strengeren Richtlinien für Trink- und Heilwässer (DVGW Merkblätter W 114, W 115 und W 116). Die Spülung und ihre Zusätze müssen am Ende der Bohrarbeiten aus der Bohrung entfernt und ordnungsgemäß entsorgt werden. Grundsätzlich dürfen keine toxischen oder die Gesundheit gefährdende Spülungszusätze verwendet werden!

In Bild 6-14 wird links eine Bohrlochwand schematisch als gerader Strich und rechts ihre wirkliche Struktur in einem vertikalem Schnitt dargestellt. Beim Bohren haben Unterschiede in Härte und Mineralbestand der Gesteine zu Ein- und Ausbuchtungen, Riefen usw. in der Wand des Bohrlochs geführt. Der Filterkuchen, den die Spülung auf diese Unebenheiten legt, gleicht diese aus. Die Gestalt der Bohrlochwand wurde durch ein geophysikalisches *Kaliberlog* (Abschn. 7.3) ermittelt.

Tabelle 13. Beispiele für Spülungsrezepte

Spülungsrezept - beim Bohren in vorwiegend tonigen Sedimenten
1 m^3 Wasser + 2 kg Rein-CMC oder + 6 kg Techn.-CIVIC oder + 2 kg PAA-hochviskos In Wechsellagen aus Sand/Kies/Ton, insbesondere wenn oberflächennah Grobsande und Kiese anstehen, ist eine Bentonit-Polymerspülung einzusetzen. In der Regel wird Bentonit nur für den Erstansatz der Spülung verwendet und spätere Ergänzungen mit feststoffreier Polymerlösung vorgenommen, da im Untergrund erbohrter Ton in der Spülung verbleibt.
Spülungsrezept - Erstansatz beim Bohren in Wechsellagen Sand/Kies/Ton
1 m^3 Wasser + 20 kg Bentonit (mindestens 1 h vorquellen lassen) + 1,5 kg Rein-CMC H.V. oder + 4 kg Techn.-CMC H.V. oder + 3 kg PAA N.V. Bei artesisch gespannten Grundwässern werden diese Bentonit-Polymerspülungen noch mit Kreidemehl beschwert. Wird eine noch höhere Spülungsdichte zur Kompensation des Grundwasserdruckes gebraucht (>1,25 kg/l), muß zusätzlich Schwerspat eingesetzt werden.
Spülungsrezept - beschwerte Spülungen
1 m^3 Wasser + 20 kg Bentonit (mindestens 1 h vorquellen lassen) + 1,5 kg Rein-CMC H.V. oder + 4 kg Techn.-CMC H.V. oder + 3 kg PAA N.V. + x kg Kreidemehl oder + x kg Schwerspat ab S.G. 1,25 kg/l Für diesen speziellen Fall wird die Mischung auch als Volumenergänzung verwendet.

(DVGW, 1995)

Hinter dem Filterkuchen dringt die Spülung unterschiedlich tief in das durchbohrte Gestein ein. Der Durchmesser dieser *Infiltrationszone* richtet sich hauptsächlich nach der Porosität der Gesteine. In lockerem Kies und Sand kann die Spülung tiefer eindringen als im dichten Ton. Eine Ausnahme bildet der Quellton, der Minerale enthält, die Wasser unter Vergrößerung ihres Volumens aufnehmen. Im Quellton dringt die Spülung nicht nur tiefer ein, sondern auch das Bohrloch wird durch die Volumenzunahme verengt.

7 Erkundung

7.1 Oberflächengeophysik

Die Grundwassererkundung durch Bohrungen liefert Informationen, die direkt und detailliert die Schichtfolge, die Gesteine, den Flurabstand (Tiefe der Grundwasseroberkante) und (bei Pumpversuchen) die Ergiebigkeit der Grundwasserleiter wiedergeben. Aus den im Bohrloch gewonnenen Gesteinsproben lassen sich außerdem deren Porositäten und Durchlässigkeiten bestimmen. Diese Eigenschaften reichen i.a. aus, um die Nutzbarkeit eines Grundwasservorkommens festzustellen. Welchen Zweck hat es dann, zusätzlich geophysikalische Untersuchungen durchzuführen?

Bohrungen ergeben punktbezogene Informationen, die sich auf eine Säule beschränken. Aussagen über grundwasserbestimmende Gesteinsstrukturen zwischen einzelnen Bohrpunkten können deshalb nur indirekt abgeleitet werden und haben hypothetischen Charakter. Bohrungen sind außerdem teuer (Abschn. 7.2) und mit Eingriffen in den Gesteinsaufbau verbunden. Die Geophysik ermöglicht es jedoch, Veränderungen des Untergrundes zwischen einzelnen Bohrpunkten festzustellen. Dies geschieht von der Oberfläche. Werden die geophysikalischen Resultate mit den Bohrergebnissen kombiniert, läßt sich ein recht genaues Bild des Untergrundes ableiten. Die Geophysik kann indessen nicht nur Bohrresultate nachträglich ergänzen, sondern den Umfang eines Bohrprogrammes schon vor Beginn reduzieren. Es ist z.B. möglich, Gebiete mit Kies- und Sandschichten, d.h. mit Grundwasserleitern, geophysikalisch abzugrenzen von Bereichen, in denen nur geringdurchlässige, tonige Gesteine die Grundwasserbildung verhindern.

Bild 7-1 erläutert schematisch die Kombination Bohrungen und Geophysik. Die direkt aus den Bohrkernen entnommenen Informationen gelten nur für eine dünne Säule von < 1 m Durchmesser. Dagegen beziehen sich die geophysikalischen Daten auf den gesamten Untergrund des Gebietes. Dies gilt sowohl für geophysikalische Messungen von der Oberfläche als auch im Bohrloch (Abschn. 7.3).

Vor jeder geophysikalischen Vermessung ist zu prüfen, welche Verfahren erfolgversprechend für die Grundwassererkundung eingesetzt werden können. Dafür muß nicht nur die geohydrologische Fragestellung genau bekannt, sondern es müssen auch folgende Unterlagen vorhanden sein:

- geologische Karten und Profile,
- hydrogeologische Karten,

- topographische Karten,
- Eigentumskataster,
- Bohrkarten,
- Bebaungspläne,
- Verlegungspläne von Kabeln und Leitungen,
- Verzeichnis relevanter Berichte und Veröffentlichungen.

Das Untersuchungsgelände muß vor Beginn der Geländearbeiten begangen werden, um Anlagen zu berücksichtigen, die geophysikalische Messungen erschweren oder verfälschen, jedoch nicht in den topographischen Karten enthalten sind. Das könnten z.B. eine neue Straße, frisch verlegte Leitungen oder Neubauten sein.

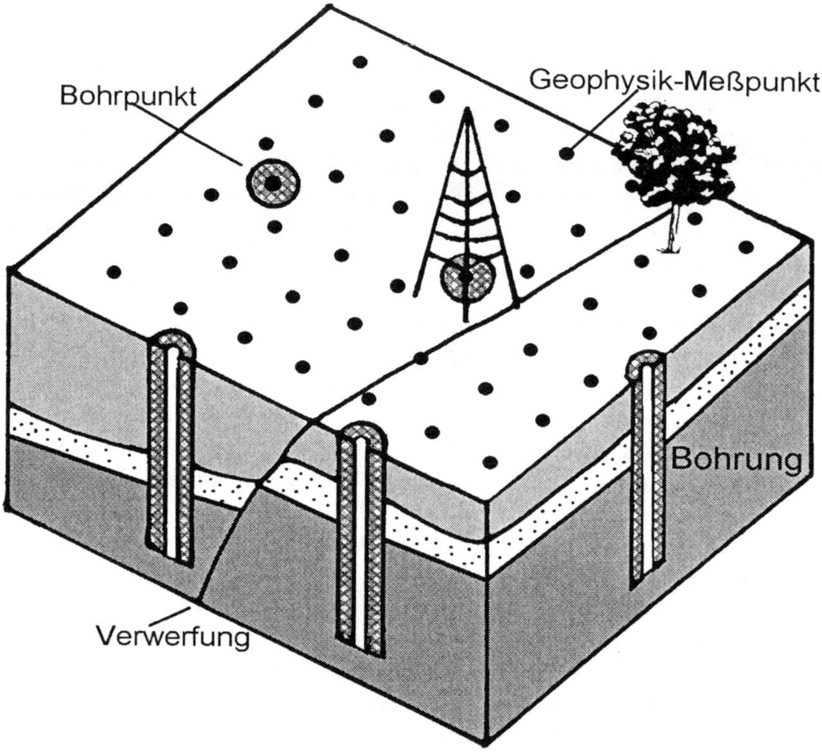

Bild 7-1. Informationsbereiche: Bohrungen = dunkel, Geophysik = weiß, Grundwasserleiter = Punkte

Die Auswahl der geophysikalischen Methoden sollte in enger Zusammenarbeit mit dem Auftraggeber bzw. dem zuständigen Hydrogeologen erfolgen. Dabei sind folgende Vor- und Nachteile der Geophysik zu berücksichtigen:

Vorteile

1. flächige und räumliche Erfassung hydrogeologischer Strukturen,
2. Einsparungen von Arbeitsaufwand und Kosten,

3. Zeitersparnis,
4. Arbeitssicherheit.

Nachteile:
1. indirekte Auswertung (hydrogeologische Eigenschaften können nur näherungsweise ermittelt werden),
2. nur die Strukturen, an denen sich physikalische Eigenschaften ändern, werden erfaßt,
3. zunehmende Unschärfe mit fortschreitender Tiefe,
4. *Äquivalenz* der Ergebnisse, d.h., mehr als ein Ergebnis ist möglich.

Um diese Nachteile zu vermeiden, sollten geophysikalische Untersuchungen unter Einbeziehung aller geologischen und hydrogeologischen Daten des Untersuchungsgebietes ausgewertet und interpretiert werden.

Geophysikalische Verfahren lassen sich nur anwenden, wenn im Meßgebiet keine der folgenden Installationen oder Strukturen vorhanden ist.

Geoelektrik, Gleichstromverfahren
- Bebauung,
- Leitungen oder Kabel,
- Asphaltierung, Betonierung,
- Flüsse, Teiche, Seen.

Geoelektrik, Wechselstromverfahren
- Hochspannungsleitungen,
- metallische Zäune,
- elektrische Bahnen.

Refraktions- und Reflexionsseismik
- schwingende und stampfende Maschinen,
- dicht befahrene Straßen und Autobahnen,
- schwingungsgefährdete Bauwerke.

Geophysikalische Verfahren lassen sich in der Grundwassererkundung wie folgt einsetzen: Tiefe und Mächtigkeit von Porengrundwasserleitern werden mit *geoelektrischen Tiefensondierungen (GTS)* und/oder der *Refraktionsseismik* ermittelt. Voraussetzungen sind:

- ein signifikanter Widerstandswechsel von der ungesättigten Zone (z. B. 800 Ωm) zum Grundwasserleiter (z. B. < 300 Ωm),
- deutliche Unterschiede der seismischen Geschwindigkeiten an den entsprechenden Schichtgrenzen.

Die elektrischen Widerstände undurchlässiger Gesteine (Grundwassergeringleiter) sind niedrig, denn sie betragen in der Regel weniger als 50 Ωm. Die Seismik findet häufig *Refraktoren* auf der Oberfläche dieser stauenden Schichten, wo die seismischen Geschwindigkeiten toniger Sedimente auf über 3000 m/s ansteigen können.

Die Gesteine, welche die Grundwasserleiter überdecken, weisen häufig kleinräumig wechselnde elektrische Widerstände auf. Ähnlich starken Variationen unterliegen auch die seismischen Geschwindigkeiten in diesen Lockergesteinen; generell betragen sie meist weniger als 1000 m/s. Für die Erkundung der obersten Dezimenter kann zusätzlich das *Georadar* eingesetzt werden, das seine geringe Eindringtiefe durch die detaillierte Wiedergabe dünnster Schichten wettmacht.

Die geoelektrische und seismische Bestimmung des Grundwasserflurabstandes ist nur selten möglich, denn Tonlinsen oder andere Inhomogenitäten verschleiern in vielen Fällen den Widerstands- bzw. Geschwindigkeitssprung zum Grundwasserleiter.

Die Grundwasserstromrichtung kann u.a. aus der Neigung der Oberfläche des liegenden Grundwasserstauers ermittelt werden. Mit den Methoden der geoelektrischen Tiefensondierung und der Refraktionsseismik können die Tiefe und die Neigung dieser Schichtgrenze erkundet und in Isolinienkarten oder Raumbildern veranschaulicht werden.

Grundwasserbewegungen von einem Stockwerk zum anderen finden vorwiegend auf tektonisch vorgezeichneten Bahnen, wie Verwerfungen oder Kluftzonen statt. Diese können ggf. indirekt aus geophysikalischen Schnitten abgeleitet werden. Tiefen- und Mächtigkeitsangaben sind dabei aus geoelektrischen Tiefensondierungen oder der Refraktionsseismik abzuleiten. Grundwasserleitende, steilstehende tektonische Elemente treten, insbesondere in Kluftgrundwasserleitern, als Minima der elektromagnetischen Kartierung hervor. Flachgründig kann hier das Georadar angewendet werden. Tabelle 14 enthält die geophysikalischen Verfahren, welche sich zur Grundwassererkundung eignen.

In Grundwassereinzugsgebieten können Gebiete mit toniger Überdeckung durch geoelektrische Tiefensondierungen, elektromagnetische Kartierungen und Refraktionsseismik nachgewiesen werden.

Tabelle 14. Methodenwahl

Methoden→ Fragestellungen↓	(GTS)[1]	(EM)[2]	(EMR)[3]	seismische Refraktion	seismische Reflexion
Poren Gw-Leiter	+	(+)	–	+	(+)
Gw-Stauer	+	+	–	+	(+) > 50 m
Gw-Überdeckung	(+)	(+)	(+)< 3 m	(+)	(+)
Flurabstand	(+)		(+) < 3 m		–
Stromrichtung	–	–	–	–	(+) > 50 m
Übertritt, Leckage	–	–	–	–	–
Einzugsgebiet	(+)	+	(+)	–	–
Kluft-, Karst-Gw	(+)	+	(+) < 3 m	–	–
Schnitt, 3D-Bild	+	+	–	–	(+) > 50 m

Gw = Grundwasser, + = geeignet, (+) = weniger geeignet, – = nicht geeignet

[1] Geoelektrische Tiefensondierung
[2] Elektromagnetische Kartierung
[3] Elektromagnetische Reflexion oder Georadar

Hydrogeologische Tiefenlinienpläne und -schnitte können ebenfalls mit Hilfe geoelektrischer Tiefensondierungen und seismischer Messungen erstellt werden. Elektromagnetische Kartierungen zeigen den Verlauf von Kluft- und Verwerfungszonen, als *Lineare* an.

7.1.1 Geoelektrik

Geolektrische Messungen beruhen auf den Unterschieden der elektrischen Widerstände der Gesteine und ihrer Porenraumfüllungen. Verschiedene Widerstände drücken unterschiedliche Permeabilitäten bzw. wechselnde Porenvolumina und Wassergehalte aus. Obwohl sich hieraus keine mathematisch exakten Regeln ableiten lassen, gilt allgemein, daß höhere Widerstände (> 200 Ωm) eine Zunahme der Permeabilität und des Porenvolumens anzeigen, die charakteristisch für Grundwasserleiter sind. Dagegen weisen niedrigere Widerstände (< 50 Ωm) in der Regel auf geringe Durchlässigkeit hin. Eine Ausnahme bildet die Versalzung des Grundwassers. Hier finden wir ebenfalls niedrige Widerstände. Demzufolge können die Widerstände toniger Geringleiter und salinarer Grundwässer gleich sein.

Die Gleichstromverfahren der Geoelektrik machen sich diese unterschiedlichen spezifischen elektrischen Widerstände zunutze. Die maßgebende Materialeigenschaft ist der spezifische elektrische Widerstand ρ_s, der in [Ωm] (Ohm-Meter) angegeben wird.

Grundlage der Messungen ist das Ohm'sche Gesetz. Dieses beschreibt den Zusammenhang zwischen Stromstärke, Spannung und Widerstand.

Die Größe R, der Ohm'sche Widerstand ist proportional der Länge b und umgekehrt proportional dem Querschnitt q des Leiters und enthält den spezifischen Widerstand ρ [Ωm]. Es gilt: $R = \frac{b}{q}\rho$

In der Praxis wird dem Untergrund über zwei geerdete Metallelektroden ein Gleichstrom zugeführt, wodurch sich ein Spannungs- oder Potentialfeld ausbildet, das von der Verteilung des spezifischen Widerstandes im Untergrund beeinflußt wird. Da dieses Feld mit wachsendem Elektrodenabstand in immer tiefer liegende Strukturen eindringt, konnten Auswerteverfahren zur Tiefenbestimmung von Schichtgrenzen entwickelt werden.

Aus der Messung der elektrischen Spannungen bzw. der Potentialunterschiede U, gemessen in Volt [V] zwischen zwei geerdeten und nicht polarisierbaren Sonden, die sich in der Mitte der Meßanordnungen befinden (Bild 7-2), können Angaben über die Verteilung spezifischer Widerstände im Untergrund abgeleitet werden. Es ist üblich, das gemessene Verhältnis Spannung U in Volt [V] zur Stromstärke I in Ampere [A], unter Berücksichtigung der Elektroden- und Sondenabstände (K- oder Geometrie-Faktor), in den Wert des spezifischen Widerstandes ρ umzurechnen, der für einen *homogenen Halbraum* gilt.[1] Er wird als scheinbarer spezifischer Widerstand oder ρ_s bezeichnet und in [Ωm] gemessen.

$$\rho = K \frac{U}{I} \Omega m$$

Der *K-Faktor* richtet sich nach der gewählten Meßanordnung. Aus vielen möglichen Anordnungen von Elektroden und Sonden haben sich die in Bild 7-2 dargestellten besonders bewährt; sie werden deshalb bevorzugt eingesetzt. Der spezifische elektrische Widerstand wird bei Gleichstromverfahren mit ρ (Rho) angegeben. Wechselstromdaten werden dagegen meist in seinem Kehrwert, der Leitfähigkeit σ (Sigma) ausgedrückt.

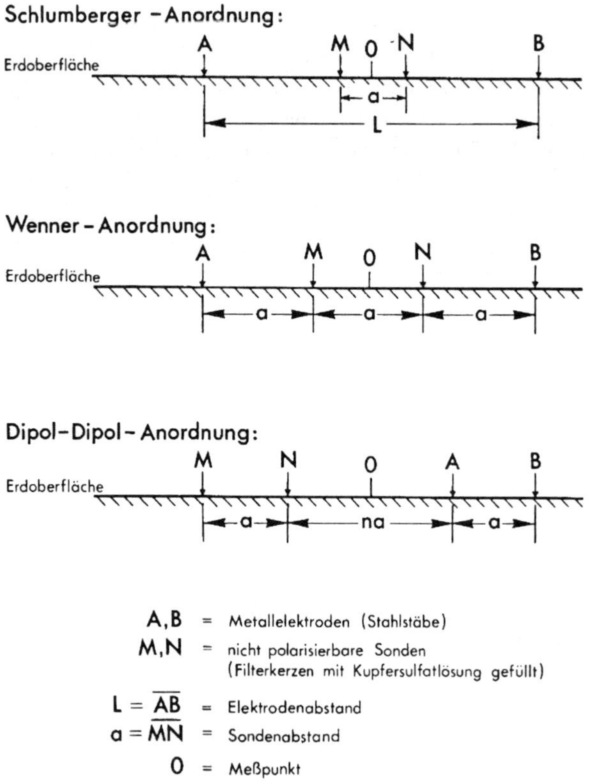

Bild 7-2. Geoelektrische Meßanordnungen

Die *Schlumberger Anordnung* (Bild 7-2, Details in Bild 7-4) wird vor allem bei der geoelektrischen Bestimmung der Schichttiefen (Tiefensondierung) und der

[1] Als Halbraum wird der Bereich des Untergrundes bezeichnet, der in Halbkugelform in die Messungen eingeht.

Schichtwiderstände verwendet. Die Abstände (a) der Sonden, welche die Spannungen im Erdboden aufnehmen, sind meist sehr klein (a=1,0 m). Dagegen sind die variablen Zwischenräume (L) der stromzuführenden Elektroden wesentlich größer. Die Elektroden wandern von der Mitte, d.h. von einer Entfernung von 3 m zum Zentrum der gesamten Meßanordnung in logarithmischen Abständen bis zum maximalen Abstand, der 100 m und mehr betragen kann (Bild 7-4).

Bei der *Wenner-Anordnung* (Bild 7-2) sind die Abstände zwischen den beiden zentralen Sonden und zwischen den Elektroden und je einer Sonde gleich. Diese Anordnung wird überwiegend für flächenhafte Bestimmungen der spezifischen Widerstände eingesetzt und auch als „Kartieranordnung" bezeichnet.

Die *Dipol-Dipol-Anordnung* (Bild 7-2) vermittelt rasch, sowohl in der Fläche als auch in der Tiefe, ein grobes Bild der Widerstandsverteilung.

Die Werte des Geometriefaktors K werden für die drei Meßanordnungen in Bild 7-2 berechnet mit:

$K_{\text{Schlumberger}} = \pi/a[(L/2)^2-(a/2)^2]$
$K_{\text{Wenner}} = 2\pi a$
$K_{\text{Dipol-Dipol}} = \pi a \cdot n(n+1)(n+2)a$
(n = Multiplikator des Sondenabstandes a).

Die geoelektrische Grundwassererkundung basiert vor allem auf den signifikanten Widerstandsunterschieden der grundwasserführenden Gesteine (Bild 7-3).

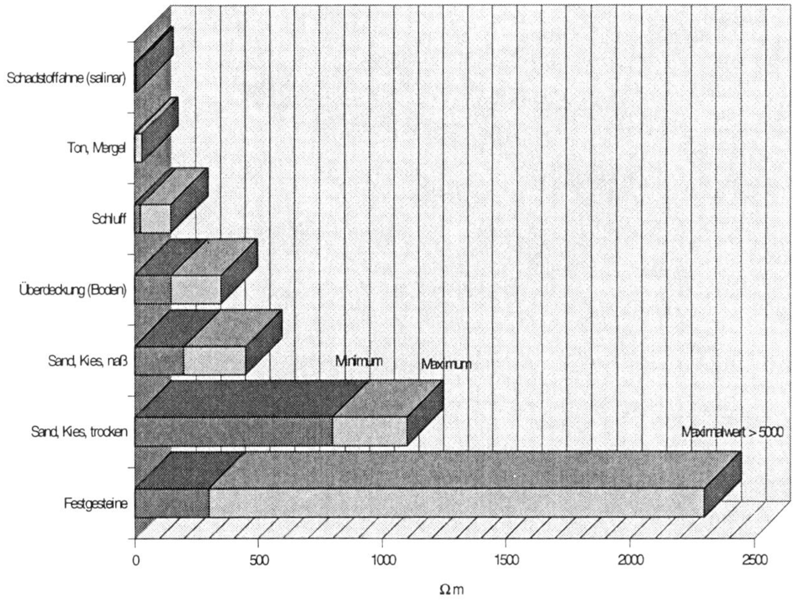

Bild 7-3. Spezifische Widerstände

Diese Aufstellung geht auf Einzeluntersuchungen zurück. Sie kann jedoch nur Anhaltspunkte liefern, da auch Überlappungen auftreten.

Die Meßanordnung der Geoelektrischen Tiefensondierung (GTS) wird vorwiegend für die Erkundung von Grundwasservorkommen angewendet. Ihr Meßergebnis ist ein Säulenprofil, das zwar einem Bohrergebnis ähnelt, jedoch keine Beschreibung der erfaßten Gesteine, sondern nur die Tiefen der Schichtgrenzen und die spezifischen Widerstände der Schichten enthält.

In Bild 7-4 ist das elektrische Spannungs- oder Potentialfeld dargestellt, das von den beiden stromzuführenden Elektroden A und B in den Boden eingespeist wird. Der Strom wird bei jeder Messung mehrfach umgepolt, damit unerwünschte Richtungseffekte oder *Anisotropien* eliminiert werden. Die Darstellung bezieht sich auf einen *homogenen Halbraum* im Untergrund, der jedoch in der Natur wegen der Inhomogenität natürlicher geologischer Strukturen nicht existiert. Es werden deshalb nur *scheinbare spezifische Widerstände* ρ_s des Untergrundes für jede gemessene Elektrodenentfernung abgeleitet. Diese Daten bilden die Grundlage für die Berechnung der *Schichttiefen.*

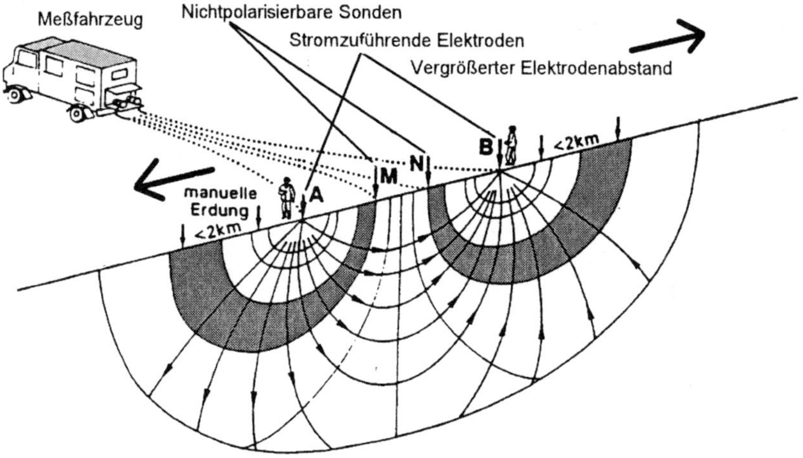

Bild 7-4. Meßprinzip der geoelektrischen Tiefensondierung (GTS)

Die früher benutzten grafischen Auswertemethoden werden heute nur noch selten angewendet, denn es stehen benutzerfreundlichere digitale Programme zur Verfügung. Diese laufen sowohl auf Großrechnern als auch auf PC oder Notebook. Es kann also bereits am Meßort ausgewertet werden.

Zu berücksichtigen ist vor allen Dingen die Neigung der Schichten, denn das Meßverfahren der geoelektrischen Tiefensondierungen ist eigentlich nur bei horizontaler Lagerung anwendbar. Geneigte Schichten können nur bis maximal 5^0 Einfallen erkundet werden. Über steiler stehenden Schichten werden Sondierungskurven gemessen, die sich entweder nicht auswerten lassen oder zu falschen Resultaten führen.

Die Vierschicht-Kurve des Bildes 7-5 beginnt mit einem sandigen Boden, dessen spezifischer Widerstand 300 Ωm und dessen Mächtigkeit 1 m beträgt. Der darunterliegende trockene Kies mit 2700 Ωm ist 2 m mächtig. Er deckt den sandig-kiesigen Grundwasserleiter ab, der bis 17 m Tiefe reicht. Die anschließenden undurchlässigen und grundwasserstauenden Tone weisen geringere Widerstände von 40 Ωm auf. Diese Angaben werden hier nicht in einer senkrechten Säule, sondern in einem waagerechten Balken veranschaulicht.

In dieser Sondierungskurve konnte der Flurabstand oder Grundwasserspiegel ermittelt werden. Er wird innerhalb einer gut durchlässigen Kies-Sandschicht durch die beträchtliche Verminderung des spezifischen Widerstandes von 2700 auf 300 Ωm deutlich gekennzeichnet.

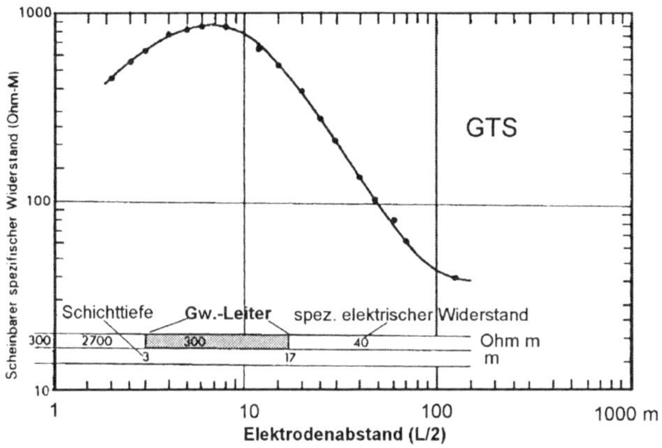

Bild 7-5. Sondierungskurve mit digitaler Interpretation

Gesteine und spezifische Widerstände in Bild 7-5:

Gestein	Tiefe (m)	ρ (Ωm)
Boden	0,0 - 1,0	300
Kies, trocken	1,3 - 3,0	2700
Kies, Sand im Gw.	3,0 - 17,0	300
Ton	> 17,0	40

Die geoelektrische Bestimmung des Grundwasserspiegels war in diesem Beispiel möglich, da über dem Grundwasser nur homogene Schichten mit einheitlichen Widerständen liegen. Den Grundwasserleiter dichtet eine Tonschicht mit dem spezifischem Widerstand von 40 Ωm gegen den tieferen Untergrund ab.

In Bild 7-6 werden 32 Zweischicht-Kurven vorgestellt, die der grafischen Auswertung dienen. Sie beziehen sich auf unterschiedliche Verhältnisse der spezifischen Widerstände ρ_{s2} der 2. Schicht zum ρ_{s1} der 1. Schicht. Wenn beide Widerstände gleich sind, ergibt das eine Gerade, die sich in der Mitte der Kurvenschar befindet.

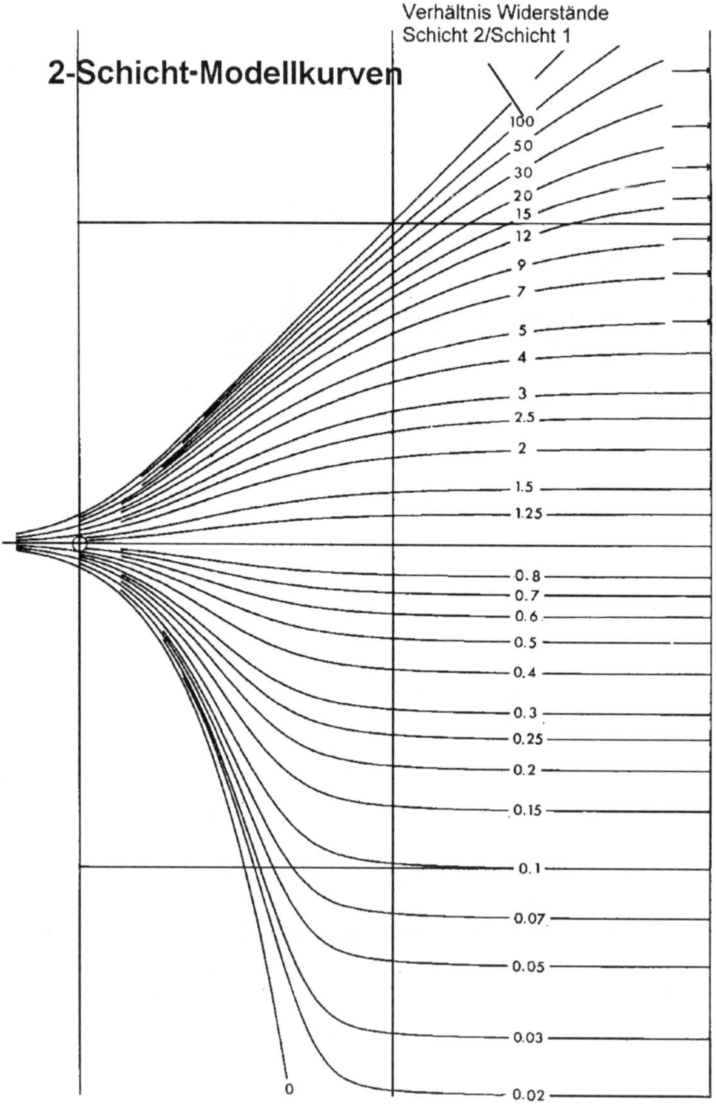

Bild 7-6. Zweischicht-Modellkurven (Mundry & Homilius, 1979)

Bei der Auswertung einer Sondierungskurve können mehrere richtige Ergebnisse erzielt werden. Dies wird als *Äquivalenz* bezeichnet. Bild 7-7 erläutert, wie sich dies bei der Darstellung der Resultate auswirkt.

Die Auswahl des richtigen Ergebnisses kann jedoch nicht nur durch mathematische Operationen geschehen. Vielmehr müssen alle äquivalenten Geoelektrik-Daten mit bekannten geologischen, hydrogeologischen Strukturen oder Bohrergebnissen verglichen werden, um die plausibelsten auszuwählen. Die Auswertungen einzelner Sondierungskurven werden dafür in geoelektrischen Profilschnitten und/oder Tiefenlinienplänen zusammengestellt (Bild 7-8). Eine solche Interpretation kann indessen nur erfolgreich sein, wenn Hydrogeologen und Geophysiker eng zusammenarbeiten.

Bild 7-8 enthält einen geoelektrischen Schnitt als Endergebnis. Die Kombination der Resultate aller Tiefensondierungen, unter Einbeziehung bekannter geologischer Strukturen, ergab das abgebildete Profil.

Unter jedem Sondierungspunkt, der mit einem nach unten gerichteten Keil markiert und mit der Sondierungsnummer versehen ist, sind die Schichttiefen mit einem waagerechten Strich eingezeichnet und ihr spezifischer Widerstand in Ωm als Zahl in das Zentrum der Schicht geschrieben worden. Diejenigen Tiefenstriche wurden miteinander verbunden, die Bereiche mit Widerständen umschließen, welche sich zu plausiblen geologischen Strukturen zusammenfügen lassen.

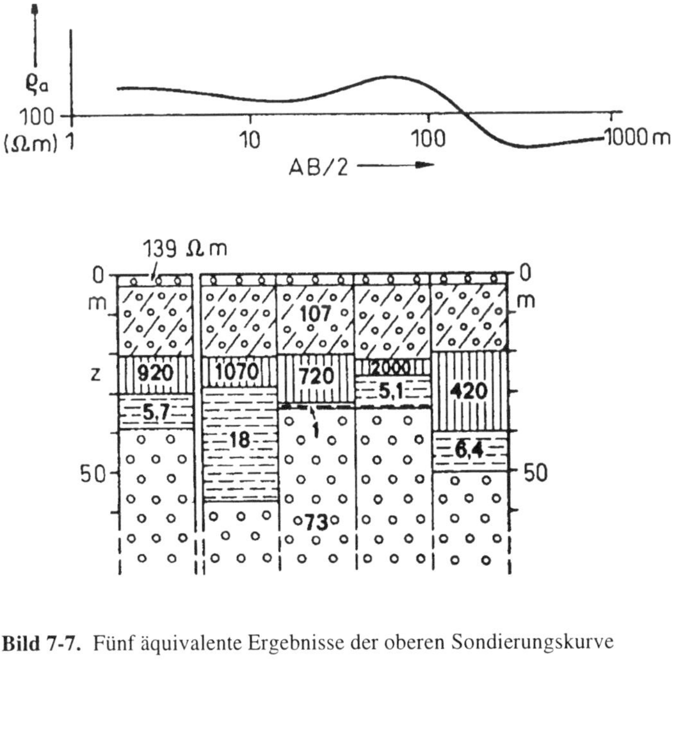

Bild 7-7. Fünf äquivalente Ergebnisse der oberen Sondierungskurve

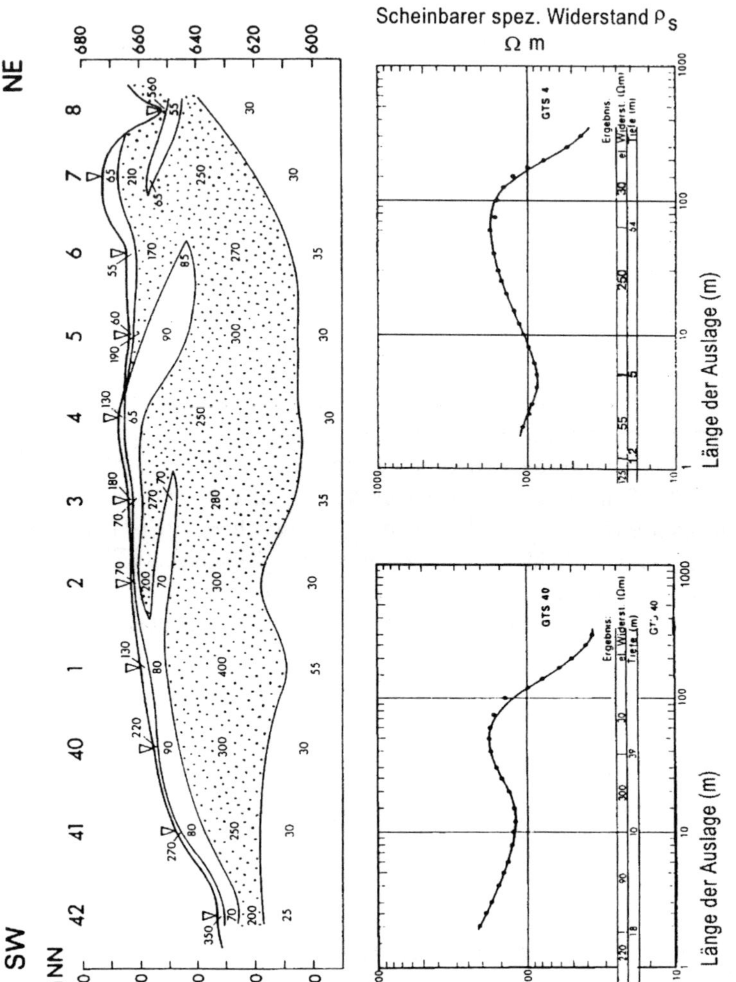

Bild 7-8. Geolektrischer Schnitt eines Grundwasserleiters mit Sondierungskurven

Gesteine und spezifische Widerstände der GTS 40 und 4 in Bild 7-8:

Gestein	Tiefe (m)		Spez. Widerstand ρ (Ωm)	
	GTS 40	GTS 4	GTS 40	GTS 4
Boden/Deckschicht	0,0 - 1,8	00 - 1,2	220	125
Sandiger Ton	- 10,0	- 5,0	90	65
Sand-Kies (Gw.-Leiter)	- 39,0	- 64,0	300	250
Ton (Gw.-Geringleiter)	> 39,0	> 64,0	30	30

In Bild 7-8 ist deutlich sichtbar, daß die Mächtigkeit der Schichten und der Verlauf ihrer Grenzen starken Veränderungen unterliegen. Um die gleiche Informationsdichte durch Bohrungen zu erzielen, müßten mindestens 5 Bohrungen bis auf ca. 30 m abgeteuft werden; dabei würden jedoch erhebliche Mehrkosten entstehen.

Bild 7-9 enthält einen geoelektrischen Schnitt, in dem auch der Grundwasserspiegel erfaßt wurde. Dies war möglich, da sich die Widerstände der trockenen Kiese und Sande der ungesättigten Zone (1200–2800 Ωm) und des wassererfüllten Grundwasserleiters (ebenfalls Kiese und Sande mit 300–400 Ωm) erheblich unterscheiden.

Es sind zwei Brunnen eingezeichnet. An Hand der Gesteine in diesen Brunnen konnten die geoelektrischen Tiefenangaben überprüft und eine optimale Lösung ausgewählt werden. Der ebene Verlauf der Grundwasseroberfläche unter den Sondierungen 19 und 20 bestätigt diese Interpretation, da sich die plötzliche Verminderung der Mächtigkeit des trockenen Kieses unter dem Flußtal nicht in einem Absinken des Grundwasserspiegels auswirkt.

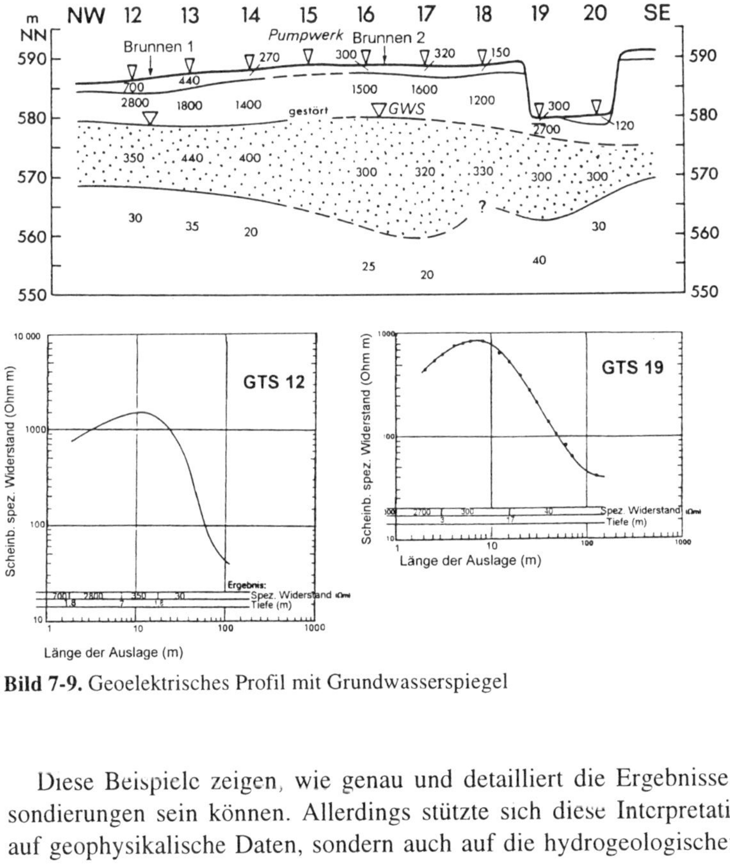

Bild 7-9. Geoelektrisches Profil mit Grundwasserspiegel

Diese Beispiele zeigen, wie genau und detailliert die Ergebnisse von Tiefensondierungen sein können. Allerdings stützte sich diese Interpretation nicht nur auf geophysikalische Daten, sondern auch auf die hydrogeologischen Kenntnisse des untersuchten Gebietes. Dadurch wurden Fehlangaben vermieden und die nachfolgenden Bohrungen konnten Grundwasser erschließen; darüber hinaus wurde der Zeit- und Kostenaufwand reduziert.

Die *Geoelektrische Kartierung* ergänzt die nur auf einen Punkt beschränkte Sondierung in der Fläche. Bei diesem Verfahren müssen 2 Sonden, 2 Elektroden, Kabelstränge, Stromquelle, Amperemeter und Spannungsmeßgerät leicht und tragbar sein, da jede Messung ihre Umsetzung erfordert.

Bild 7-10 zeigt, wie die Ausdehnung einer Tonschicht als geringleitende Grundwasserüberdeckung geoelektrisch kartiert werden kann. Diese Schicht überdeckt gespanntes Grundwasser. Die nach der Geoelektrik im artesischen Quellgebiet angelegten Brunnen wiesen starke artesische *Schüttungen* auf.

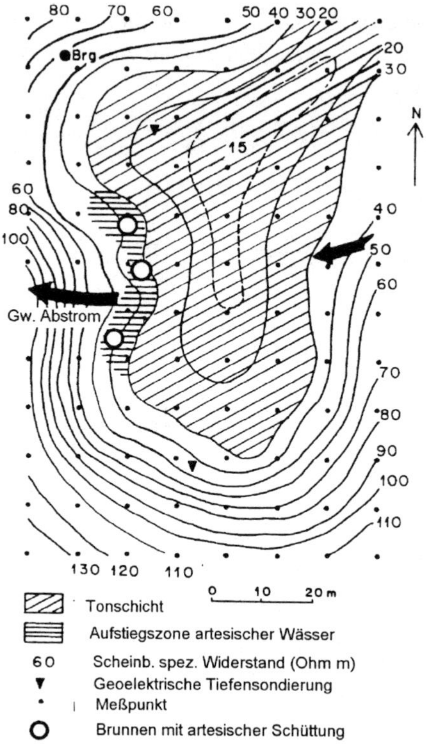

Bild. 7-10 Geoelektrische Kartierung zur Erschließung artesischen Grundwassers

Die Auslage in Bild 7-10 betrug 30 m und die mittlere Eindringtiefe 7 m. Für diese Fläche von 9000 m^2 wurden 91 geoelektrische Messungen und zwei Arbeitstage benötigt. Danach konnten die Brunnenbohrungen gezielt am Rand der undurchlässigen Deckschicht niedergebracht werden. Die Schüttung der jeweils 25 m tiefen Brunnen erreichte insgesamt 50 l/s.

Bild 7-11 erläutert das Resultat einer weiteren Geoelektrischen Kartierung im Vertikalschnitt. Die Eindringtiefe betrug etwa 15 m, zu wenig, um die untere Tonschicht oder die Grundwasseroberfläche zu erfassen. Es zeichnete sich nur die Erstreckung der Deckschicht und des Grundwasserleiters ab.

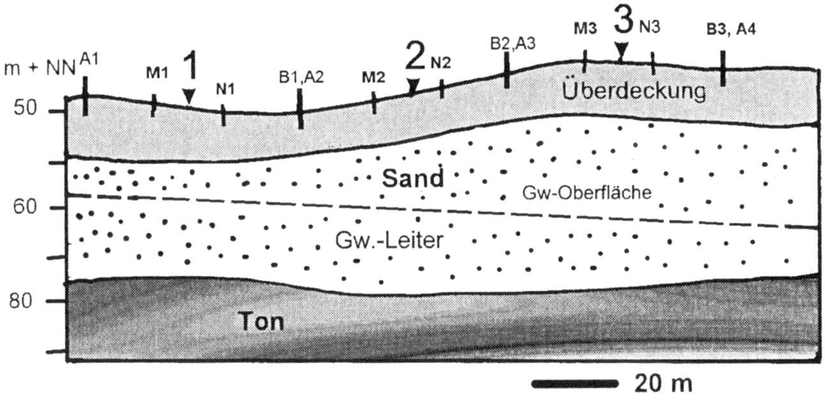

Bild 7-11. Wenner-Kartierung eines Grundwasserleiters

Die spezifischen elektrischen Widerstände dieser Schichtfolge waren:

Überdeckung	150-250 Ωm
Grundwasserleiter	300-650 Ωm
Tonige Stauschicht	30 Ωm

Die Geoelektrische Kartierung wird seltener angewendet, da keine genauen Angaben über Schichttiefen möglich sind. Außerdem müssen alle Sonden bzw. Elektroden für jede Messung gezogen, weiter getragen und erneut in den Boden eingeschlagen werden.

Geoelektrische Messungen können auch ohne Stromeinspeisung erfolgen, wenn natürliche elektrische Gleichstromfelder, die *Eigenpotentiale (EP)* vorhanden sind. *Redoxpotentiale.* sind die Folge von Reduktionen und Oxidationen, die sich z.B. zwischen Erzmineralen und dem Grundwasser bzw. den Gesteinsfluiden abspielen. Eigenpotentiale bilden sich auch bei schneller Strömung von Wässern oder Gasen durch Gesteine oder Dämme. Diese Fließpotentiale sind meist kleiner (< 20 mV) als die Redoxpotentiale.

Eine EP-Messung ist technisch einfach. Die Spannung wird zwischen zwei unpolarisierbaren Sonden gemessen, wobei eine Sonde als Referenzelektrode dient. Die zweite wandert als Feldsonde entlang der Meßlinie, wobei Betrag und Vorzeichen der jeweiligen Potentialdifferenz, d.h. der Spannung U gegen die Referenzelektrode gemessen werden. Bei der *Skannermethode* werden über 200 Feldsonden gleichzeitig eingesetzt.

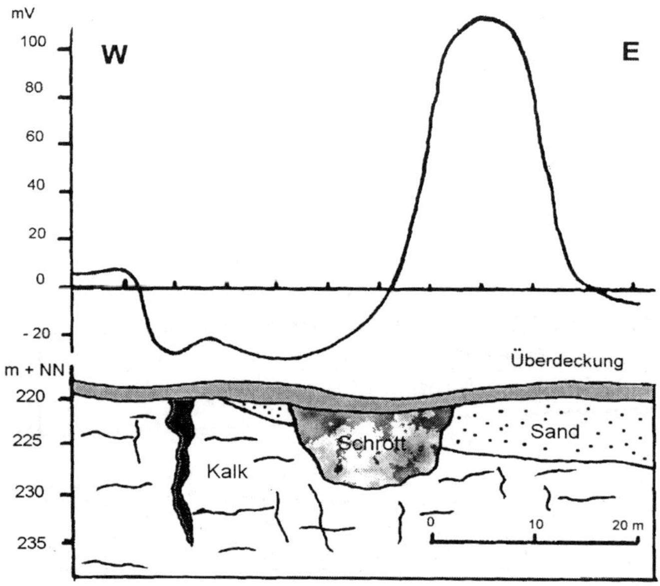

Bild 7-12. Eigenpotentiale einer Karstspalte (links) und vergrabenem Schrott (rechts)

Eigenpotentialmessungen sind indessen nur bedingt zur Grundwassererkundung geeignet, denn Redoxpotentiale treten vorwiegend an Metallen oder Erzen auf. Die Erfassung von Fließvorgängen wird durch elektrochemische Wechselwirkungen und die geringen Spannungen erschwert.

Jede Eigenpotentialquelle hat einen Plus- und einen Minuspol, deren Lage und Neigung die Form der EP-Anomalien bestimmen. Da diese Position normalerweise nicht bekannt ist und auch aus den Meßergebnissen nicht hervorgeht, kann der Ort, an dem sich eine EP-Quelle befindet, nur ungefähr aus der Form der Anomalien abgeleitet werden. Dies gilt auch für die Skanneranordnung.

Bild 7-12 stellt zwei verschiedene Eigenpotentialquellen und ihre Anomalien nebeneinander. Ein Strömungspotential von ca. 7 mV (Millivolt) wird von einer wasserführenden Karstspalte (schwarz) erzeugt. Nach rechts folgt eine negative und 103 mV starke Redox-Anomalie, die von vergrabenem Schrott hervorgerufen wird. Weder das Minimum des Strömungspotentials noch das Redox-Maximum liegen genau über ihren Quellen. Das Minimum der Karstspalte ist um 2,5 m nach Westen und das Maximum über dem vergrabenen Schrott ist um 12 m nach Osten verschoben.

Das Wechselstromverfahren *Elektromagnetische Kartierung (EM)*, kann auch bei einfallenden Schichten angewendet werden. Es ist zum Nachweis steil stehender Strukturen in Kluftgrundwasserleitern, z.B. von Verwerfungen, Karstspalten oder Kluftzügen, gut geeignet.

EM-Messungen lassen sich schneller und kostengünstiger durchführen als Gleichstromkartierungen, da keine Elektroden geerdet werden müssen (Bild 7-13). Die Ankoppelung des elektromagnetischen Wechselfeldes erfolgt induktiv, d.h. ohne Erdung von Sonden oder Elektroden. Aus den zweiphasigen Meßdaten (Real- und Imaginärteil) werden die elektrischen Widerstände bzw. ihr Kehrwert, die *Leitfähigkeit* berechnet, wobei sich Gesteine oder Bereiche mit guter Leitfähigkeit, z.B. tonige Spaltenfüllungen, herausheben.

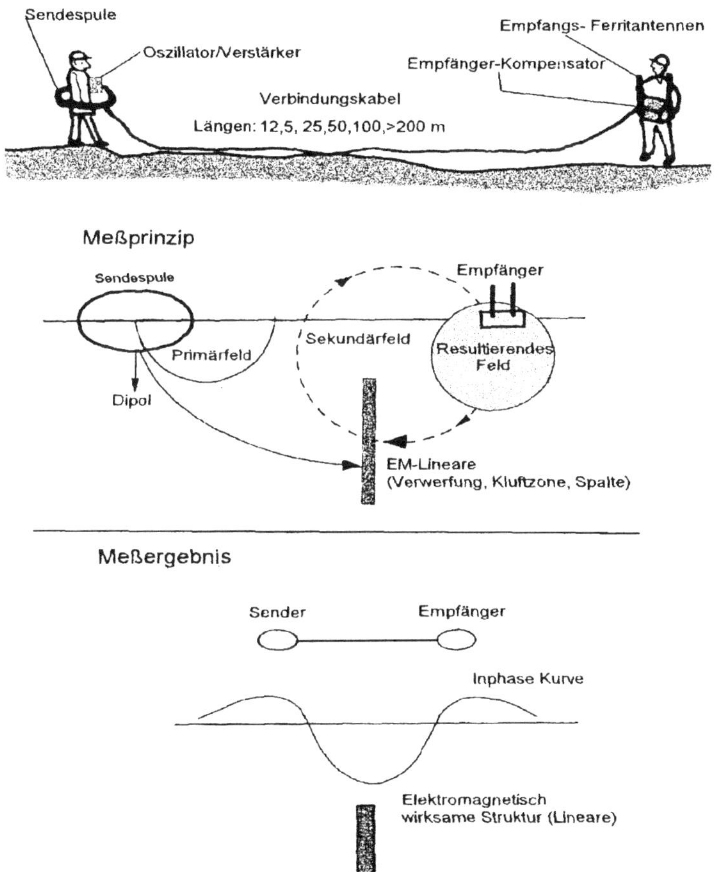

Bild. 7-13. Prinzip der elektromagnetischen Kartierung (EM)

Die Auswertung elektromagnetischer Meßdaten ist jedoch wesentlich schwieriger als bei Gleichstrom-Messungen. Der Grund sind die komplizierten Maxwellschen Gleichungen, die an Stelle des einfacheren Ohm'schen Gesetzes anzuwenden sind.

Die Beziehung zwischen spezifischem Widerstand, Eindringtiefe und Meßfrequenz einer homogenen Welle zeigt das Nomogramm in Bild 7-14. Im grau gefärbten, optimalen Bereich können bei Meßfrequenzen zwischen 400 Hz und 8000 Hz sowie spezifischen Gesteinswiderständen von 10 Ωm bis 1000 Ωm Eindringtiefen der EM-Messungen von 11 m bis 800 m erzielt werden.

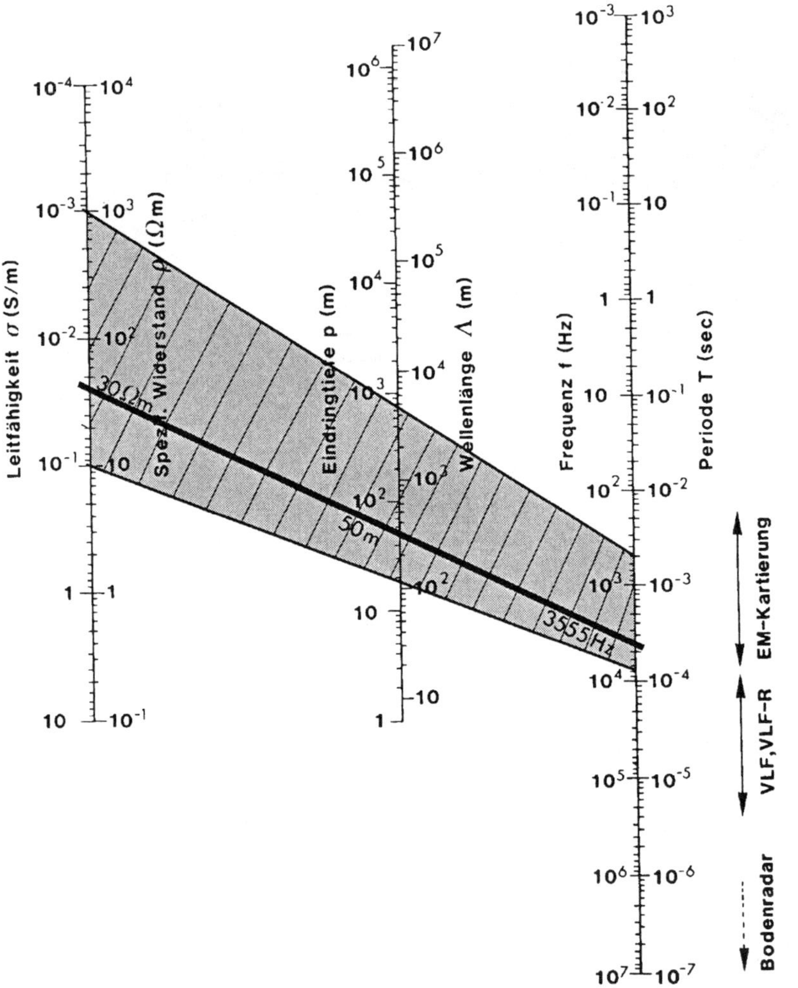

Bild 7-14. Nomogramm: spezifischer Widerstand (links), Eindringtiefe (Mitte) und EM-Frequenz

Ein EM-System besteht aus zwei horizontalen Sende- und Empfangsspulen, die von Helfern getragen werden und die durch ein Kabel miteinander verbunden sind (Bild 7-13). Das entstandene Feld induziert bei seinem Lauf durch die Erde in Gesteinskörpern unterschiedlichen elektrischen Widerstandes sekundäre Felder. Diese können dem Primärfeld entgegen- oder gleichgerichtet sein. Durch Überlagerung beider Felder entsteht das dritte, resultierende Feld, welches vom Empfänger aufgenommen wird.

Im Empfänger wird das resultierende Feld verstärkt und mit dem durch das Verbindungskabel übertragene Primärfeld verglichen. Aus den Veränderungen der Inphase- und Outphasedaten gegenüber dem Primärfeld kann die Lage elektrisch besonders gut oder schlecht leitender Körper im Untergrund bestimmt werden.

Es können mehrere Frequenzen vom Sender abgestrahlt werden. Der Meßpunkt, auf den sich die gemessenen Daten beziehen, liegt stets in der Mitte der Auslage. Diese kann, je nach Größe des gesuchten Körpers, zwischen 12,5 und 200 m lang sein. Die Meßlinien müssen an Hand von Geländekennzeichen, wie Wegkreuzungen, Bahnüberführungen oder Waldrändern, eingemessen und in topographische Karten eingetragen werden. Kabel, Telefon- oder Wasserleitungen erzeugen elektromagnetische Anomalien, die meist stärker sind als die der Gesteine. Deshalb müssen alle Meßgebiete mit Leitungssuchgeräten überprüft werden, um Fehlinterpretationen auszuschließen.

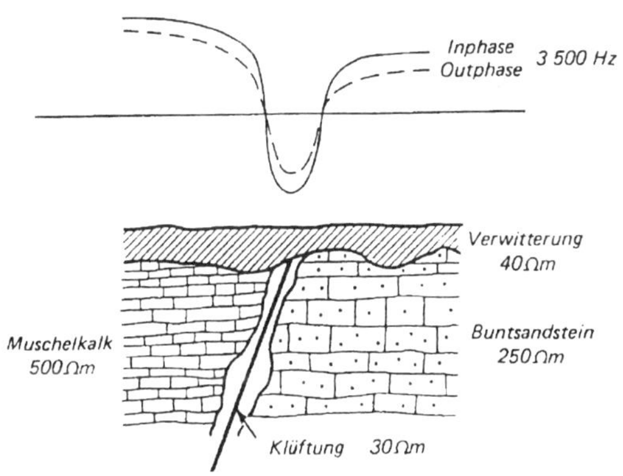

Bild. 7-15. EM-Profil einer grundwasserleitenden Verwerfungsstruktur

Allerdings sind der Vergrößerung der Eindringtiefen durch die Verminderung der Meßfrequenz Grenzen gesetzt, da für die Abstrahlung niedriger Frequenzen mehr Sendeenergie benötigt wird, als tragbare Akkumulatoren liefern können. In der Praxis hat sich der Bereich von 800 Hz bis 7000 Hz gut bewährt. Bei Frequenzen, die höher sind als 12000 Hz, und die z.B. in der *VLF-Methode* (s.u.) eingesetzt werden, geschieht es andererseits, daß sich die Eindringtiefe in tonigen Gesteinen auf weniger als 10 m verringert.

Bild 7-15 stellt eine elektromagnetische Meßkurve der Inphase- und Outphase-Komponenten der Frequenz von 3500 Hz über einer steil einfallenden, elektrisch leitenden, plattenförmigen Struktur vor. Eine nach dem elektromagnetischen Ergebnis angesetzte Bohrung identifizierte diese Struktur als schräge Spalte, die mit Lehm und Kies erfüllt war. Sie stellt einen guten und über einen Kilometer langen Kluftgrundwasserleiter dar, aus dem Trinkwasser mit 12 l/sec gefördert werden kann.

Bild 7-16 zeigt typische EM-Kurven der In- und Outphasen über elektrisch gut leitenden plattenförmigen Körpern mit wechselndem Einfallen. Diese Modelle representieren Verwerfungen, Kluftzonen, aber auch eine horizontale Schicht. Es ist deutlich zu sehen, daß Änderungen des Einfallens unterschiedliche EM-Kurven zur Folge haben.

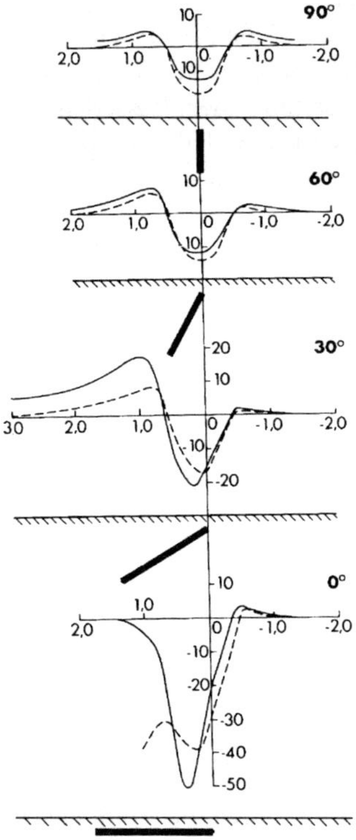

Bild 7-16. EM-Modellkurven über plattenförmigen Strukturen mit unterschiedlichem Einfallen

Elektromagnetische Meßwerte müssen durch digitale Programme und/oder Vergleiche mit Kurvenatlanten, die auf Modellmessungen beruhen, ergänzt werden. Allerdings ist dabei der Bezug zu geologisch plausiblen Strukturen zu wahren.

Durch die Verbindung einzelner EM-Minima oder -Maxima von Meßlinie zu Meßlinie zu lang gestreckten *Linearen* lassen sich Karstsysteme aufzeichnen (Bild 7-17). Es ist sogar möglich, verzweigte Fließwege des Karstgrundwassers aufzuspüren. Dabei sollte auch der geologische bzw. tektonische Aufbau des Gebietes in diese Auswertungen einbezogen werden. Das heißt in der Praxis: Hydrogeologen und Geologen müssen eng zusammenarbeiten, um eine optimale Interpretation der elektromagnetischen Meßergebnisse zu erzielen, auf der ggf. eine Wassererschließung aufgebaut werden kann.

Bild 7-17. EM-Lineare und Grundwasserfließwege des Donau-Aach-Karstsystems

Die zahlreichen Linearen des Bildes 7-17 basieren auf elektromagnetischen Meßdaten des Gebietes zwischen der Donauversinkung bei Immendingen und der 12 km entfernten Aachquelle in Baden-Württemberg. Dieses elektromagnetische Bild entspricht den Richtungen der tektonisch vorgezeichneten Linearen, auf denen die Wässer der Donau unterirdisch in das Einzugsgebiet des Rheins fließen.

Die elektromagnetischen Felder *ferner Sender, z.B. VLF* oder *Langwellen-Radiosender* können auch zur Grundwassererkundung eingesetzt werden. *VLF* ist eine Abkürzung für *V*ery *L*ow *F*requency. Diese Methode benutzt Frequenzen zwischen 15 kHz und 22 kHz, die für die Kommunikationstechnik niedrig, für die Geophysik jedoch sehr hoch sind. Die VLF-Signale werden von extrem starken Sendeanlagen abgestrahlt, die rund um den Erdball zur Ortsbestimmung getauchter U-Boote installiert wurden (Tabelle 15).

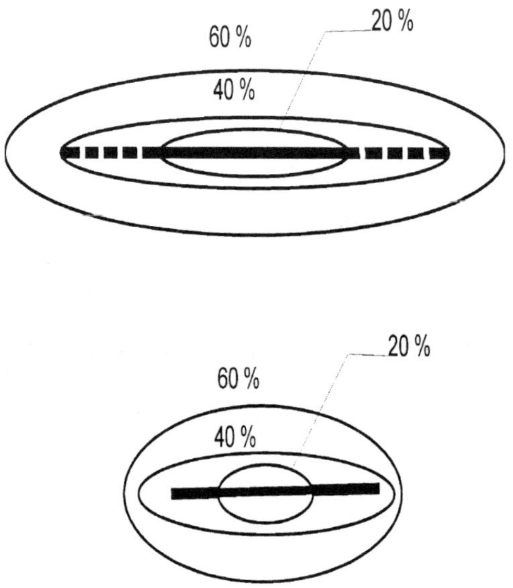

Bild 7-18. Unterschiedliche VLF- (oben) und EM-Ergebnisse (unten) über einer Verwerfung

Auch die Geophysik nutzt diese weltumspannenden elektromagnetischen Felder, denn dabei kann der eigene Sender eingespart werden. Dafür bestehen jedoch folgende Nachteile:

1. Die Eindringtiefe ist gering (Bild 7-14).
2. Durch den extrem großen Abstand zwischen Sender und Empfänger wird ein nahezu homogenes Feld empfangen, das weniger Details aufzeichnet als das heterogene Feld eines eigenen Senders (Bild 7-18).
3. Strukturen, die senkrecht zur Linie Meßpunkt–VLF Sender verlaufen, werden nicht erfaßt, da sich die elektromagnetischen Feldlinien parallel zur Struktur erstrecken.

In Bild 7-18 ist oben eine VLF-Messung (Frequenz 22 000 Hz) abgebildet. Sie stellt die lineare Struktur einer steilstehenden Verwerfung (schwarzer Strich) dar. Unten wird das elektromagnetische Ergebnis derselben Struktur bei 3500 Hz und 100 m Abstand zwischen Sender und Empfänger vorgestellt. Die Struktur erscheint im VLF-Ergebnis wesentlich länger (gestrichelte Bereiche) als in dem unten eingezeichneten EM-Resultat. Dennoch kann VLF bei Übersichtskartierungen angewendet werden. denn dafür bietet VLF folgende Vorteile:

1. rascher Meßfortschritt (1-3 min/Messung)
2. schneller Transport der leichten und tragbaren Meßgeräte.

Für Detailuntersuchungen ist jedoch die elektromagnetische Kartierung mit eigenem Sender besser geeignet.

Tabelle 15. VLF-Sender

Sender	Standort	Frequenz (kHz)	Leistung (kW)
FOU	Frankreich, Bordeaux	15,1	500
GBR	Großbritannien, Rugby	16,0	750
UMS	GUS, Moskau	17,1	1000
NAA	USA, Cutler, Maine	17,8	1000
NLK	USA,Seattle, Washington	18,5	300
IVC	Italien, Tavolara	20,3	500
NWC	Australien, Cape	22,3	1000

Bild 7-19 stellt ein VLF-Meßgerät schematisch vor. Die Achsen der beiden Spulen müssen so lang gedreht und geneigt werden, bis das VLF-Signal aufhört. Dies wird durch Instrumente oder Tonsignale angezeigt. Dann kann der Neigungswinkel des VLF-Feldes abgelesen werden.

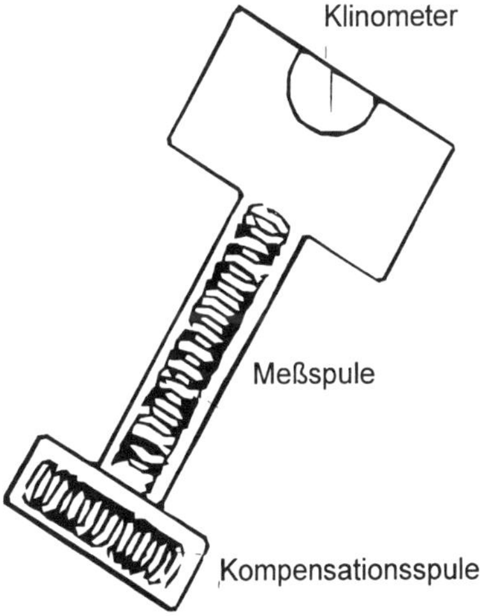

Bild 7-19. Schema eines VLF-Gerätes. Meß- und Kompensationsspule stehen senkrecht aufeinander

Elektromagnetische Messungen vom Hubschrauber oder Flugzeug werden mit einem bombenförmigen, 6–10 m langen Schleppkörper durchgeführt, der an einem 30 m langen Kabel vom Hubschrauber durch die Luft gezogen wird (Bild 7-20). Sender und Empfänger sind an den Enden des Körpers angebracht. Allerdings müssen die Meßgeräte wesentlich genauer sein als am Boden. Es werden parallele Profile geflogen, deren Abstände von 50–200 m variieren. Die Flughöhe sollte nur 30–50 m über Grund betragen. Die Ergebnisse werden in digital erstellten Isolinienkarten zusammengefaßt. Die Frequenzen liegen, entsprechend der gewünschten Eindringtiefe, zwischen 400 und 14 000 Hz.

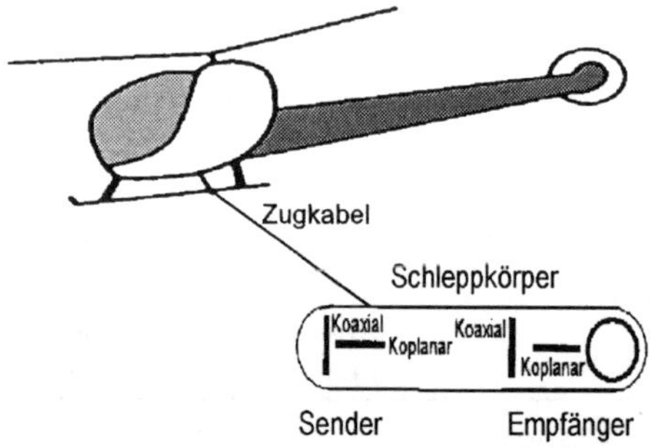

Bild 7-20. Elektromagnetische Messung vom Hubschrauber (Dighem, 1995)

Ein wichtiges Anwendungsgebiet der elektromagnetischen Messungen aus der Luft ist die Kartierung der Salzwasser/Süßwassergrenze. Bild 7-21 erläutert das Resultat eines entsprechenden Hubschrauber-einsatzes. Diese 10 km lange Strekke wurde in nur 5 Minuten elektromagnetisch aufgenommen. Der Schleppkörper flog in 20–30 m Höhe. Hohe spezifische Widerstände sind weiß bis hellgrau, niedrige sind dunkelgrau bis schwarz gefärbt. Die Grundwasseroberfläche liegt an der Grenze von Schwarz zu Hellgrau. Ihr wellenförmiger Verlauf wird von der starken Überhöhung des Schnittes nur vorgetäuscht. Das Gebiet besteht überwiegend aus sandigen Ablagerungen. Unter einer mit Salzwasser getränkten Sandschicht (schwarz), die durchschnittlich 10 m dick ist, folgt ein Süßwasser führender Grundwasserleiter (hellgrau) bis zu 40 m Mächtigkeit. Darunter befinden sich Schichten niedrigeren Widerstandes (grau/schwarz) mit brackischem bis salzigem Grundwasser.

Dieses Ergebnis der *Aerogeophysik* wurde durch Bohrungen bestätigt. Allerdings läßt sich nicht jede Süßwasser-Salzwassergrenze aus der Luft erkunden. Hier kamen eine homogene Sandschichtenfolge und ein Wüstengebiet ohne Bodenbildung zusammen. Bei Schichten mit wechselnden Tonanteilen bzw. variablen Widerständen ist die Interpretation schwieriger. In solchen Fällen wird die Ergänzung der EM-Messungen aus der Luft durch Geoelektrische Tiefensondierungen von der Erdoberfläche empfohlen.

Die optische *Fernerkundung* aus der Luft wird nicht näher beschrieben, da sie wegen der geringen Eindringtiefe optischer Verfahren nur bedingt zur Grundwassererkundung eingesetzt werden kann. Auch magnetische und radiometrische Messungen aus der Luft können nur in Ausnahmefällen verwendet werden.

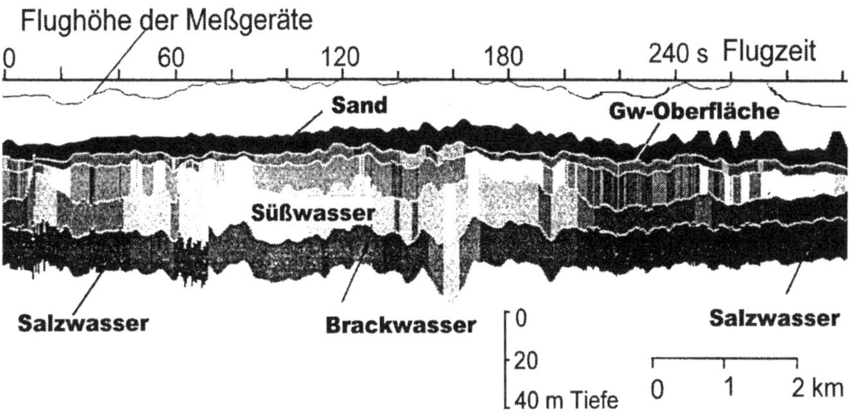

Bild 7-21. EM-Profil einer küstennahen Süßwasserlinse vom Hubschrauber (Senkpiel, 1994)

Wird die Frequenz der elektromagnetischen Wellen bis in den *Megahertz-Bereich* gesteigert (1 MHz = 10^6 Hz), verhalten sich diese Schwingungen wie das sichtbare Licht, d.h. sie werden an Grenzen zwischen Stoffen mit unterschiedlichen Eigenschaften gebrochen und reflektiert. Daraus wurde das *Georadar* zur Erkundung in geringer Tiefe entwickelt. Es wird auch *Elektromagnetisches Reflexionsverfahren* (*EMR*) oder *Bodenradar* genannt. Die hochfrequenten elektromagnetischen Wellen von 50 MHz bis 4 Gigahertz (GHz = 10^9 Hz) werden an den Schichtgrenzen reflektiert, an denen sich die elektrische Leitfähigkeit und die Dielektrizitätskontante ändern (Tabelle 16).

Tabelle 16. Georadar-Gesteinseigenschaften bei 100 MHz

Material	Dielektrizitäts-konstante (K)	Leitfähigkeit (σ) [mS/m]	Geschwindigkeit [m/ns]	Dämpfung [db/m]
Luft	1	0	0,3	0
Wasser	*80*	0,01	0,33	$2x10^{-1}$
Meerwasser	*80*	$3,0x10^4$	0,01	0,1
Sand (naß)	25	$0,1^{-1}$	0,06	0,03
Sand (trocken)	4	0,01	0,15	0,01
Ton (fett)	5-35	0,05	0,06	0,01
Tonschiefer	5-15	0,03	0,09	1,0-100
Kalk	6	$0,5^{-2}$	0,12	0,04
Granit	5	$0,1^{-1}$	0,13	0,01
Steinsalz	6	$0,1^{-1}$	0,13	0,01

Auch bei Radarmessungen bestimmt der spezifische elektrische Widerstand bzw. sein Kehrwert, die spezifische Leitfähigkeit, die Eindringtiefe. Einerseits wird die Energie von Gesteinen hoher Leitfähigkeit so stark gedämpft, daß z.B. gut leitende Tonschichten nur noch bis zu 0,2 m Tiefe durchdrungen werden. Andererseits können Radarsignale Gesteine mit sehr geringer Leitfähigkeit bzw. sehr hohen Widerständen, wie Salzlagerstätten oder Gletschereis, bis zu mehreren hundert Metern durchdringen.

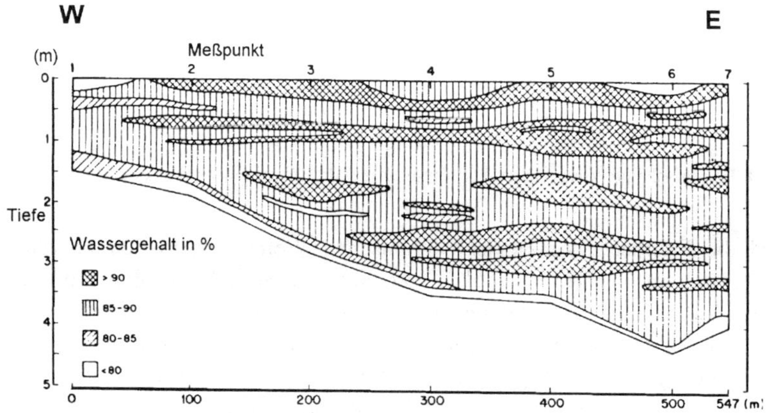

Bild 7-22. Radarprofil einer Torfablagerung mit Wassergehalten

Die Sendeantenne strahlt Impulse der hohen Frequenzen ab. Die Empfangsantenne zeichnet die im Boden reflektierten Impulse zeitgenau auf. Bei den Messungen werden Sender und Empfänger zusammenhängend über den Untergrund gezogen, wobei ein kontinuierliches Profil, das *Radargramm*, registriert wird.

Da nur Wasser die hohe Dielektrizitätskonstante von 80 besitzt (Tabelle 16), wird das Radargramm durch unterschiedliche Boden- oder Gesteinsfeuchtigkeiten verändert. Die Interpretation muß deshalb z.B. berücksichtigen, ob während der Messung Regen gefallen ist. In Bild 7-22 wird dargestellt, wie stark sich die Durchfeuchtung eines Torfvorkommens im Radargramm abzeichnet.

Der Empfänger registriert die an den o.g. *Diskontinuitätsflächen* reflektierten Signale nach einer bestimmten Laufzeit, die von dem durchlaufenen Gestein abhängig ist. Dieses Verfahren gleicht der Reflexionsseismik (Abschn. 7.1.2), und es ist möglich, deren Auswerteprogramme bei der Interpretation der Georadar-Meßdaten zu verwenden. Bei Kenntnis der Ausbreitungsgeschwindigkeit kann aus der Laufzeit auf die Tiefe der Reflektoren geschlossen werden.

Das Georadar ist ein schnelles und hochauflösendes Verfahren zur Suche nach Gegenständen in 0,1 bis ca. 3 m Tiefe. Voraussetzung ist homogen durchfeuchteter Untergrund mit hohem elektrischen Widerstand. Mit dieser Methode können auch nichtmetallische Rohrleitungen, Kabel, Fundamente, sogar Plastikminen und oberflächennahe Hohlräume geortet werden.

Die Bestimmung des Flurabstandes gelingt jedoch nur, wenn homogene Schichten, z.B. reiner Sand bis zur Erdoberfläche anstehen. Lehmige Überdekkung oder Tonlinsen führen zu falschen Angaben.

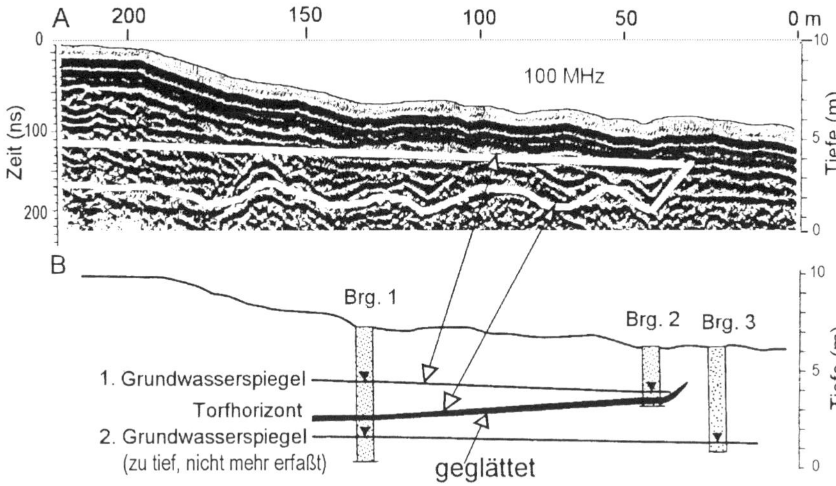

Bild 7-23. Radarprofil durch Sanddünen mit Torfschicht

Bild 7-23 erläutert einen solchen Ausnahmefall. Oben wird das Radarprofil dargestellt. Unten folgen die Ergebnisse von drei Bohrungen, die zwei Grundwasserhorizonte nachgewiesen haben.

7.1.2 Seismik

Alle seismischen Verfahren beruhen auf den unterschiedlichen elastischen Eigenschaften der Gesteine. Eine an der Erdoberfläche künstlich durch Hammerschlag, Fallgewicht, Vibratoren oder Sprengung erzeugte *seismische Welle* durchläuft den Untergrund mit einer materialabhängigen Geschwindigkeit und wird an den Grenzflächen, an denen sich die seismische Geschwindigkeit oder die Gesteinsdichte ändern, gebeugt, gebrochen und reflektiert.

Auf diese Weise gelangen Anteile der ausgesandten Welle nach verschieden langen Laufwegen zurück an die Erdoberfläche, wo sie durch eine Schar von kleinen Seismographen, sog. *Geophonen*, registriert werden. Diese werden meist entlang einer Profillinie angeordnet. Aus der Laufzeit der Wellen vom Anregungspunkt zu den Geophonen kann die seismische Geschwindigkeit und die Tiefenlage der seismisch wirksamen Grenzflächen berechnet werden.

Die Anwendung der Seismik in der Grundwassererkundung unterscheidet sich im Prinzip nicht von der seismischen Prospektion der Erdöl- und Erdgasvorkommen. Unterschiedlich sind nur die Tiefen: Während Kohlenwasserstoffe in großer

Tiefe gesucht werden, findet sich Grundwasser überwiegend in den obersten Schichten

Dies gilt vorwiegend für flach liegende bzw. flach einfallende Schichten oder Strukturen. Ist diese Voraussetzung erfüllt, kann die Seismik genaue Kenntnisse über den Aufbau des Untergrunds liefern. Sie ist in der Lage, auch solche geologischen oder hydrogeologischen Strukturen zu finden, die sich nicht im elektrischen Widerstand abzeichnen.

Die Ausbreitung seismischer Wellen im Untergrund erfolgt nach den Gesetzen der geometrischen Optik. Die Brechung seismischer Wellen an einer oder mehreren Schichtgrenzen, an denen die seismischen Geschwindigkeiten in der tieferen Schicht zunehmen, wird im Abschnitt *Refraktionsseismik* beschrieben. Im Gegensatz dazu werden bei der *Reflexionsseismik* direkte Mehrfachreflexionen an vielen Schichtgrenzen ausgenutzt.

Bild 7-24 stellt die Unterschiede der beiden seismischen Methoden schematisch nebeneinander. Zur Lösung hydrogeologischer Probleme wird vorwiegend die Refraktionsseismik eingesetzt, da sie auch in geringen Tiefen mit geringem Aufwand gute Resultate erzielt.

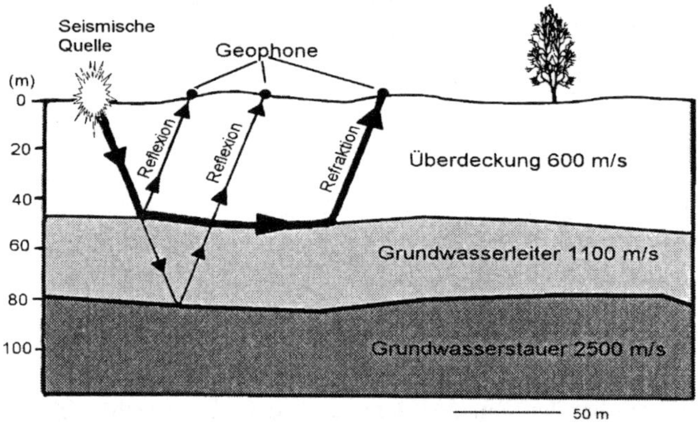

Bild. 7-24. Laufwege seismischer Wellen bei Reflexion und Refraktion

Die Reflexionsseismik ist mit höheren Aufwendungen verbunden. Ihre Meß- und Auswertetechnik wurde für größere Tiefen entwickelt und ist heute weit fortgeschritten. Ihre Anwendung auf oberflächennahe Grundwasservorkommen ist dagegen erst seit wenigen Jahren möglich. Durch die Entwicklung hochfrequenter *seismischer Quellen*, von Geophonen mit *hohen Aufnahmeraten* (sampling rates) und digitalen Auswerteverfahren können nunmehr auch geringe Tiefen untersucht werden.

Beim Erzeugen einer seismischen Welle wird das Gestein auf Druck, Dehnung und Schub beansprucht. Dabei entstehen mehrere Typen elastischer Wellen, die sich mit verschiedenen Geschwindigkeiten ausbreiten. Die Fronten der *Raumwellen* pflanzen sich vom Anregungszentrum aus gleichmäßig nach allen Seiten im

Gestein fort. Es gibt zwei verschiedene Raumwellen: Die *Kompressions- oder Longitudinalwelle* und die *Scher- oder Transversalwelle*. Die Kompressionswelle, die sich mit größerer Geschwindigkeit fortbewegt als die Scherwelle, erreicht daher ein Ziel zuerst. Sie wird dementsprechend als *Primärwelle (P-Welle)* bezeichnet und die langsamere Scherwelle als *Sekundärwelle (S-Welle).*

S-Wellen ermöglichen durch ihre geringere Wellengeschwindigkeit eine höhere Auflösung von Strukturen. Allerdings können sich S-Wellen im Lockergestein nur sehr schwach und in Flüssigkeiten (z.B. Karstgrundwasser) gar nicht ausbilden. Zur Anregung und Registrierung dieses Wellentyps ist darüber hinaus ein hoher meßtechnischer Aufwand notwendig. Neben den Raumwellen gibt es die bereits erwähnten Oberflächenwellen oder direkten Wellen, die sich an der Erdoberfläche ausbreiten.

Für die seismischen Geschwindigkeiten gelten folgende Regeln:

1. Innerhalb der meisten Schichten nimmt die Geschwindigkeit mit wachsender Tiefe allmählich zu.
2. Normalerweise ist die Geschwindigkeit in einer tiefer liegenden Schicht größer als in der überlagernden Schicht.
3. Die seismischen Geschwindigkeiten hängen u.a. von der Verfestigung der Schichten ab. Sie steigen deshalb mit dem Alter der Schichten an. Dies gilt jedoch nicht in der Nähe der Erdoberfläche, da die Gesteine hier durch Druckentlastung bzw. Verwitterung stärkere Auflockerungen aufweisen.
4. Außerdem haben Einfluß: Mineralbestand (Matrix), Porosität und Feuchte.

Refraktionsseismik

Wenn refraktierte Wellen an den *Grenzflächen* zweier Gesteinsschichten entlanglaufen (Bild 7-24), strahlen sie ständig Energie nach oben ab. Diese wird von einer *Geophonkette* aufgenommen und in einer zentralen digitalen Meßeinheit, dem Meßwagen, registriert. Voraussetzung ist, daß die Wellen unter einem kritischen Winkel auf die Grenzfläche einfallen.

Das Schema der Refraktionsseismik wird in Bild 7-25 veranschaulicht. Oben wird die Meßanordnung im Gelände mit Meßfahrzeugen, einschließlich der Seismogramme, als Meßergebnis gezeigt. Im Diagramm darunter sind die Laufzeitkurven dargestellt, in der die Beobachtungsdaten zusammengefaßt werden.

Auf der horizontalen Achse wurden die Abstände Anregungspunkt–Beobachtungspunkt aufgetragen und auf der vertikalen Achse die Zeit, welche die seismische Welle benötigt, um vom Anregungspunkt zum Beobachtungspunkt, dem Geophon, zu gelangen.

Zur Ermittlung der Tiefe dienen die Knickpunkte der Laufzeitkurven: Die Geophone registrieren sowohl die in der Tiefe refraktierte als auch die direkte Welle, die durch die obere Schicht gelaufen ist. Da die refraktierte Welle sich mit der größeren Geschwindigkeit der unteren Schicht ausbreitet, kommt diese ab einer kritischen Entfernung von der seismischen Quelle *vor* der direkten Welle an. Aus dieser Entfernung können die Tiefen der Grenzflächen und die seismischen Geschwindigkeiten beider Schichten abgeleitet werden. In Bild 7-25 wird ein solches Endergebnis im unteren Teil wiedergegeben. Hier sind die berechneten seismischen Geschwindigkeiten und Schichttiefen zu einem geologisch plausiblen Profil zusammengefügt worden.

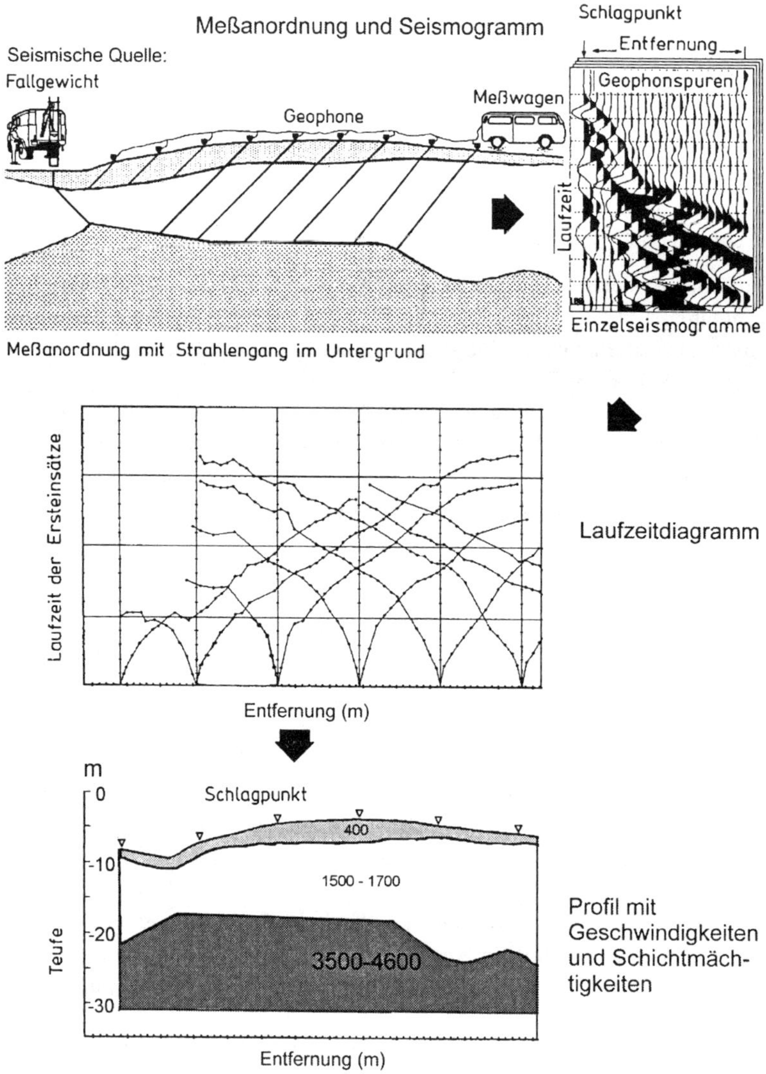

Bild 7-25. Schema der Refraktionsseismik

Es wurden mehrere Schichten erfaßt. Einer obersten Lockergesteinsschicht mit der seismischen Geschwindigkeit von 400 m/s folgt eine Kiesschicht mit 1500–

1700 m/s. Unter einer unebenen Oberfläche liegt ein dichter und verfestigter Grundwasserstauer mit 3500–4600 m/s.

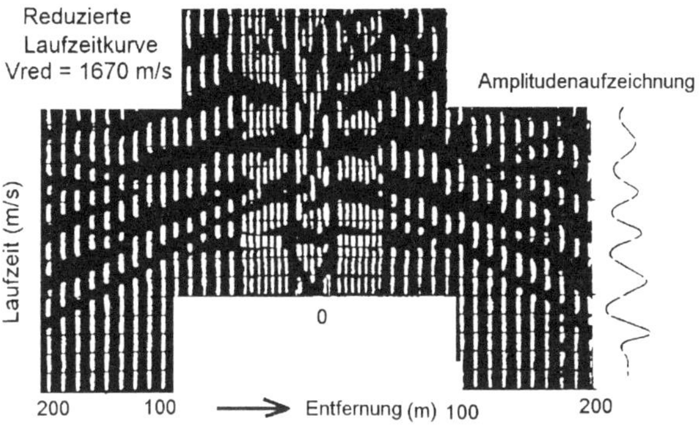

Bild 7-26. Optisch aufgenommenes Fallgewichtsseismogramm

Die erforderliche Erkundungstiefe bestimmt die Wahl, sowohl der Gesamtlänge der Auslage als auch der Abstände zwischen den einzelnen Geophonen. In der Regel sollte die Auslage mindestens das Fünffache der Erkundungstiefe betragen. Ist die Erkundungstiefe gering, sollte der Geophonabstand bei ca. 1–2 m liegen, für größere Erkundungstiefen werden 2–5 m empfohlen.

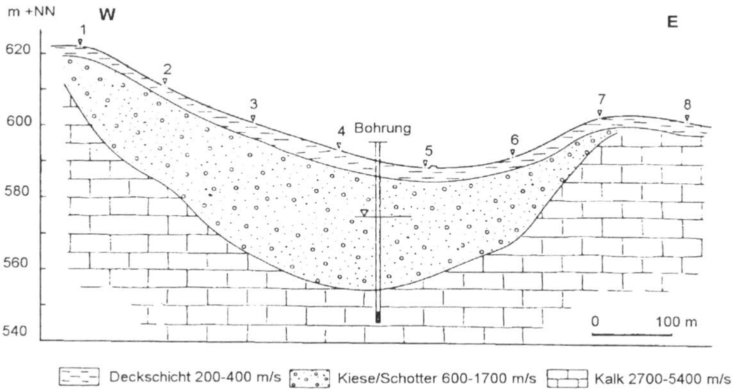

Bild 7-27. Refraktionsseismische Darstellung einer eiszeitlichen Flußrinne

Die Refraktion ermöglicht die Untersuchung des Untergrundes unterhalb von Grundwasserleitern. Hierbei können detaillierte Strukturen der Oberflächen von Grundwasserstauern gewonnen werden. Sind z.B. in der Oberfläche der geringleitenden Schicht Rinnenstrukturen eingeschnitten, so können diese als Fließwege des Grundwassers lokalisiert werden. Die Refraktionsseismik dient auch zur Bestimmung der Mächtigkeit von Lockersedimenten oder Verwitterungsdecken.

Die Qualität der seismischen Signale wird durch digitale *Stapelung*, d.h. Mehrfachmessungen, verbessert. Ein älteres, bewährtes Verfahren, war die optische Stapelung auf einem Film. Ein entsprechendes Beispiel gibt Bild 7-26 wieder.

Bild 7-27 zeigt ein Beispiel für die seismische Erkundung einer grundwasserleitenden Rinnenstruktur. Ein Grundwasserleiter aus Kiesen und Schottern hat die seismische Geschwindigkeit von 1500 m/s. Er unterscheidet sich deutlich von dem liegenden Kalk mit 4300 m/s. Mächtigkeit und Struktur dieses Grundwasserleiters lassen sich nur seismisch bestimmen, denn eine geoelektrische Erkundung würde trockene Kiese und Kalke, welche die gleichen spezifischen Widerstände aufweisen, nicht unterscheiden können.

Die Bestimmung der Grundwasseroberfläche mit der Refraktionsseismik ist nur dann möglich, wenn dort die Geschwindigkeit ansteigt. Bild 7-28 gibt ein Beispiel wieder, bei dem im Grundwasser eine Zunahme von ca. 1000 m/s auf über 1600 m/s erfolgt. Außerdem wird dargestellt, daß u.U. auch einfallende Strukturen refraktionsseismisch erfaßt werden können. Die Oberkante des Kalkes zeichnet sich durch den Geschwindigkeitssprung auf mehr als 3000 m/s deutlich ab.

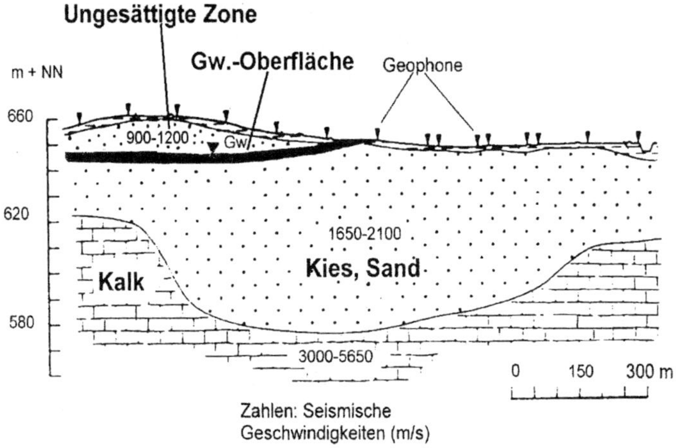

Bild 7-28. Refraktionsseismisch bestimmte Grundwasseroberfläche

Refraktionsseismische und geoelektrische Ergebnisse werden in Bild 7-29 verglichen. Die untere Schicht erwies sich als hochaufragender Kalk des Jura, an den sich die beiden jüngeren Schichten angelagert haben.

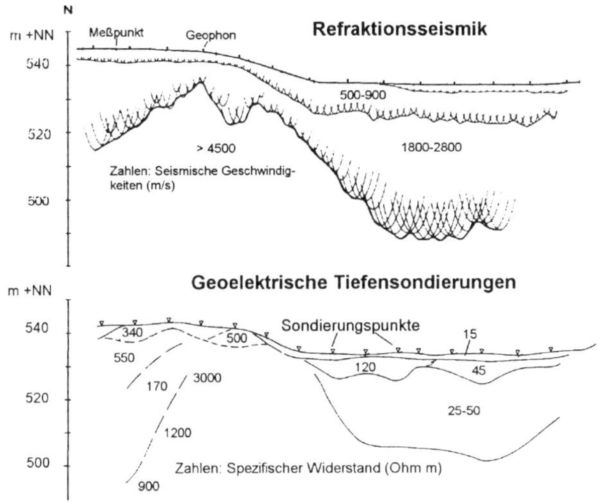

Bild 7-29. Vergleich Refraktionsseismik–Geoelektrik

Die Schichten in Bild 7-29 haben folgende physikalische Eigenschaften:

	seismische Geschwindigkeit [m/s]	spezifischer Widerstand [Ωm]
Deckschicht	500–900	45–500
Mittelschicht	1800–2800	25–50
Untere Schicht	> 4500	900–3000.

Reflexionsseismik

Auch in der Reflexionsseismik erzeugt eine seismische Quelle an der Erdoberfläche seismische Wellen, die an Gesteinsgrenzen im Untergrund, wo Änderungen der seismischen Geschwindigkeiten auftreten, direkt reflektiert werden. Auf der Erdoberfläche angekommen, werden sie von Geophonen registriert, die entlang einer Linie aufgestellt sind. Aus den empfangenen Signalen werden mittels digitaler Auswerteprogramme Laufzeiten abgeleitet.

Für die Angabe der Tiefen müssen die seismischen Geschwindigkeiten der Schichten bekannt sein. Im Gegensatz zur Refraktionsseismik treten Reflexionen auch dann auf, wenn in der unteren Schicht die Geschwindigkeit oder die Dichte geringer ist. Vorteilhaft sind die kürzeren Geophonauslagen der Reflexionsseismik; die Geophone befinden sich näher an der Signalquelle, so daß bei gleicher Auslage eine größere Erkundungstiefe als in der Refraktion erreicht wird. Die Meßdaten werden digital auf Magnetbändern gestapelt. Ihre Auswertung erfordert die Bearbeitung immenser Datenmengen in folgenden Routineschritten:

1. Editieren (Kontrolle der Felddaten),
2. Demultiplexen (Zeilenordnung / Spaltenordnung),

3. Amplitudenkorrektur (gemeinsames Niveau),
4. Statische Korrektur (Topographie, Deckschichten),
5. CDP-Sortierung (Bezug zum gemeinsamen Zentrum),
6. Stapeln (Addition von Einzelseismogrammen),
7. Dekonvolution (Ausschaltung von Mehrfachreflexionen),
8. Bandpaßfilterung (Eliminierung von Störsignalen).

Für die Interpretation der ausgewerteten Daten sind entsprechend groß dimensionierte und schnelle Computer erforderlich. Aus einer großen Anzahl von ungeordneten Schwingungen sind diejenigen heraus zu arbeiten, welche an Schichtflächen reflektiert wurden. Es gibt hierfür viele Verfahren, häufig wird die *Migration* angewendet, die ein theoretische Wellenfeld zur Zeit der Anregung benutzt.

Die Reflexionsseismik ist die kostspieligste Methode der angewandten Geophysik. Nicht nur die Messungen im Gelände, sondern auch die Auswertung sind kostenintensiv. Dennoch kann auf dieses Verfahren nicht verzichtet werden, wenn der Schichtaufbau im Detail oder im tieferen Untergrund erkundet werden soll.

Das Diagramm in Bild 7-30 stellt die sehr unterschiedlichen seismischen Geschwindigkeiten von Gesteinen und Abfallstoffen vor. Wie bei den spezifischen elektrischen Widerständen überlappen sich die seismischen Geschwindigkeiten vieler Stoffe und Gesteine, so daß es nicht möglich ist, aus der Geschwindigkeit auf den von einer seismischen Welle durchlaufenen Stoff oder das Gestein zu schließen.

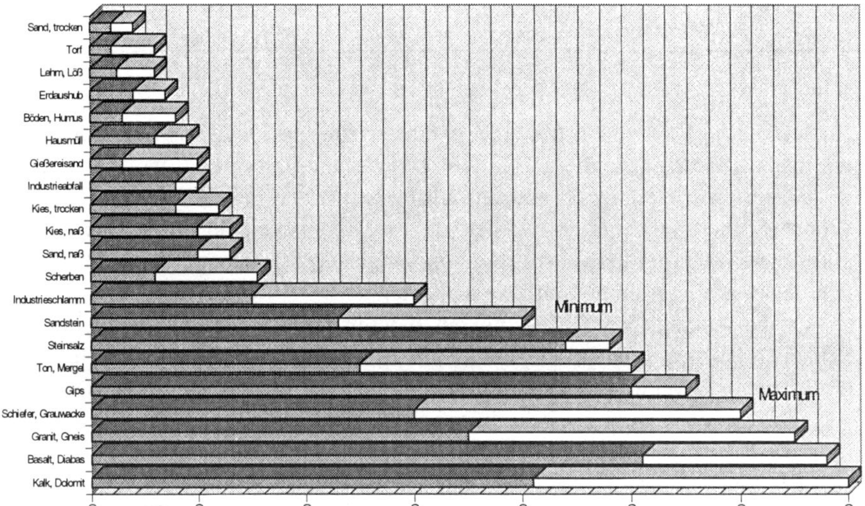

Bild 7-30. Seismische Geschwindigkeiten

7.2 Kostenvergleich

Da die Kosten für geophysikalische Untersuchungen und Bohrungen nicht gleich bleiben, ist ein direkter Vergleich nicht möglich. In Bild 7-31 werden deshalb die Kosten für einen Bohrmeter mit den Kosten für eine gleich lange geophysikalische Meßstrecke prozentual verglichen.

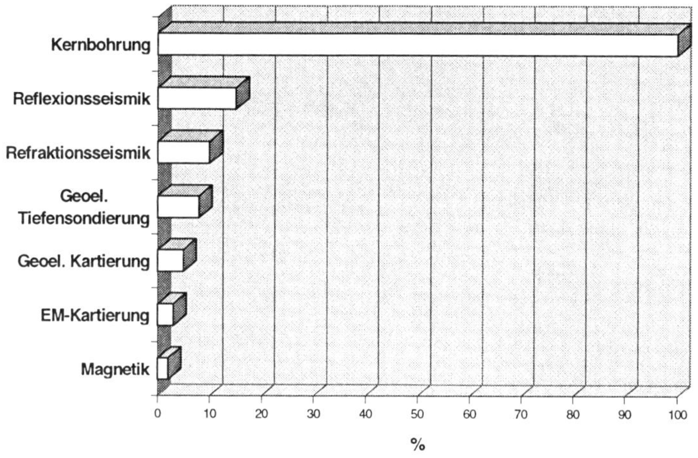

Bild 7-31. Kostenvergleich

Wichtig ist bei Kosten/Nutzen-Betrachtungen der Grundsatz: Nicht Bohrungen *oder* Geophysik sind einzusetzen, sondern Bohrungen *und* Geophysik können kostensparend kombiniert werden, denn die Geophysik kann den Raum zwischen Bohrungen, wenngleich nicht mit der gleichen Präzision, durchleuchten. Dadurch ist es nicht mehr erforderlich, ein dichtes Netz von Bohrungen niederzubringen, sondern diese nur dort anzusetzen, wo die geophysikalischen Ergebnisse Veränderungen im Untergrund anzeigen. Empfohlen wird deshalb, geophysikalische Messungen *vor* den Bohrungen durchzuführen.

7.3 Bohrlochmessungen

7.3.1 Grundlagen

Jede Bohrung vermittelt umfangreiche Informationen über das durchbohrte Gebirge, die aus genauen Tiefenangaben und der geologisch-petrographischen Aufnahme der Bohrkerne oder des Bohrkleins gewonnen werden. Demzufolge stellt sich die Frage: Sind überhaupt noch zusätzlich geophysikalische Bohrlochmessungen notwendig?

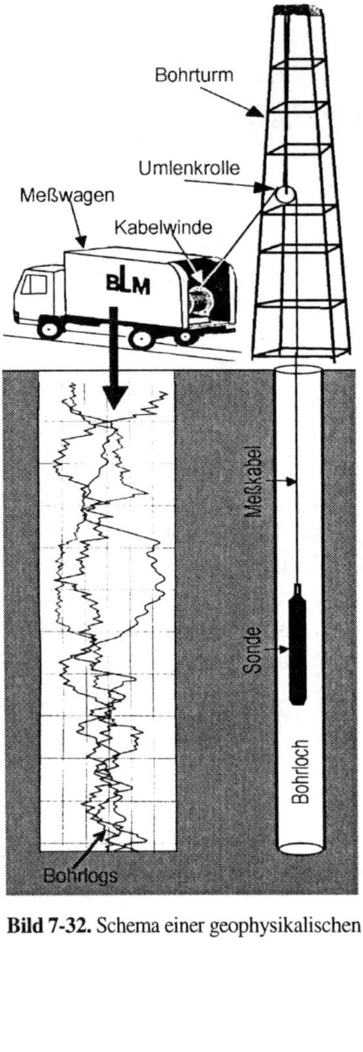

Bild 7-32. Schema einer geophysikalischen Bohrlochmessung (BLM)

Die Antwort ist ja und an jeder Bohrung, denn physikalische Bohrlochmeßdaten verraten mehr über hydrogeologische Eigenschaften der Gesteine als Bohrkerne. Sie gelten bis zu 1 m über das Bohrloch hinaus und lassen sich in geschichteten Gesteinen über große Entfernungen miteinander in Beziehung setzen. Hydrogeologische Schnitte oder Karten sollten deshalb nicht nur nach Bohrergebnissen, sondern auch nach den Daten der Bohrlochmessungen konstruiert werden. Bild 7-32 beschreibt die geophysikalische Vermessung eines Bohrloches.

Die in Abschn. 7.1 beschriebenen geophysikalischen Verfahren zur Grundwassererkundung von der Erdoberfläche eignen sich auch, nach entsprechender Adaption, zur Anwendung in Bohrungen. Folgende Voraussetzungen müssen jedoch erfüllt sein:

1. Das Bohrloch muß frei sein, d.h. *geophysikalische Sonden* müssen in das Bohrloch eingelassen und wieder heraufgezogen werden können: Die Bohrung muß *befahrbar* sein.
2. Der Bohrplatz muß zugänglich sein zur Aufstellung eines Dreibocks für kleine Geräte oder für geländegängige Meßfahrzeuge.
3. Der Innendurchmesser der Bohrung sollte mindestens 30 mm weiter sein als der Außendurchmesser des Meßgerätes, das als *Bohrlochsonde* bezeichnet wird.
4. Das Bohrloch muß für die meisten Meßverfahren mit Wasser erfüllt sein.
5. Das Bohrloch muß unverrohrt sein. Ausnahmen gelten für *induktive Methoden*, die in Verrohrungen aus Kunststoff und *radiometrische Verfahren*, die in Stahlrohren angewendet werden können.

Die Technik der Bohrlochmessungen kann nur in Grundzügen dargestellt werden. Für Details steht die aufgeführte Literatur zur Verfügung. Es werden nur die Verfahren behandelt, welche sich zur Grundwassererkundung eignen. Es handelt sich dabei überwiegend um Methoden, bei denen die Sonden während der Messung kontinuierlich im Bohrloch ab- oder aufgefahren werden mit digitaler Aufzeichnung der Meßdaten und Tiefenmarken. In der Bohrlochgeophysik haben sich viele Abkürzungen der Meßmethoden eingebürgert. Um verständlich zu sein, werden diese Kürzel, die in Tabelle 17 enthalten sind, nicht verwendet.

Bohrlöcher sollten möglichst mit mehreren geophysikalischen Methoden vermessen werden. Andererseits ist es nicht in jedem Fall erforderlich, alle Bohrlochmeßverfahren oder *Bohrlogs* anzuwenden. Tabelle 17 unterrichtet auch über geeignete Methoden zur Grundwassererkundung.
Fachliche Bezeichnungen (Bild 7-32):

- Der *Bohrlochmeßwagen* transportiert nicht nur die schwere
- *Kabelwinde* mit einem *Tiefenmeßgerät* am
- *Meßkabel*, sondern trägt auch die
- *Meßapparatur*, in der die Signale der
- *Sonden* im Bohrloch digital verstärkt, gefiltert und registriert werden.

- Eine *Umlenkrolle*, die im Bohrturm oder einem Dreibock hängt, führt das Meßkabel in das Bohrloch. Über dieses Kabel werden die *Meßdaten* zur *Meßapparatur* übermittelt. Das Kabel ist über einen speziellen und lösbaren
- *Kabelkopf* mit der Sonde verbunden.
- *Bohrlogs* sind das Ergebnis der *Bohrlochmessung*. Sie werden digital gespeichert,
- *Rohmeßdaten* können bereits im Meßwagen ausgedruckt werden.
- Unterschiedliche *Geschwindigkeiten* können beim Absenken oder Heraufziehen der Sonde *gefahren* werden.
- *Sonden* verschiedener geophysikalischer Meßverfahren können am Kabelkopf ab- oder angeschraubt und nacheinander im Bohrloch eingesetzt werden.

In Tabelle 17 wurden nur Bohrlochmeßverfahren aufgenommen, welche für die Grundwassererschließung geeignet und wirtschaftlich tragbar sind. Komplizierte Methoden, die großen Aufwand erfordern oder der Überprüfung des technischen Ausbaus dienen, sind nicht enthalten. Bohrlochmessungen werden auch zur ständigen Kontrolle der Reinheit des Grundwassers genutzt. Diese ökologische Anwendung wird in Kap. 10 beschrieben.

7.3.2 Radiometrische Logs

Die *Radiometrie* befaßt sich mit der Radioaktivität. Radioaktiver Zerfall tritt nur bei den Elementen auf, die mehr als 84 Protonen besitzen. Ihre Ordnungszahl im periodischen System der Elemente muß also größer als 84 sein. Sie werden als *Radionukleide* bezeichnet und sind instabil; ihre Atomkerne können plötzlich, unter Ausstrahlung von Radioaktivität, zerfallen. Während dieses Vorgangs ändert sich die Anzahl der Protonen[1], und ein neues chemisches Element entsteht. Ferner wird Energie abgegeben, die in Elektronen-Volt (eV) gemessen wird.

1 eV = 1,6 10^{-19} Joule (J) oder 1 eV = 4,45 10^{-26} Kilowattstunden (kWh)

[1] Protonen = positiv geladene Elementarteilchen, die mit den elektrisch neutralen Neutronen die Atomkerne bilden

Tabelle 17. Bohrlochmeßverfahren

Bohrlochverrohrung→ Methode↓ Füllung→	ohne Wasser, Spülung	Stahl Wasser, Spülung	Kunststoff Wasser Spülung	ohne ohne	Anwendung, Besonderheiten-Meßgerät
Gammalog: Natürliche Breitbandstrahlung [GR]	●	●	●	●	Tonige Gesteine, Schichtfolge, Scintillometermessung
Gamma-Spektrallog: Nat. Strahlg: ^{40}K, U, Th- [SL]	●	●	●	●	Festgesteine, z.B. Granit, Gneis, auch bei Stahlverrohrung
Dichtelog [D]	●	✶	✶	⌑	Porosität, Klüftigkeit, eigene Gammastrahlenquelle
Neutronlog [N]	●	✶	✶	●	Porosität, Wassergehalt, Lithologie, eigene, starke Neutronenquelle
Elektriklog: Große, Kleine Normale [ES]	●	⌑	⌑	⌑	Grundwasser, Schichtaufbau, Lithologie, Gleichstromverfahren
Mikrolog: spez. Widerstand, detailliert: [ML]	●	⌑	⌑	⌑	Feinschichtung, Mikrostrukturen, Elektrodenabstand < 10 cm
Laterolog: fokussiertes, Elektriklog [FEL,LL]	●	⌑	✶	⌑	Schichtfolgen und -grenzen, Feinschichtung, fokussiertes Gleichstromverfahren, horizontal gerichtet
Induktionslog (fokussiert): Leitfähigkeit: [IEL]	●	⌑	✶	⌑	Genaue Schichtgrenzen, hochfrequenter Wechselstrom
Eigenpotentiallog: [EP]	●	⌑	⌑	⌑	Porenwassersalzgehalt, elektrisches Potential
Salinometerlog: Spülungswiderstand: [SAL]	●	●	●	⌑	Wasserzufluß, Korrektur elektr. Daten, kleiner Elektrodenabstand.
Temperaturlog: [T]	●	●	●	⌑	Wasserzufluß, Gesteinstemperatur
Akustiklog oder Soniclog: Schallgeschwindigkeit [SV]	●	⌑	⌑	⌑	Geschwindigkeit elastischer Wellen, Porosität, Ultraschallsender und -empfänger
Drucklog: [P]	●	●	●	⌑	Grundwasserstand
Kaliberlog: Bohrlochdurchmesser: [CAL]	●	●	●	●	Bohrloch , Rohrflansche, Andruck an Bohrlochwand
Abweichungslog: Abweichung vom Lot [DV]	●	✶	✶	●	Neigung und Richtung der Bohrlochabweichung, Pendel + Kreisel- oder Magnetkompaß
Schichtungslog: Dipmeter [DIP]	●	⌑	⌑	⌑	Streichen und Fallen von Gesteinsschichten oder Horizontalklüften
Probenahme /Wasser, Spülung [SAMP]	●	●	●	⌑	Beprobung des Wassers, der Spülung im Bohrloch, Standmessung
Flowmeterlog [FLOW]	✶	✶	✶	⌑	Vertikale Spülung, Wasserströmung, Meßflügeldrehzahl
Fernsehlog [TV]	●	●	●	●	Sichtkontrolle der Verrohrung bzw. der Bohrlochwand

● = anwendbar ⌑ = bedingt anwendbar ✶ = nicht anwendbar [CAL] = Kurzbezeichnung

Die natürliche Gammastrahlung entstammt hauptsächlich den radioaktiven Elementen ^{40}Kalium[1], Uran und Thorium. Sie ist sehr energiereich und besteht aus einer extrem kurzwelligen elektromagnetischen Schwingung. Ihre Wellenlängen λ^{-8} bis λ^{-11} m sind kürzer als die des sichtbaren Lichtes oder der Röntgenstrahlen. Gammastrahlen dringen bis zu. 0,5 m tief in Gesteine ein. Bei Bohrlochmessungen wird sowohl die natürliche als auch die künstlich erzeugte Radioaktivität angewendet.

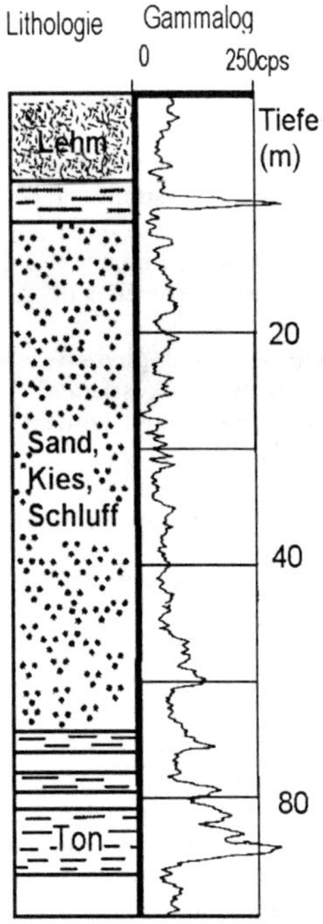

Bild 7-33. Gammalog einer Lockergesteinsfolge

Der natürliche Zerfall der im Gestein enthaltenen Radionukleide wird bei folgenden Messungen genutzt:

- Breitband [GR] – alle Wellenlängen und Energiestufen der Gammastrahlung werden gemeinsam registriert
- Spektrum [SL] – die Energiestufen von ^{40}K, U und Th der Gammastrahlung werden getrennt aufgezeichnet.

---

[1] ^{40}K = Kaliumisotop 40

Künstliche radioaktive Quellen verwenden die Verfahren:

- Dichte [D] – die Gesteinsdichte wird anhand der Streuung und Absorption der Gammastrahlung einer schwachen Quelle (< 2,5 10^{10} Bequerel [Bq][1]) festgestellt.
- Neutron [N] – die Gesteinsporosität wird aus dem Energieverlust (Neutron-Neutronverfahren) einer starken Quelle (>12 10^{10} Bequerel [Bq]), die schnelle Neutronen ausstrahlt, ermittelt. Der besonders hohe Energieverlust, den Wasserstoff oder das Wasser in den Gesteinsporen verursachen, ist die Grundlage dieser Methode.

Messungen mit Gammastrahlen werden hauptsächlich zum Nachweis von Ton oder tonigen Gesteinen, d.h. von grundwasserstauenden Schichten verwendet, denn Ton hebt sich durch die Strahlung des natürlichen Isotopes ^{40}K deutlich von Sanden oder Kiesen ab; Bild 7-33 gibt dafür ein Beispiel.

Wichtig ist, daß Gammastrahlen Stahl- oder Kunststoffrohre durchdringen und deshalb auch in verrohrten Bohrungen angewendet werden können. Dabei werden sie allerdings gedämpft, so daß sehr schwache Strahlung nicht mehr angezeigt wird.

Im *Gammalog* des Bildes 7-33 wird die Strahlung in cps (Englisch: *counts per second*, Deutsch: *Impulsrate*) wiedergegeben. Das ist die Zahl der Lichtblitze, welche Gammastrahlen in einem Natriumjodidkristall pro Sekunde erzeugen. Natürlich blitzt es häufiger in einem großen als in einem kleinen Kristall. cps ist deshalb nur ein relatives Maß für die Stärke der Gammastrahlung. Die cps-Meßdaten werden außerdem nicht immer in die physikalische Einheit Bequerel (Bq) umgerechnet, sondern in *API*-Einheiten (*A*merican *P*etroleum *I*nstitut) angegeben. Um verschiedene Gammalogs miteinander vergleichen zu können, müssen deshalb die Sonden mittels eines geeichten radioaktiven Präparates aufeinander abgestimmt oder *kalibriert* werden.

Außer von der Verrohrung und Größe des scintillierenden Kristalls hängt die Impulsrate vom Durchmesser der Bohrung, der Position der Sonde im Bohrloch (z.B. an der Wand oder in der Mitte) und dem Tonanteil in der Bohrspülung ab. Dementsprechend müssen für präzise Gammalogs zusätzlich Kaliberlogs gefahren werden.

Gammalogs haben gezackte Kurven, die u.a. durch Einzelimpulse oder die kosmische Strahlung entstehen. Sie müssen durch Messungen bei Stillstand der Sonde ergänzt werden, um das Ausmaß dieser Fremdstrahlungen zu erkennen.

Die Abstände der Meßpunkte im Bohrloch richten sich nach der Anzahl der Impulse pro Minute und der Geschwindigkeit der Sonde. Die Impulsrate ist meist konstant. Die Fahrgeschwindigkeit kann dagegen von 5–10 m pro Minute variiert werden. Bild 7-34 stellt den Aufbau einer Breitband-*Gammasonde* vor.

---

[1] Die neue Einheit Becquerel (Bq) ersetzt mit sehr hohen Werten die alte Einheit Curie (Ci), 1 Ci = 3 700 000 000 Bq, d.h., es finden 3 700 000 000 Zerfallsakte pro Sekunde statt.

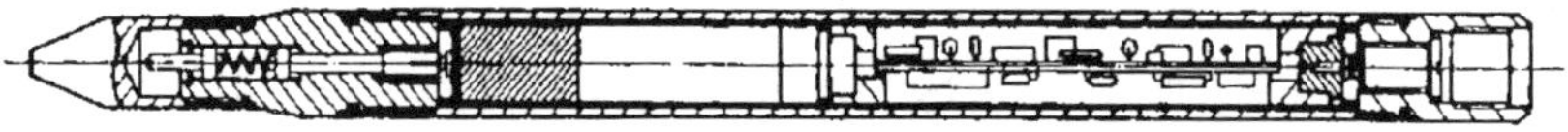

Bild 7-34. Aufbau einer Gammasonde

Die Messung des Energiespektrums der Gammastrahlung von ^{40}K, U und Th wird in der Grundwassererkundung seltener angewendet, da Uran und Thorium überwiegend in Festgesteinen und in geringen Mengen auftreten. Die Scintillationskristalle müssen größer sein, um die erforderlichen höheren Zählraten zu erreichen. Dafür benötigen die Sonden einen Durchmesser von mindestens 60 mm.

Zur Bestimmung der *Dichte des Gesteins* sendet eine schwache, künstliche Strahlenquelle des *Cäsiumisotops* 137 (^{137}Cs) mit ca. 300 000 000 Bq Gammastrahlen in das Gestein, wo diese von den Gesteinsatomen bzw. ihren Elektronen im Verhältnis ihrer Dichte durch den *Compton-Effekt* gestreut bzw. absorbiert werden. Die Reststrahlung mißt ein *Scintillometer*, das sich weiter oben in derselben Sonde befindet. Strahlenquelle und Scintillometer sind durch eine *Bleiabschirmung* voneinander getrennt (Bild 7-35).

Bild 7-35. Dichtesonde

Das durchstrahlte Gesteinsvolumen wird vom Abstand der Quelle zum *Scintillationskristall* bestimmt. Üblich sind 50 cm. Bei geringen Dichten sollte dieser Abstand jedoch kleiner sein. Aus dem Dichtelog kann auf die Beschaffenheit der Gesteinsschichten und ihre Porosität geschlossen werden. Außerdem lassen sich tektonisch beanspruchte und geklüftete Zonen im Festgestein erkennen.

Die radioaktive Strahlung wird nicht nur vom Gestein, sondern auch von der Bohrlochspülung absorbiert. Die Dichtesonde muß deshalb während der kontinuierlichen Meßfahrt an die Bohrlochwand angedrückt werden, um wechselnde Störeinflüsse auszuschalten. In Bild 7-35 ist dafür eine Feder eingezeichnet, welche die Sonde an die Bohrlochwand anpreßt. Für die Berechnung der Porosität muß die durchschnittliche Dichte der *Matrix*[1] des Gesteins und des Porenwassers bekannt sein oder abgeschätzt werden. Ist Ton vorhanden, so muß sein Volumen getrennt berechnet und von der Gesamtporosität abgezogen werden (Bild 7-36).

[1] Gesamtgefüge der Gesteinsminerale

Trotz dieser Einschränkungen wird das Dichtelog erfolgreich in der Grundwassererkundung eingesetzt, da es gegenüber den anderen Verfahren zur Porositätsbestimmung, dem *Neutron-Neutron-Log* und dem *Akustik-Log*, einen geringeren Aufwand für sicheren Transport, Vorbereitung und Messung erfordert.

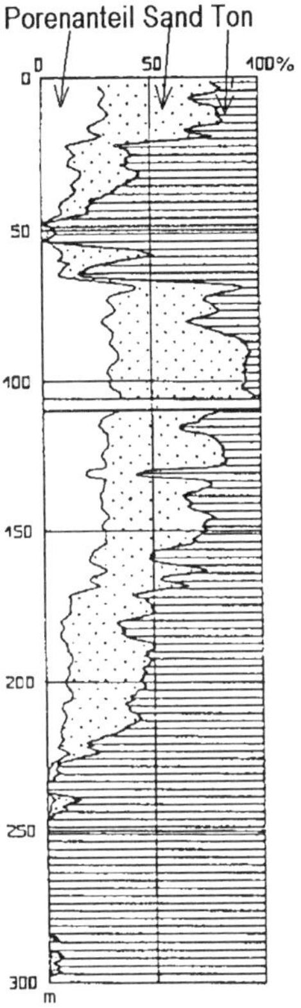

Bild 7-36. Auswertung eines Dichtelogs mit Porenvolumen, Sand- und Tonanteil

Neutronen-Sonden haben sehr starke Strahler, die schnelle Neutronen aussenden, deren Energie über 4 MeV liegt. Quellen aus Plutonium-Beryllium oder Americium-Beryllium erfüllen diese Anforderungen mit 37 000 000 000 Bq bis zu 185 000 000 000 Bq. Um die Strahlensicherheit zu gewähren, müssen umfangreiche Sicherheitsvorschriften bei Transport bzw. Ein- und Ausbau beachtet werden. Deshalb sind Neutronlogs kostspieliger als Dichtelogs und werden vorwiegend in tiefen und in trockenen Bohrungen angewendet.

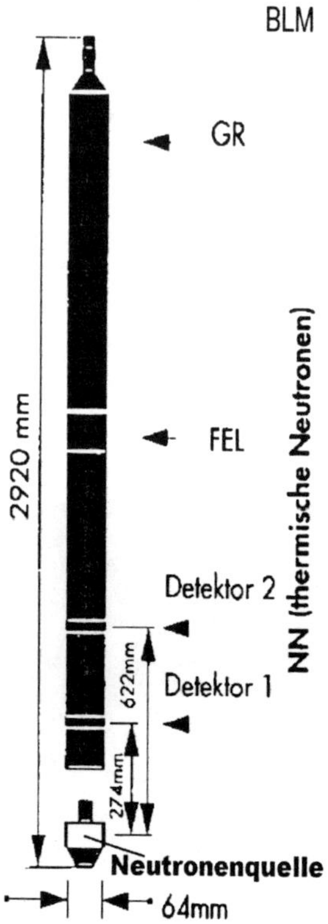

Bild 7-37. Kombinationssonde: Neutron-Neutron, Gamma-Breitband und fokussiertes Elektriklog

Wenn schnelle Neutronen mit Atomen der Gesteine zusammenstoßen, wird ihre Energie vermindert; am stärksten bei Wasserstoff, der die gleiche Masse wie die Neutronen hat. Deshalb ist die Reduktion der Neutronenenergie ein direktes Maß für den Anteil an Wasserstoffatomen im Gestein. Da Wasserstoffatome fast ausschließlich im Porenwasser auftreten, läßt sich mit dieser Methode direkt die Porosität bzw. der Wassergehalt eines Gesteins feststellen. Dies ist sogar in trokkenen Bohrlöchern möglich!

Das Verfahren wird als *Neutron-Neutronlog* oder *thermisches Neutronlog* bezeichnet. Meist befinden sich eine Neutronenquelle und mehrere Neutronendetektoren auf einer Sonde (Bild 7-37). Sinkt die Energie der Neutronen durch fortgesetzte Zusammenstöße mit anderen Atomen unter ein bestimmtes Niveau, so können sie von Atomkernen festgehalten werden, wobei eine starke Gammastrahlung, entsteht. Dieser Vorgang trägt die Namen Gammaquanten- oder Fanggammaeffekt, das Log heißt *Neutron-Gammalog* und ergibt fast das gleiche Resultat wie ein Neutron-Neutronlog. Bild 7-37 zeigt eine Kombinationssonde mit der gleichzeitig, außer dem Neutron-Neutronlog (NN), ein Gammalog (GR) und ein fokussiertes Elektriklog (FEL), gefahren werden. Diese radiometrischen Verfahren sollten außerdem mit einem Kaliberlog kombiniert werden, um Reststrahlungen genau korrigieren zu können.

7.3.3 Geoelektrische Logs

Für das Elektriklog sind zwei Stromelektroden (A und B) auf der Bohrlochsonde oder am Meßkabel angebracht und leiten einen konstanten Gleichstrom durch die Bohrspülung in das Gebirge. Dieser Strom wird übertage in der Meßapparatur erzeugt und über das Meßkabel zur Sonde geführt (Bild 7-38).

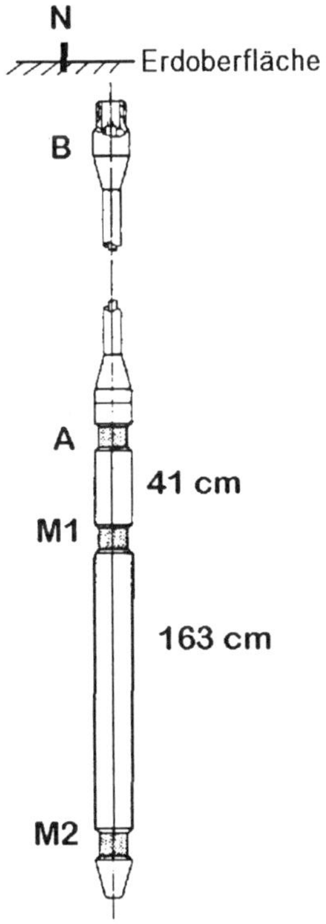

Bild 7-38. Elektriksonde

Die im Gebirge entstehende Spannung wird von den Potentialelektroden M1, M2 und von der Referenzelektrode N aufgenommen. Diese Elektrode wird übertage in Nähe des Bohrlochs als Erdungsspieß eingeschlagen. M1 und M2 befinden sich auf der Sonde in den Abständen 41 cm und 163 cm zur Stromelektrode A. Diese Meßanordnungen werden *kleine und große Normale* genannt.

Aus den gemessenen Spannungen gehen zunächst nur scheinbare Widerstände hervor, da diese nicht nur durch das Gestein, sondern auch durch die Bohrspülung verändert wurden. Um spezifische Gesteinswiderstände zu berechnen, muß der Einfluß die Bohrspülung rechnerisch korrigiert werden. Dafür wird ein Salinometerlog benötigt, um den Spülungswiderstand aufzuzeichnen.

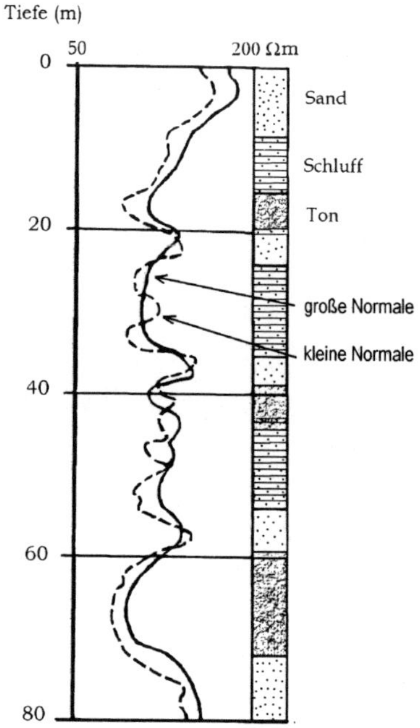

Bild 7-39. Elektriklog mit großer und kleiner Normale

Die kleine Normale hat eine geringere Eindringtiefe und wird deshalb stärker vom Widerstand der Spülflüssigkeit beeinflußt. Sie zeichnet indessen die Grenzen geringmächtiger Schichten besser auf. Die große Normale erfaßt dagegen ein größeres Gesteinsvolumen; ihre Meßdaten werden deshalb stärker vom spezifischen Gesteinswiderstand bestimmt. Dünne Schichten kann sie jedoch nicht erkennen. Ein charakteristisches Beispiel zeigt Bild 7-39. Meßergebnis ist der scheinbare spezifische Gesteinswiderstand, der in Ωm (Ohmmeter) angegeben wird. Aus der Kombination der Logs: große und kleine Normale, dem Spülungswiderstand und der Bohrlochgeometrie, die durch ein Kaliberlog ermittelt wurde, kann schließlich der wahre spezifische Widerstand der Schichten und Gesteine bestimmt werden.

Bei dem *Laterolog* oder *fokussierten Elektriklog* wird das Feld des elektrischen Stromes so fokussiert, daß es vertikal gestaucht und horizontal ausgedehnt wird; es dringt tiefer ins Gestein ein (Bild 7-40). Es zeichnet dünne Schichten von weniger als 25 cm Dicke auf und ist geeignet, Wechsellagerung, Feinschichtung und

Feinklüftung im Festgestein zu erkunden. Leider versagt das Laterolog bei Widerständen über 2000 Ωm, bei großen Bohrlochdurchmessern und bei salziger Bohrlochflüssigkeit. Das Meßergebnis ist jedoch, wie beim Elektriklog, der scheinbare spezifische Widerstand.

Das geoelektrische Gleichstromverfahren des *Mikrologs* (Bild 7-41) nutzt ebenfalls eine Mehrpunktanordnung. Es entspricht dem Elektriklog, arbeitet aber mit sehr kleinen Elektrodenabständen von nur 5 cm. Die Elektroden sind auf einer Gleitschiene angebracht, die während der kontinuierlichen Meßfahrt an die Bohrlochwand gepreßt wird. Der Strom geht dadurch nicht durch die Bohrspülung, sondern direkt in das Gestein; eine Spülungskorrektur ist deshalb nicht erforderlich.

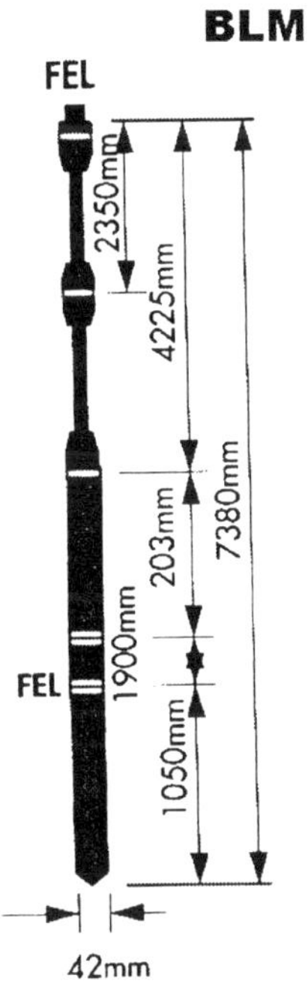

Bild 7-40. Laterolog mit fokussierenden Elektroden

Das Mikrolog erfaßt nur wenige Zentimeter des Gebirges am Bohrloch. Es soll Widerstände in dem Bereich bestimmen, wo die Bohrspülung das Gestein infiltriert hat, um Daten für die Berechnung der spezifischen Gesteinswiderstände zu gewinnen. Darüber hinaus werden dünne Schichten, Bänderungen, Wechsellagerungen und Kluft- oder Scherzonen nachgewiesen.

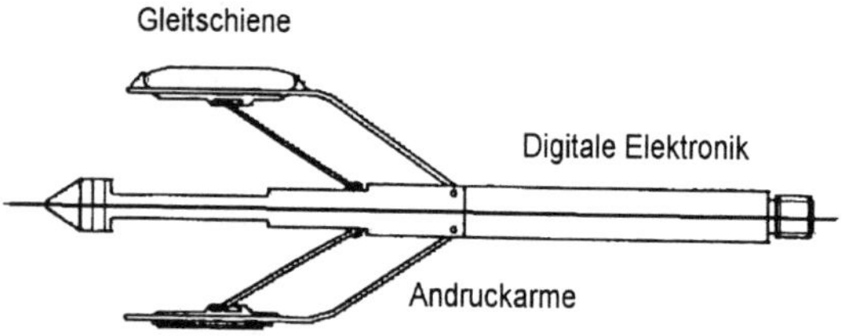

Bild 7-41. Mikrologsonde

In Bild 7-42 wird ein Laterolog (FEL) mit einem Elektriklog (ES) verglichen. Das Laterolog zeichnet 6 dünne Schichten in der weiteren Umgebung des Bohrlochs auf, welche die kleine Normale nicht mehr erfaßt hat. Grundsätzlich gilt: je höher die Widerstandunterschiede, desto dünner können die nachzuweisenden Schichten sein. Von Vorteil ist außerdem die hohe Genauigkeit fokussierter Elektriklogs bei Tiefenangaben von Schichtgrenzen.

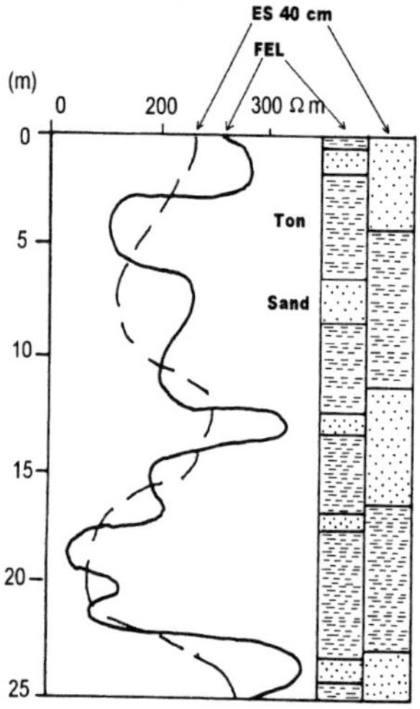

Bild 7-42. Vergleich Laterolog mit Elektriklog, kleine Normale

Das Laterolog kann auch mit einem *Induktionslog,* das mit Wechselstrom arbeitet, in einer Sonde kombiniert werden (Bild 7-43). Aufgezeichnet wird die *elektrische Leitfähigkeit* als Kehrwert des Widerstandes. Eine Spule in der Sonde sendet ein elektromagnetisches Wechselfeld von 20 kHz in die Umgebung des Bohrlochs. Dieses induziert in elektrisch gutleitenden Gesteinen ein sekundäres Feld, das dem ursprünglichen (primären) Feld entgegengerichtet ist und dieses schwächt. Daraus ergibt sich das resultierende Feld, welches von einer weiteren Spule auf der Sonde empfangen und dann verstärkt wird. Das resultierende Feld wird um so stärker geschwächt, je höher die Leitfähigkeit des Gesteins ist.

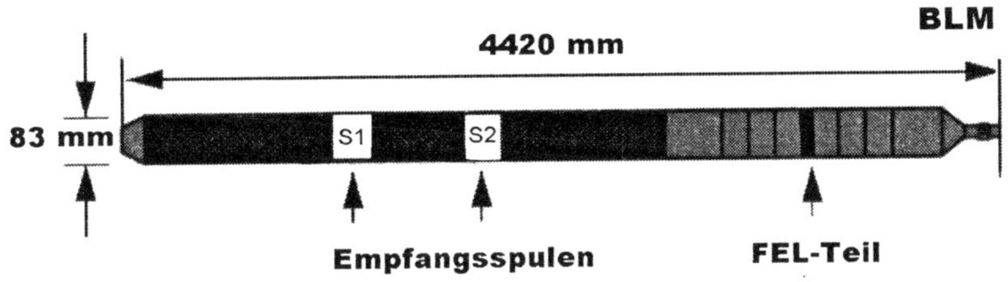

Bild 7-43. Kombinierte Induktions- und Laterologsonde

Prinzipiell werden die gleichen Ergebnisse wie bei Logs mit Gleichstrom erzielt. Der große Vorteil der Induktionsverfahren ist jedoch, auch in Plastik-Verrohrung und trockenen Bohrlöchern messen zu können! Nachteilig ist die Begrenzung auf Leitfähigkeiten über 7 mS/m[1] oder Widerständen < 150 Ωm (Bild 7-44).

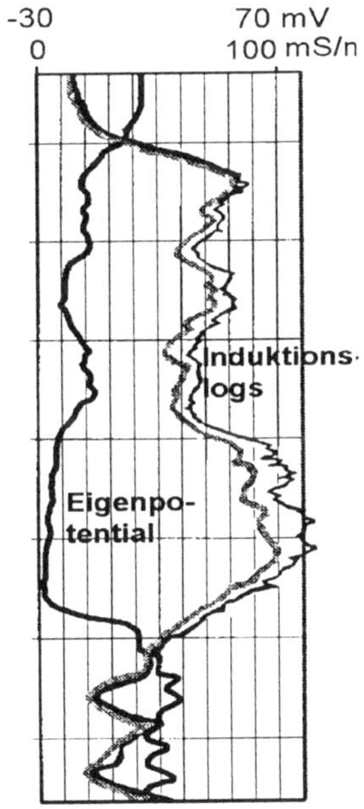

Bild 7-44. Induktions- und Eigenpotentiallogs. Grau = mittlere, schwarz = hohe Eindringtiefe

[1] mS/m = Milli-Siemens pro Meter; im Englischen auch: mmho/m = Milli Mho pro Meter (Umkehrung von Ohm)

Bei geringeren Leitfähigkeiten wird das resultierende Feld zu schwach. Außerdem erschließt das Induktionslog nur wenige Dezimeter in der Umgebung des Bohrlochs. Es ist jedoch in der Lage, auch sehr hohe Leitfähigkeiten bzw. sehr geringe Widerstände präzise zu registrieren. Auch bei salzhaltigen Bohrspülungen liefert es noch gute Ergebnisse.

Elektrische *Eigenpotentiale* sind elektrische Spannungen, die ohne technische Spannungsquelle im Bohrloch oder in der Natur entstehen (Abschn. 7.1.1). Ursachen sind u.a. die von Akkumulatoren bekannte *elektrolytische Dissoziation* zwischen positiv geladenen Ionen der Metalle bzw. Erze und den im Grundwasser oder dem Porenwasser der Gesteine enthaltenen Ionen, die negative Ladungen tragen. Spannungen entstehen im Gestein z.B. zwischen Eisen- und schwefelhaltigen Mineralen. Außerdem bilden sich Eigenpotentiale zwischen der Verrohrung, den Sonden und der Bohrspülung bzw. dem Grundwasser aus.

Eigenpotentiallogs vermitteln, bei geringem technischem Aufwand, Hinweise auf die Salzgehalte der Porenwässer und dienen zur Kontrolle anderer Bohrlochmessungen (Bild 7-44). Sie werden am besten zwischen einer Elektrode auf der Sonde und einer Bezugselektrode an der Erdoberfläche gemessen. Potentialunterschiede, die nur im Bohrloch zwischen zwei Elektroden ermittelt werden, geben hauptsächlich Bohrlocheffekte wieder.

Bei allen Bohrlochmeßverfahren, die elektrischen Strom durch die Spülung in das Gestein leiten, geht der elektrische Widerstand bzw. die Leitfähigkeit der Bohrlochflüssigkeit in die Auswertung der Meßdaten ein. Um die spezifischen Widerstände zu ermitteln, müssen diese Eigenschaften bekannt sein, sie ändern sich jedoch innerhalb eines Bohrlochs. Deshalb reicht die Laborbestimmung der Leitfähigkeit einer Probe aus bestimmter Tiefe nicht aus; es muß vielmehr ein durchgehendes *Salinometerlog* (Bild 7-45) gefahren werden, welches die Leitfähigkeitsschwankungen im gesamten Bohrloch kontinuierlich registriert.

Das Salinometerlog entspricht technisch einem Elektriklog. Die Elektrodenabstände betragen jedoch nur wenige Zentimeter, damit das elektrische Feld nur in der Bohrlochflüssigkeit und nicht im umgebenden Gestein wirksam wird. Ein isoliertes Rohr, das die Elektroden einhüllt, dient dem gleichem Zweck. Damit es bei der Messung frei bleibt, darf die Sonde nicht in den Schlamm am Grunde der Bohrung eindringen. Salinometerlogs werden deshalb, im Gegensatz zu den vorher beschriebenen Meßverfahren, beim Hinabfahren und nicht beim Hinaufziehen aufgezeichnet.

Aus dem Salinometerlog kann nicht nur der spezifische Widerstand der Bohrlochspülung bzw. des Wassers errechnet werden. Plötzliche Verringerungen des Salzgehaltes verraten außerdem, wo Süßwasser dem Bohrloch zufließt. Das Salinometerlog registriert direkt den spezifischen Widerstand der Bohrlochflüssigkeit, wenn es vorher in Salzlösungen bekannter Konzentration geeicht werden konnte.

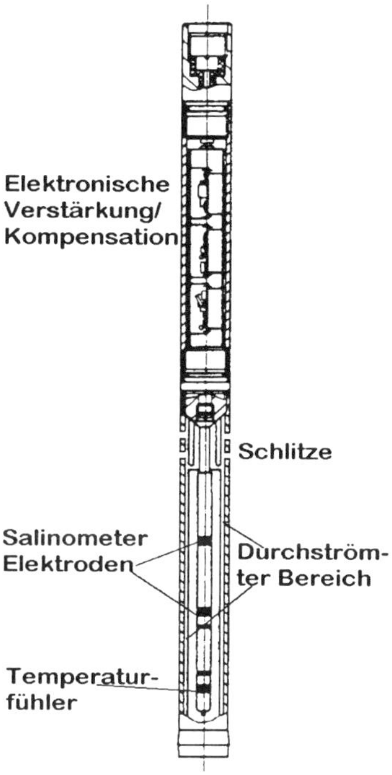

Bild 7-45. Salinometer- und Temperaturlog

7.3.4
Temperatur-, Kaliber- und weitere Logs

Ein *Temperaturlog* sollte erst aufgenommen werden, wenn das Bohrloch einige Tage in Ruhe gestanden hat, um die Temperatur der Bohrlochflüssigkeit präzise messen zu können, da jede Bohrtätigkeit oder auch andere Bohrlochmessungen den Ausgleich der Temperaturen zwischen Gestein und Bohrspülung stören. Wie beim Salinometer werden Temperaturlogs von oben nach unten gefahren. Es ist üblich, beide Verfahren auf einer Sonde anzubringen (Bild 7-45).

Aus dem Anstieg der Temperatur zur Tiefe wird der *geothermische Gradient*, auch *geothermische Tiefenstufe* genannt, ermittelt. Dieser schwankt in Deutschland zwischen 2–3,5 ^{0}C pro 100 m Tiefe und gibt Auskunft über geothermische Ressourcen im Bohrgebiet. Vertikale Wasserströmungen im Bohrloch oder benachbarten Gesteinen können diesen Gradient allerdings verfälschen. Hydrogeologisch wichtig sind insbesondere kleine Ausschläge des Temperaturlogs, welche Zuflüsse in das Bohrloch anzeigen. Die Temperaturen werden durch Änderungen des elektrischen Widerstands in Metallverbindungen mit extrem temperaturabhängigen Eigenschaften bestimmt, mit der Genauigkeit von einem Hundertstel Grad Celsius.

Ein Temperatur- und ein Salinometerlog werden in Bild 7-46 wiedergegeben. Beide weisen zwischen 5 m und 6 m Tiefe eine plötzliche Veränderung auf: Die Temperatur steigt von 12,5 °C auf 13,0 °C an; die Salinität fällt von 2,8 mS/m auf 1,6 mS/m ab. Dies zeigt das Ende der Verrohung an; erst darunter wirkt sich die Temperatur der Gesteine aus.

Die Temperatur der Bohrlochspülung steigt langsam um 0,5 °C bis zur Tiefe von 15 m an. Diese Zunahme entspricht wahrscheinlich noch nicht dem geothermischen Gradienten, der normalerweise erst ab ca. 30 m Tiefe ungestört bestimmt werden kann. Auch der Salzgehalt zeigt einen gleichmäßigen Anstieg zur Tiefe.

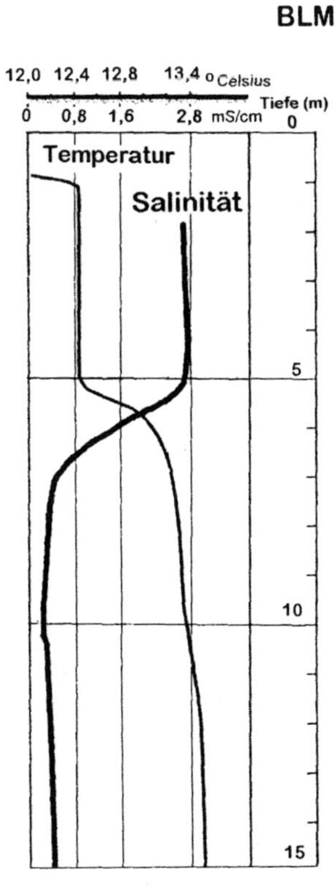

Bild 7-46. Temperatur- und Salinometerlog

Die *Akustik-* oder *Sonicsonde* (Bild 7-47) mißt die Fortpflanzungsgeschwindigkeit des Schalls im Gestein. Registriert wird ihr reziproker Wert, d.h. die Laufzeit einer Schallwelle zwischen einer Schallquelle und einem oder mehreren Schallempfängern. Quelle und Empfänger sind übereinander auf einer Bohrlochsonde angeordnet. Feste Gesteinsminerale und die Porenflüssigkeit der Gesteine weisen unterschiedliche Laufzeiten auf. Spezifische Laufzeiten vieler Gesteine, als *Matrixlaufzeiten* bezeichnet, sind aus dem Labor bekannt. Ihre Maßeinheit ist Mikrosekunden pro Meter [µs/m]. Aus dem Unterschied zwischen Matrix- und gemessener Laufzeit kann die Porosität errechnet oder aus Diagrammen abgelesen werden. Außer der Porosität werden auch Zerrüttungs- und Kluftzonen im Festgestein akustisch erfaßt.

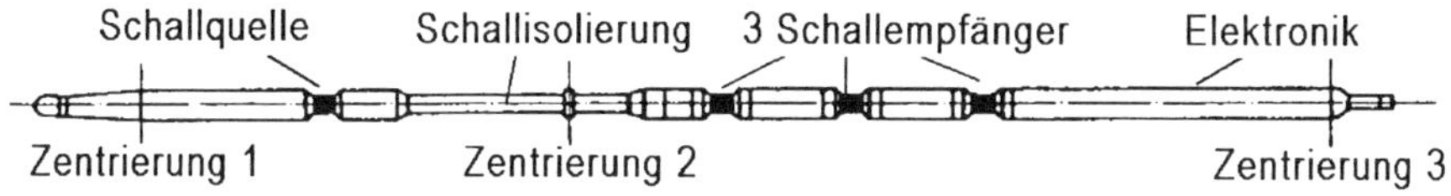

Bild 7-47. Akustiksonde

In Lockergesteinen bleibt die Schallgeschwindigkeit des (Poren-)Wassers von 1700 m/s zwar gleich, jedoch ändern sich die Schallgeschwindigkeiten in der Gesteinsmatrix unregelmäßig. Eine dichtere Packung des Sandes oder eine Zunahme des Tonanteils kann bereits eine solche Wandlung hervorrufen: fehlerhafte Porositäten wären die Folge. Aus diesem Grund werden Akustiklogs vorwiegend in Kluftgrundwasserleitern der Festgesteine (Bild 7-48) und seltener in Lockersedimenten zur Grundwassererkundung eingesetzt.

Der Schall wird nicht dauernd, sondern in kurzen Impulsen 5–20 mal in der Sekunde gesendet. Seine Frequenzen liegen im Ultraschallbereich bei 20 kHz (Kilohertz). Die gemessenen Schallgeschwindigkeiten verhalten sich zueinander wie die Geschwindigkeiten elastischer seismischer Wellen. An Akustiklogs kann deshalb abgeschätzt werden, ob und wie seismische Untersuchungen durchgeführt werden können. Dies und die Möglichkeit zur Bestimmung der Porosität rechtfertigen die komplizierte Meßtechnik und die hohen Kosten dieser Methode.

Bild 7-48 stellt ein Akustiklog vor, das in einer Serie unterschiedlicher Gneise gefahren wurde. In den durch tektonische Überschiebungen zerklüfteten Bereichen steigen die Laufzeiten deutlich an, d.h. die Schallgeschwindigkeiten werden durch die tektonische Zertrümmerung des Gesteinsgefüges vermindert.

Von den fünf Überschiebungen, die im Akustiklog durch Anstieg der Laufzeiten hervortreten, werden nur vier in der Bohrkernbeschreibung erwähnt. Nur die obersten Überschiebungen 1 und 2 sind ergiebige Kluftgrundwasserleiter, an den anderen wurden keine Zuflüsse in das Bohrloch nachgewiesen. Daraus folgt, daß nicht jede tektonische Lockerzone, die akustische Anomalien verursacht, auch ein Kluftgrundwasserleiter sein muß. Dennoch ist die Kenntnis aller aufgelockerten Zonen wichtig, denn diese erleichtert die gezielte Suche nach Wasserzuflüssen, die in Festgesteinsbohrungen besonders schwierig sein kann.

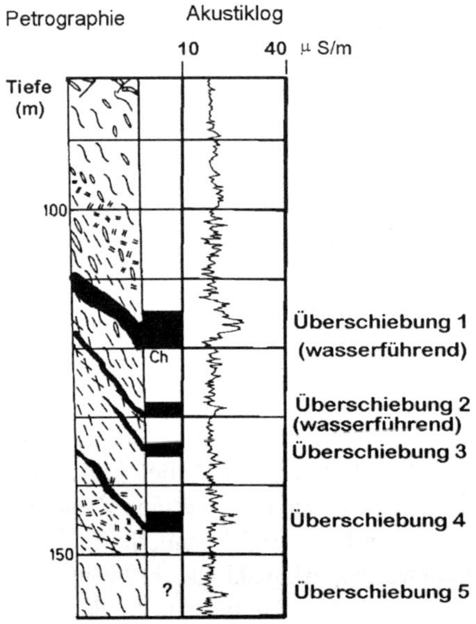

Bild 7-48. Akustiklog in Gneisen

Das Kaliberlog in Bild 7-50 betrifft denselben Bohrlochabschnitt wie das Akustiklog in Bild 7-48. Die Zahlen 1-5 bezeichnen die vom Akustiklog und bei der Bohrkernbeschreibung gefundenen Überschiebungen:

- Nr. 1 hat einen großen Ausbruch der Bohrlochwand bewirkt.
- Nr. 2 und Nr. 3 riefen nur kleinere Erweiterungen hervor.
- Nr. 4 hat die Bohrlochwand nicht verändert.
- Nr. 5 tritt wieder im Kaliberlog hervor.

Das *Drucklog* wird verwendet, um den Grundwasserstand in Bohrlöchern festzustellen (Bild 6-13). Geringfügige Druckschwankungen in der Spülung geben zudem Änderungen beschwerender Zusätze oder auch Wasserzuflüsse wieder.

Das *Kaliberlog* bestimmt kontinuierlich den Bohrlochdurchmesser, der für die Auswertung vieler Logs benötigt wird. Die registrierten Erweiterungen oder Verengungen des Bohrlochs verweisen auf besondere Eigenschaften der durchbohrten Gesteine. Erweiterungen des Bohrlochs, auch *Ausbrüche* genannt, machen auf besonders klüftige oder tektonisch zerrüttete Zonen aufmerksam. Verengungen können von verhärteten Spülungsresten, dem *Filterkuchen*, sowie durch das Aufquellen von Tonen verursacht werden.

Die Sonde wird mit angelegten Federarmen eingefahren (Bild 7-49). Erst am Ende des Bohrloches werden diese durch einen Elektromotor gespreizt und durch Federn an die Wand gedrückt. Während der Aufwärts- und Meßfahrt gleiten die verstärkten Spitzen der jeweils um 120^0 versetzten Federarme auf der Wand entlang. Der Spreizwinkel jedes Armes wird separat über die Änderung elektrischer

Widerstände aufgezeichnet und über das Bohrlochkabel zum Meßwagen übermittelt.

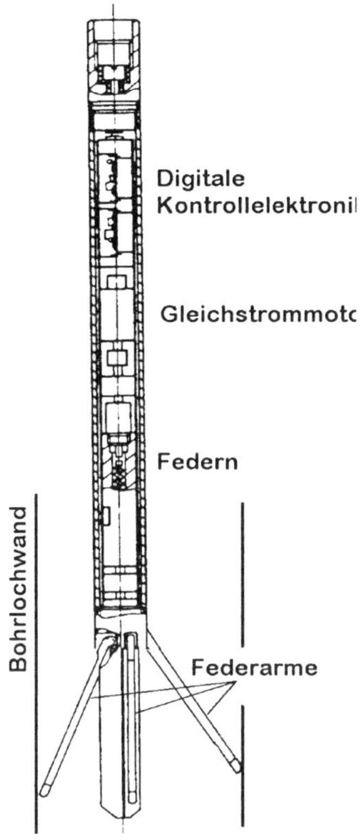

Bild 7-49. Dreiarmkalibersonde

Diese Ausrüstung kann nur in lotrechten oder bis zu 12^0 geneigten Bohrungen benutzt werden. Bei stärkerer Neigung verwendet man spezielle, an die Bohrlochwand gedrückte Kalibersonden.

Bild 7-50 belegt, daß tektonische Strukturen die Bohrlochwand nicht in jedem Fall verändern und Kaliberlogs nicht jeden Kluftgrundwasserleiter anzeigen. Die *Abweichung* der Bohrungsachse von der Lotrechten und ihre Richtung kann durch einzelne Messungen in bestimmten Tiefen (Standmessungen) oder durch ein kontinuierliches Log bestimmt werden. Beide Verfahren benötigen eine Neigungs- und eine Richtungsanzeige. Während sich die Neigung durch ein *Klinometer* oder eine *Rundlibelle* gut bestimmen läßt, kann die Richtung gegen Nord mit dem Magnetkompaß nur in Bohrlöchern festgestellt werden, die nicht verrohrt sind oder eine Verrohrung aus Kunststoff aufweisen.

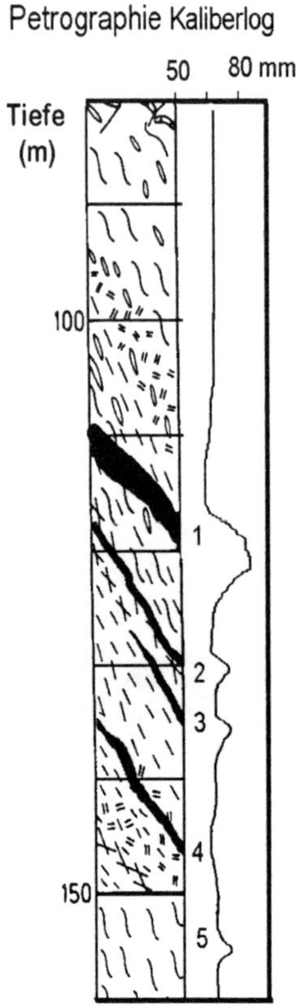

Bild 7-50. Kaliberlog im Festgestein

Stahlverrohrungen und das stählerne Gestänge verändern das magnetische Erdfeld in Richtung und Stärke und somit auch die Richtung der Abweichung. Diese muß deshalb in Stahlrohren durch einen Kreiselkompaß ermittelt werden. Sein Einsatz erfordert jedoch große Durchmesser und ist mit hohen Kosten verbunden. Kreiselkompasse werden deshalb nur selten in der Grundwassererkundung angewendet.

Bild 7-51 gibt die starke Abweichung einer nicht verrohrten 300-m-Bohrung im Grundgebirge wieder. Die Abdrift von 17,5 m oder 6 % nach West-Nord-West war während der Bohrarbeiten nicht bemerkt worden. Das Log besteht aus 7 Standmessungen, die auch als *Singleshot*-Verfahren bezeichnet werden. Blitzlichtfotos des Magnetkompasses und des Klinometers in der Abweichungssonde ergaben für jeden der 7 Meßpunkte die Richtung (gegen Nord) und die Neigung, die beide in Grad gemessen wurden. Das gewählte Teufenintervall von 40–50 m reichte aus, um den Gesamtbetrag der Richtungsänderung zu bestimmen. Um auch kleinere Verschwenkungen zu erfassen, müßten die Abstände der Einzelmessungen verringert oder ein kontinuierliches Log der Abweichung mit dem *Multishot*[1] gefahren werden.

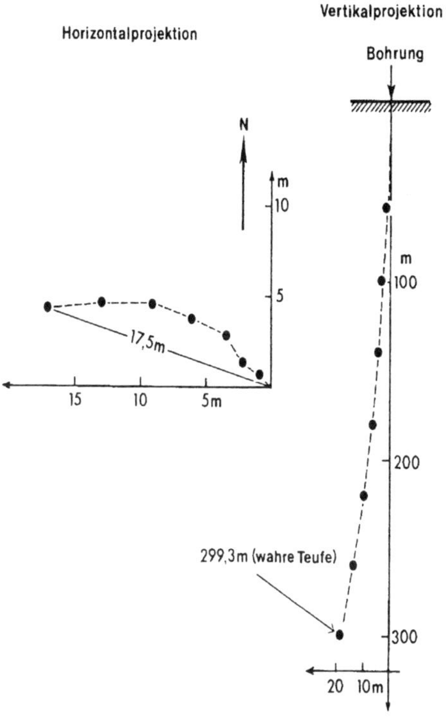

Bild 7-51. Abweichungsbestimmung einer 300-m-Bohrung durch 7 Einzelmessungen

Die Kenntnis der Bohrlochabweichung ist erforderlich für die Bestimmung von Streichen (Winkel gegen Nord) und Fallen (Neigung) der Schichtung oder Klüftung. Diese Eigenschaften werden mit der Dipmetersonde (Bild 7-52) festgestellt, die Multishot und Mikrolog miteinander kombiniert. Die Sonde ist mit vier Mikrolog-Gleitschienen bestückt. Bei horizontaler Schichtung und senkrechtem Bohrloch werden alle Änderungen des elektrischen Widerstandes in derselben Tiefe registriert. Bei einfallender Schichtung sind diese Tiefen jedoch unterschiedlich. Daraus wird das Streichen und das Einfallen der Schichtgrenzen digital berechnet und gespeichert. Die Ergebnisse werden als Einzelkurven der Gleitschienen (Bild 7-53, rechts) und als Vektoren der Richtung (Bild 7-53, links), die auch „Tadpoles" oder Kaulquappen genannt werden, dargestellt.

[1] Mehrfachmessungen, die über die Zeit oder elektrische Signale den Meßtiefen zugeordnet werden

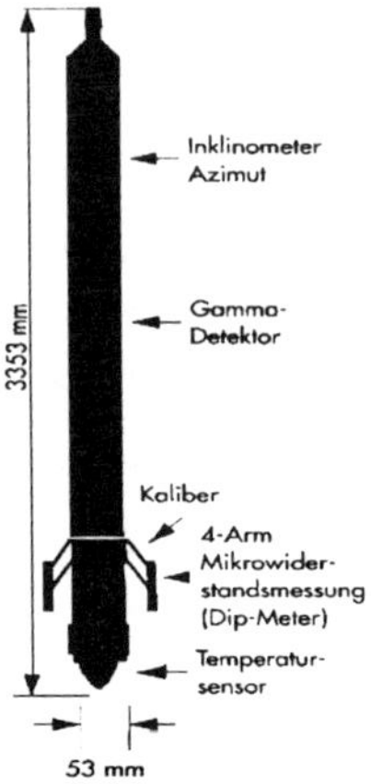

Bild 7-52. Dipmeter-Kombinationssonde (BLM)

Voraussetzung ist, daß sich der elektrische Gesteinswiderstand mit der Schichtung deutlich ändert. Ist dies nicht der Fall, versagt das Dipmeter. Leider zeigen andererseits nicht alle Widerstandssprünge einen Wechsel der Schichtung an.

Die Dipmeter-Sonde in Bild 7-52 ist zusätzlich mit einem Scintillometer zur Aufnahme von Gammastrahlen ausgerüstet. Diese kombinierten Logs werden u.a. eingesetzt, um die Durchlässigkeiten tektonisch durchbewegter Gesteinsserien und geklüfteter Bereiche zu erfassen.

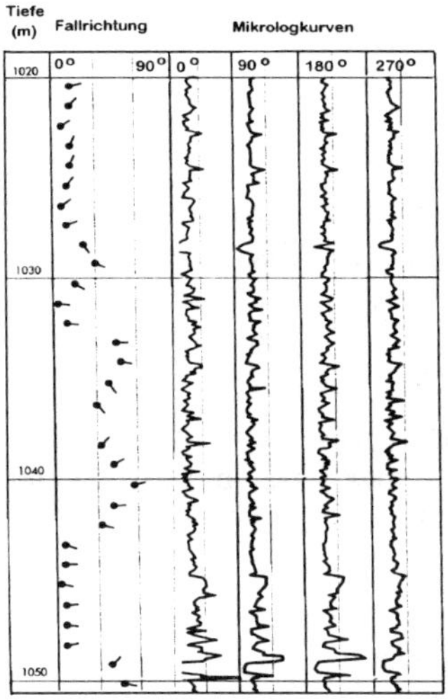

Bild 7-53. Dipmeter- und Mikrolog (BLM)

Bei der *Probenahme* der Bohrlochspülung, dem Wasser oder einer anderen Flüssigkeit im Bohrloch werden leere Spezialbehälter am Bohrlochkabel zur vorgewählten Tiefe abgesenkt und dort von über Tage elektrisch oder mechanisch geöffnet (Bild 10-20), damit die Flüssigkeit einströmen kann. Danach werden sie heraufgezogen und ins Labor zur Analyse gebracht. Regelmäßige Beprobungen sind unerläßlich, wo eine Verschmutzung des Grundwassers droht. Die Wasserqualität muß z.B. in Meßstellen oder Pegelbohrungen periodisch überwacht werden, die zur Kontrolle von Altlasten dienen. Neuerdings können dafür Sonden, die zu Dauerbeobachtungen geeignet sind, verwendet werden (Abschn. 10.4.4).

Wenn ein Pumpversuch stattfindet, um die Ergiebigkeit oder Schüttung einer Bohrung oder eines Brunnens zu ermitteln, kann ein *Flowmeterlog* (Bild 7-54) gefahren werden, das Schichten oder Kluftzonen lokalisiert, aus denen Wasser in das Bohrloch eindringt oder daraus abfließt.

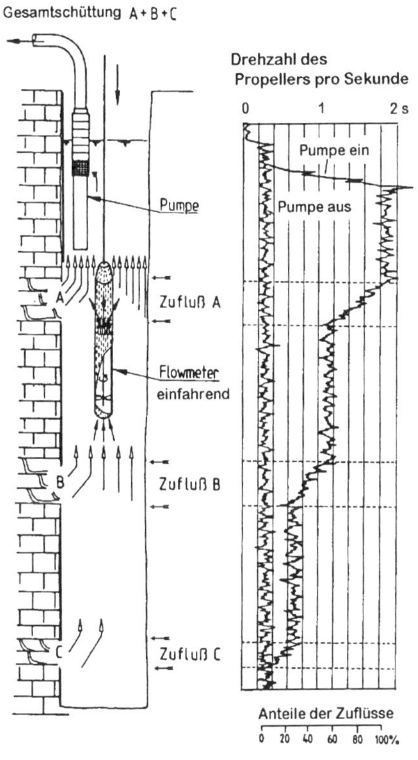

Bild 7-54. Flowmetermessung mit drei Zuflüssen (DVGW)

Die Flowmeter-Sonde enthält einen Propeller, der von der durchströmenden Flüssigkeit angetrieben wird. Seine Umdrehungszahl und die jeweilige Tiefe werden registriert. Die Messung beginnt direkt unterhalb der Pumpe. Dann wird das Flowmeter mit konstanter Geschwindigkeit (2–6 m/min) abgesenkt.

Die erste Fahrt erfolgt bei ausgeschalteter, eine zweite bei eingeschalteter Pumpe (Nullmessung). Im ersten Log sind die Drehzahlen des Propellers niedrig. Im zweiten steigen sie bis auf einen Maximalwert an. Die Drehzahlen verringern sich deutlich, wenn die Sonde durch einen Zufluß fährt (A bis C in Bild 7-54). Auch bei natürlich aufsteigenden (artesischen) Zuflüssen kann das Flowmeter eingesetzt werden, dann ist jedoch keine Pumpe erforderlich.

Optik- und Echologs liefern detaillierte Bilder der Bohrlochwand. Da das Video- oder TV-Log trockene Bohrungen oder durchsichtige Bohrlochflüssigkeiten, z.B. Wasser, benötigt, kann es nicht überall gefahren werden. In jedem Fall muß die Videokamera mit einer Lichtquelle versehen sein und an Standard-Meßkabel passen. Videologs werden z.B. eingesetzt, um in trockenen Löchern Kluftzonen oder Zutritte von Sickerwasser zu lokalisieren oder die Verrohrung auf Schäden durch Korrosion bzw. Abrieb zu kontrollieren.

In trüben Bohrlochspülungen liefern *akustische Meßverfahren* detaillierte Bilder der Bohrlochwand. Der Schall wird von einer schnell rotierenden Schallquelle abgestrahlt. Laufzeit und Amplitude des Schalls werden vom Empfänger festgehalten. Kluft- und Scherzonen, Pilzbefall, Ausbrüche und Zementationen können erkannt und räumlich zugeordnet werden. Nachteilig sind die geringen Fahrgeschwindigkeiten (< 0,5 m/min). Der Kontrolle der Verrohrung und dem Nachweis magnetischer Gesteine dienen magnetische Logs zur Bestimmung der magnetischen Suszeptibilität.

7.4 Kombination von Bohrlochmeßverfahren

Jedes Verfahren zur geophysikalischen Vermessung von Bohrlöchern kann nur bestimmte Eigenschaften der Gesteine erfassen: Radiometrische Logs geben z.B. Auskunft über Radioaktivität, elektrische über elektrische Widerstände, Leitfähigkeiten oder Impedanzen. Meist reicht dies nicht aus, um die Eignung der Schichten oder Gesteine zur Wassererschließung zu beurteilen. Erst die Verknüpfung mehrerer geophysikalischer Methoden erlaubt eine genauere hydrogeologische Typisierung der durchbohrten Schichten.

Tabelle 18 stuft Verfahren, die für Wasserbohrungen am besten geeignet sind, unter „Routine“ ein. Diese können bei jeder Bohrlochmessung angewendet werden. Als „zusätzlich“ werden die Meßmethoden benannt, welche bei besonderen Fragestellungen weiterhelfen und nicht in jedem Fall erforderlich sind. Ausnahmen bezeichnen Methoden für Sonderfälle.

Tabelle 18. Anwendung der wichtigsten Bohrlogs

Gestein/Aufgabe	Logs	Einsatz
Alle		
	Gammalog, Breitband	Routine
	Elektriklog, große + kleine Normale	Routine
	fokussiertes Elektriklog	Zusätzlich
	Kaliberlog	Routine
Lockergestein	Elektriklog, große + kleine Normale	Routine
	Gammalog, Breitband	Routine
	Dichtelog	Zusätzlich
	Eigenpotentiallog	Ausnahme
	Salinometerlog	Zusätzlich
	Temperaturlog	Zusätzlich
	Fokussiertes Induktionslog	Ausnahme
	Abweichungslog	Zusätzlich
	Fokussiertes Elektriklog	Routine
	Flowmeterlog	Zusätzlich
	Kaliberlog	Routine
Festgestein	Elektriklog, gr. + kl. Normale	Routine
	Gammalog, Breitband	Routine
	Dichtelog	Ausnahme
	Salinometerlog	Zusätzlich
	Temperaturlog	Zusätzlich
	Neutronlog	Ausnahme
	Abweichungslog	Zusätzlich
	Fokussiertes Elektriklog	Zusätzlich
	Kaliberlog	Routine
	Flowmeterlog	Ausnahme
Pumpversuch	Temperaturlog	Routine
	Flowmeterlog	Zusätzlich
	Salinometerlog[1]	Ausnahme
Wasserqualität	Probenahme Wasser/Spülung	Routine
Kontamination	Dauermessungen	In Entwicklung

Die Logs in Bild 7-55 wurden in einem unverrohrten Bohrloch gefahren, das mit einer trüb-tonigen Spülung gefüllt war. Das Kaliberlog zeigt einen gleichmäßigen Bohrlochdurchmesser von 135 mm an. Der Grundwasserspiegel liegt oberhalb des abgebildeten Tiefenbereichs von 30–60 m. Die Skalenwerte der Logs sind linear, außer bei den elektrischen Widerständen, die logarithmisch unterteilt sind.

Es sind drei elektrische Logs gefahren worden: kleine Normale, große Normale und Laterolog. Die kleine Normale zeigt in den Sandschichten niedrigere Widerstände an als die große Normale, da der niedrige Widerstand der Spülung stärker einwirkt. Erst ab 44 m Tiefe sinkt der Widerstand, obwohl die darüberliegenden Kerne zwischen 42 m und 44 m als Sand, Schluff und Braunkohle beschrieben

[1] Bei Salzzugabe zum Auffinden von Zuflüssen (Tracertest)

wurden. Die Sandschicht von 49,8–51,0 m wird durch erhöhten Widerstand bestätigt. Das gleiche gilt für die Sandschicht ab 59,4 m. Schluff und Braunkohle weisen ähnliche Widerstände auf. Tonige Schichten zeichnen sich durch die niedrigsten Widerstände ab. In gleicher Weise reagiert das Laterolog, jedoch sind seine Ausschläge stärker und steiler. Es ergänzt die Meßdaten der beiden Normalen, denn es hat mehr Schichtgrenzen und dünne Schichten erfaßt..

Das Gammalog zeigt bis 46 m nur die Radioaktivität des Umfeldes durch *Rauschen* an. Ab 57 m steigt seine Kurve an und signalisiert, daß die tonige Schicht von 47,5–49,5 m das Kaliumisotop ^{40}K enthält. Tonlinsen in der Braunkohle bei 53 m und 56 m erzeugen die stärksten Ausschläge. Hier zeigt sich deutlich, daß Gammalogs Tone und tonige Gesteine nachweisen können.

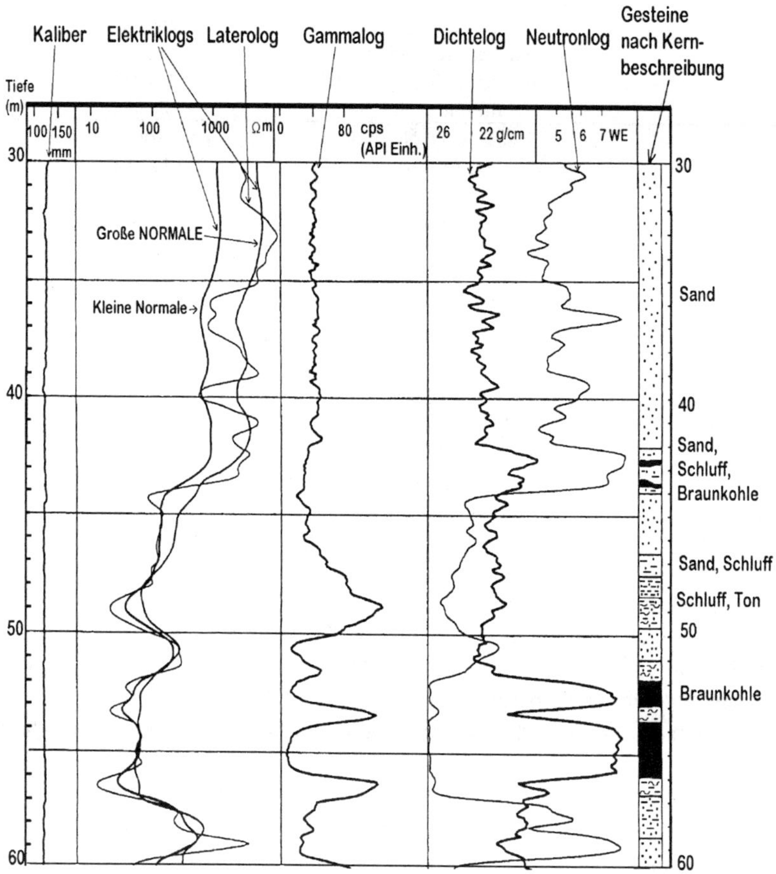

Bild 7-55. Logkombination im Lockergestein (Lux, 1996)

Das zusätzlich gefahrene Dichtelog zeichnet geringere Dichtewerte durch Ausschläge nach rechts auf. Da Braunkohle die geringste Dichte besitzt, werden die Braunkohleschichten von 42–44 m und von 52–57 m präzise wiedergegeben.

Wichtig ist, daß kein anderes Log die Braunkohle erfaßt hat. Ohne das Dichtelog wäre sie deshalb, z.B. bei einer Vollbohrung ohne Kerngewinn, nicht entdeckt worden.

Das Neutronlog hat bei 41,3 m, 43 m und 59 m Maxima, denen Minima des Laterologs entsprechen. Die Beschreibung der Kerne verrät jedoch keine Ursachen für diese Anomalien.

Die Kombination von Bohrlochmessungen in Bild 7-55 macht deutlich:

1. Je mehr Bohrlochmeßverfahren miteinander kombiniert werden, desto genauer und umfassender sind die Ergebnisse.
2. Abstrakte Regeln zur Identifizierung von Gesteinen lassen sich nicht aufstellen.
3. Die Interpretation der Logs sollte erfahrenen Bearbeitern überlassen werden.

In Bild 7-56 werden vier Logs kombiniert, die gefahren wurden, um artesisch aufsteigende Zuflüsse zu finden. Der Ruhezustand wurde durch Verschließen des Lochs hergestellt. Danach erfolgten ein Induktions- und ein Flowmeterlog als „Nullmessungen". Nach Öffnung des Bohrlochs wurde Salz als „Tracer" in das Bohrloch geschüttet Im wieder ausfließendem Wasser sind folgende Logs gefahren worden:

1. Kaliber,
2. fokussierte Induktion, dreimal zur Bestimmung der Salinität (spezifische elektrische Leitfähigkeit),
3. Flowmeter,
4. Temperatur.

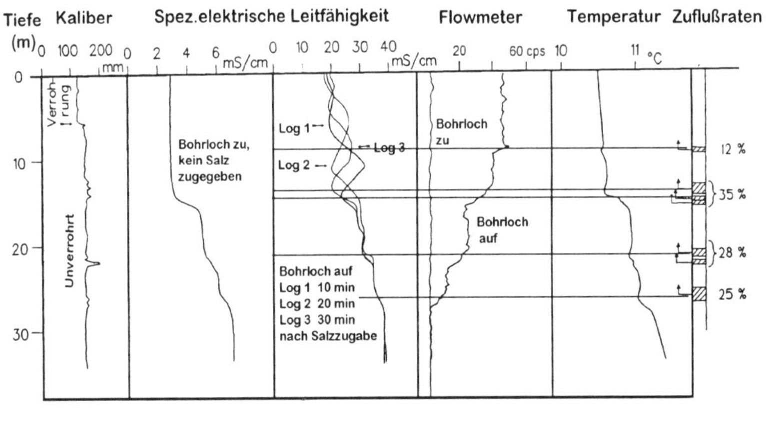

Bild 7-56. Artesische Zuflüsse in Logs der Salinität, Temperatur und Flowmeter (Lux, 1996)

Das Kaliberlog stellte mehrere Ausbrüche der Bohrlochwand fest; bei 22 m liegt der größte. Nur die stärkeren Zuflüsse sind mit Ausbrüchen verbunden. Das Kaliberlog sollte bei jeder Anwendung des Flowmeters gefahren werden, da der Bohrlochdurchmesser für die Auswertung benötigt wird. Die Induktionslogs registrierten drei Zonen, in denen die spezifischen Leitfähigkeiten absinken. Die Ursache sind Süßwasserzuflüsse, die auf diese Weise lokalisiert werden konnten.

Das Flowmeter stellte an vier Stellen plötzliche Verminderungen der Fließgeschwindigkeit fest. Diese Indikationen sind jedoch unterschiedlich stark ausgeprägt. Im Temperaturlog zeichneten sich diese Zuflüsse ebenfalls durch lokale Verminderungen der Temperatur ab. Aus diesen Daten konnten mit Hilfe spezieller Auswerteprogramme die zufließenden Mengen (Bild 7-56, rechts) berechnet werden.

In Bild 7-57 wird das Ergebnis eines Flowmeterlogs nach einem Pumpversuch dargestellt. Bei Leistungen von 35 m^3 und 60 m^3 pro Stunde wurde je ein Log gefahren. Auffällig sind die Zuflüsse von 47% zwischen 73 und 80 m und von 16% zwischen 92 und 100 m.

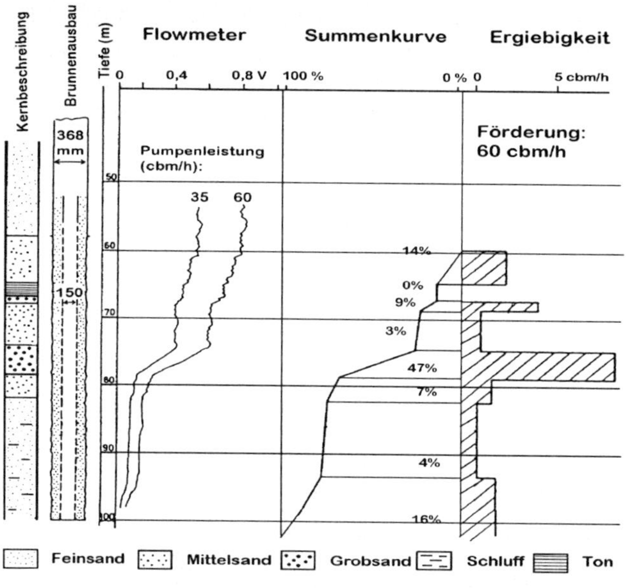

Bild 7-57. Flowmetermessung (DVGW, 1994)

Bohrlogs enthalten so viele detaillierte Informationen, daß sich die Schichten verschiedener Bohrungen zuordnen lassen. Im Vertikalschnitt des Bildes 7-58 können aus dem Verlauf der Gamma- und Elektriklogs in drei Bohrungen folgende Schichten in Korrelation gesetzt werden:

Die Tonschicht 1 zeichnet sich durch ein Maximum der Gammastrahlung und ein Minimum des spezifischen elektrischen Widerstands ab. Ihre Oberkante liegt in Bohrung 1 bei 20 m Tiefe, die Schicht ist dort 13 m mächtig. In Bohrung 2 beginnt sie in 10 m Tiefe, d.h. sie steigt von Bohrung 1 nach Bohrung 2 um 10 m auf. Dies entspricht einer Neigung von 6° nach Westen. In Bohrung 2 ist diese Schicht indessen nur noch 10 m mächtig.

Unter Bohrung 3 gibt es bis 65 m Tiefe weder ein Maximum im Gamma- noch ein Minimum im Elektriklog. Von 65–78 m gleichen die beiden Meßkurven jedoch den Kurven der Tonschicht 1 in den Bohrungen 1 und 2. Verbindet man diese Indikationen von Bohrung 2 zu Bohrung 3, so ergibt sich plötzlich eine sehr steil einfallende Schicht. Eine solche Struktur kann es indessen in dieser Sedimentserie, die insgesamt flach nach Westen einfällt, nicht geben.

Diese Struktur läßt sich nur durch die Annahme einer tektonischen Verwerfung zwischen den Bohrungen 2 und 3 erklären. An dieser steil einfallenden Abschiebungsfläche, die in Bild 7-58 gestrichelt zwischen zwei Pfeilen eingezeichnet wurde, ist die Tonschicht 1 um 65 m abgesunken.

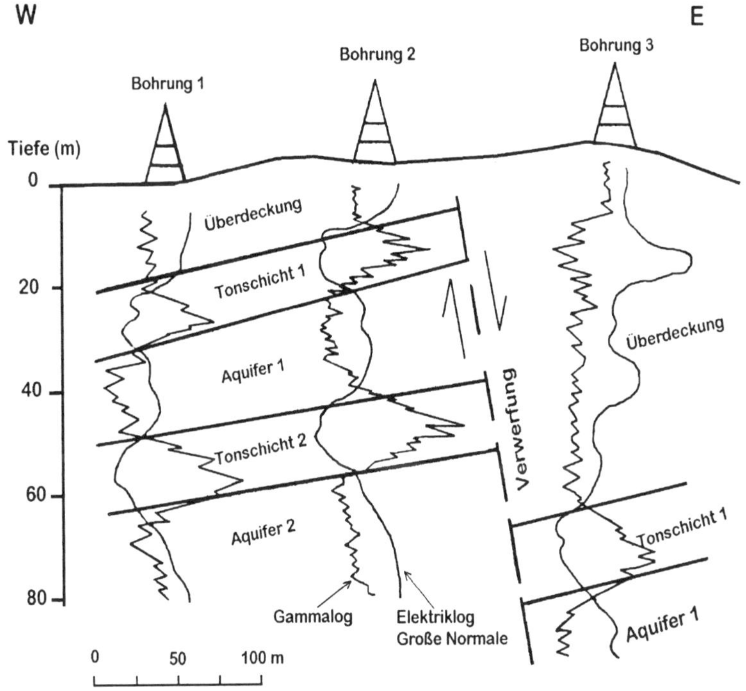

Bild 7-58. Ableitung eines Schichtaufbaus aus Bohrlochmessungen

8 Erschließung

Bisher wurden die Eigenschaften des Grundwassers und seine Erkundung beschrieben. Nunmehr steht die Erschließung, d.h. die Gewinnung von Trink- und Brauchwasser im Vordergrund. Jedes Vorhaben zur Wassergewinnung ist mit hohen Kosten verbunden. Deshalb genügt es nicht zu wissen, daß Grundwasser vorhanden ist, sondern es müssen die gewinnbare Menge und die Beschaffenheit bekannt sein, um Fehlinvestitionen zu vermeiden.

8.1 Pumpversuch

Das wichtigste Werkzeug zur Ermittlung der Leistung eines Brunnens ist der Pumpversuch (Bild 8-1). Dabei wird aus einem Brunnen Grundwasser in kontrollierten Mengen entnommen. Aus dem Verlauf der Absenkung und des Wiederanstieges der Wasserstände in Brunnen oder Meßstellen können unter Verwendung von Typkurven (Bild 8-6), die Brunnenleistung, die Eignung des Grundwasserleiters für die Wassergewinnung und weitere Eigenschaften errechnet werden. Derartige Berechnungen werden als *geohydraulische Modellierung* bezeichnet.

Obwohl diese Daten nur für den Zeitraum des Versuchs bestimmt werden, lassen sie sich auf den späteren praktischen Betrieb übertragen. Auf einen Pumpversuch *vor* der Planung von Investitionen sollte deshalb auf keinen Fall verzichtet werden. Bei ordnungsgemäßer Durchführung, ist es sogar möglich, die Dauerleistung des Brunnens zu ermitteln.

Bild 8-1 stellt einen dreistufigen Pumpversuch im Schnitt vor. Das schematische Bild wurde stark überhöht, um die Absenkung, insbesondere den *Absenkungstrichter*, bei verschiedenen Pumpraten darzustellen. Für einen Pumpversuch sollten vorhanden sein:

- ein Brunnen mit großem Durchmesser, in den eine leistungsfähige Unterflur-Pumpe eingehängt werden kann,
- möglichst mehrere Meßstellen (Peilrohre) für den Grundwasserstand, die in logarithmischen Abständen vom Testbrunnen abgeteuft wurden (Bild 8-1). Die Entfernung der ersten Meßstelle vom Brunnen sollte kleiner als die Mächtigkeit des Grundwasserleiters sein,
- ein registrierender Durchflußmesser zur Bestimmung der entnommenen Wassermengen.

Für eine logarithmische Darstellung sind folgende Meßintervalle erforderlich (Tabelle 19):

Tabelle 19. Pumpdauer und Meßintervalle

Dauer des Versuchs (std:min) von	bis	Meßintervall (min)
0:00	0:10	1
0:10	1:00	5
1:00	3:00	10
3:00	5:00	30
> 5:00		60

(DVGW, 1997)

Vor und während eines Pumpversuchs sollten bekannt sein:

- Lage vorhandener Brunnen und Bohrungen,
- Schichtenverzeichnisse,
- Ergebnisse geophysikalischer und geochemischer Untersuchungen,
- Änderungen des Luftdrucks,
- Mengenbilanz der Niederschläge und oberirdischen Abflüsse,
- Anschlußmöglichkeiten an das Strom- und Wassernetz,
- Grundeigentümer,
- Wasser-, grundbuchlich oder bergamtlich gesicherte Rechte,
- Entsorgung der Bohrspülung.

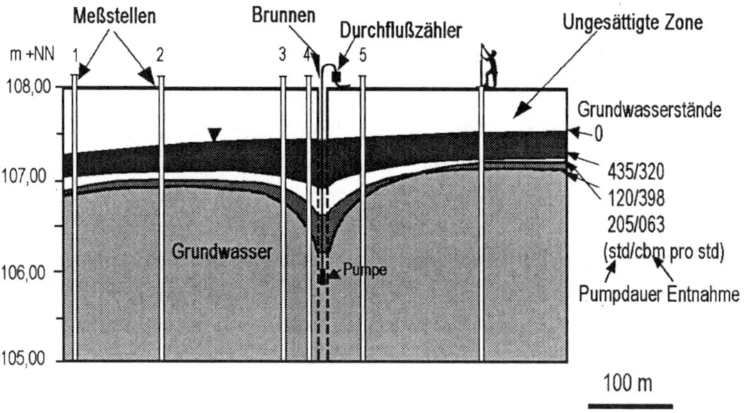

Bild 8-1. Pumpversuch in drei Stufen

In Deutschland muß die zuständige untere Wasserbehörde nach § 3 Abs. 1 Ziff. 6 WHG den Pumpversuch als Grundwassernutzung genehmigen. Grundeigentümer oder andere Betroffene sind vor Versuchsbeginn zu unterrichten.

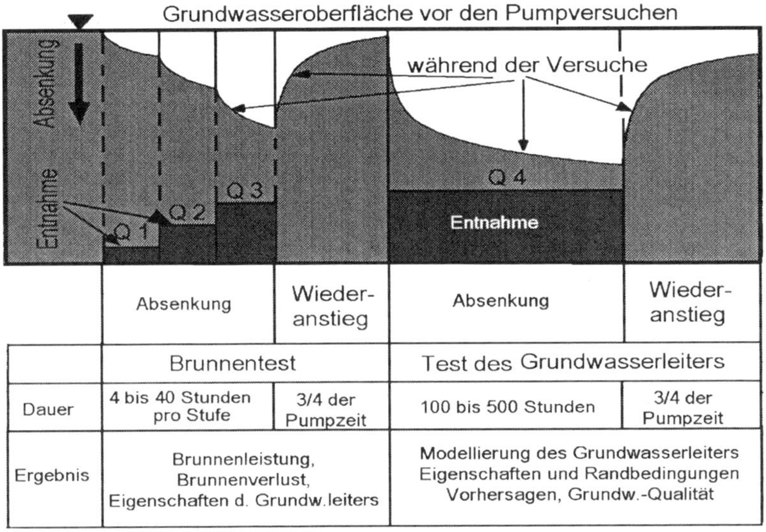

Bild 8-2. Meßprinzip der Pumpversuche (Q=Fördermenge m^3/s) DVGW, 1997

In Tabelle 20 sind die wichtigsten Daten für Grundwasserleiter zusammengestellt worden.

Tabelle 20. Ergebnisse von Pumpversuchen

Eigenschaften	Symbol	Dimension	Test im Brunnen	Test im Gw-leiter	Test im Betrieb	Pumpversuche kurz	Pumpversuche lang	notwendige Daten
Transmissivität	T	m^2/s	(x)	x	—	(x)	x	
Durchlässigkeitsbeiwert	k_f	m/s	(x)	x	—	(x)	x	Mächtigkeit
Spezifischer Durchfluß	$V_{f,g}$	m/s	(x)	x	—	—	x	Hydr. Gradient
Filter-Geschwindigkeit	U	m/s	(x)	x	—	—	x	Hohlraumanteil
Abstandsgeschwindigkeit	V_a	m/s	—	x	—	—	—	Markierung
Speicherkoeffizient	S_p	/	(x)	x	—	(x)	x	
spez. Speicherkoeffizient	S_{pe}	l/min	(x)	x	—	(x)	x	Mächtigkeit
Brunnenspeicherung	C	m^3/Pa	x	x	(x)	—	x	Brunnenradius
Dauerergiebigkeit		m^3/h	—	—	—	—	x	
Kluftanordnung		—	—	x	—	—	x	Bohrlochgeophysik
Temperatur, Leitfähigkeit	T, S	°C,S	x	x	(x)	x	(x)	Bohrlochgeophysik

x = geeignet, (x) = bedingt geeignet — = nicht geeignet

- Im *Brunnentest* (Bild 8-2) wird mindestens in 3 Stufen gleicher Dauer abgepumpt. Bei kleinem Brunnendurchmesser werden dafür nur 4 Stunden benötigt. Bei großen Kalibern und Grundwasserleitern mit geringer Durchlässigkeit muß dagegen länger als 24 h gepumpt werden. Besonders wichtig ist die genaue Registrierung des Grundwasserstandes während des Wiederanstieges, denn in dieser Phase können Unregelmäßigkeiten der Pumpleistung das Ergebnis nicht beeinflussen. Alle gewonnen Daten müssen sorgfältig registriert werden. Meist geschieht dies durch direkte digitale Datenerfassung. Ist keine entsprechende Hardware vorhanden, sind die in den Bildern 8-3 bis 8-5 vorgestellten Formblätter für Pumpversuche zu benutzen.
- Der *Test eines Grundwasserleiters* (Bild 8-2) dauert wesentlich länger als der Brunnentest (bis zu 500 h). Dafür liefert er jedoch mehr Daten. Diese beziehen sich z.B. auf den räumlichen Aufbau, zu erwartende Veränderungen im zukünftigem Brunnenbetrieb und hydraulische Eigenschaften umgebender Gesteinsschichten. Er liefert somit wesentliche Grundlagen für die Errichtung einer Anlage zur Gewinnung von Trinkwasser. Während des Tests sollten Niederschlagsmengen, Luftdruck, Lufttemperatur, der Wasserstand und Abflußmengen naher Seen und Flüsse sowie die Wasserstände in Brunnen und Bohrungen der weiteren Umgebung kontrolliert werden.
- *Betriebstests* dienen der Überprüfung der Brunnentechnik und der Erkennung von Förderstörungen. Es wird z.B. die optimale Tiefe für den Einbau der Pumpe, der Grad der Sandführung, der Trübung oder der Verockerung bestimmt. Dabei wird u.a. durch kurzzeitiges Pumpen das Verhalten des Brunnens beim Anfahren unter Betriebsbedingungen getestet. Außerdem wird festgestellt, wann die normale Förderrate erreicht wird.
- Der *Kontrolltest,* auch als Zwischenpumpversuch bezeichnet, wird während der Bohrarbeiten zur Erkennung der Zuflüsse aus unterschiedlichen Schichten oder Strukturen ausgeführt.
- Der *Brunnenbautest* soll den Brunnen während oder am Ende der Bauarbeiten klarspülen, die Sandführung vermindern sowie Reste der Spülung und Trübstoffe entfernen.
- Der *Langzeittest* (länger als 500 Std.) soll, insbesondere bei komplizierten hydrogeologischen Strukturen, die Modellierungen ergänzen, Qualitätsänderungen des Grundwassers aufzeigen und Zuflüsse aus Oberflächengewässern nachweisen. Darüber hinaus dient er der Klärung ökologischer Fragen, langfristiger Änderung der Grundwasserqualität und Erkundung komplizierter hydrogeologischer Strukturen.

Das Ergebnis von Pumpversuchen ist die Brunnenleistung oder die Ergiebigkeit des getesteten Brunnens. Um diesen Wert zu erhalten, wird die gemessene Förderleistung durch die Absenkung geteilt:

$$\text{Ergiebigkeit} = \frac{\text{Förderleistung (m}^3\text{/h)}}{\text{Absenkung}}$$

Pumpversuchsbericht - Entnahmebrunnen

Baustelle .... Bohrung / Brunnen Nr. ....

Auftaggeber .... Auftrags Nr. ....

Bohrmeister .... Versuchsleiter .... Pumpversuchs Nr.: ....

TK 25 Blatt ....Rechts .... Hoch .... Gelände = ... m über NN

Meßpunkt ist OK / UK .... =. .... m über / unter Gelände

Ableitungsrohre .... m Einleitung in ....

Überfallbreite des Meßkastens .... mm Rechteck / Dreieck

Wasserzählerstand, Anfang .... Ende ....

andere Durchflußmeßverfahren:

Pumpversuch: von .... bis ....

1. Pumpzeit vom .... Uhr bis .... Uhr = ... Std.
   Wiederanstieg vom .... Uhr bis .... Uhr = ... Std.
2. Pumpzeit vom .... Uhr bis .... Uhr = ... Std.
   Wiederanstieg vom .... Uhr bis .... Uhr = ... Std.
3. Pumpzeit vom .... Uhr bis .... Uhr = ... Std.
   Wiederanstieg vom .... Uhr bis .... Uhr = ... Std.

Gesamtstunden Pumpzeit .... Std.

Wiederanstieg ...... Std.

Bohrverfahren .... Bohrspülzusätze ....

Wasserproben .... (Eintrag auf Blatt Meßwerte)

Bohrlochtiefe .... m ab Gelände Ausbautiefe .... m ab Gelände

Einbautiefe Pumpe .... m ab Gelände Ruhewasserspiegel .... m ab Gelände

Erklärung der Trübung des Wassers (DIN 38 404)

0 = klar 1 = schwach getrübt 2 = stark getrübt 3 = undurchsichtig

Erklärung der Färbung des Wassers (DIN 38 404)

0 = farblos 1 = schwach 2 = stark (z. B. bräunlich)

Ausbauskizze siehe Rückseite (Bohr- und Rohrdurchmesser, Filter- und Vollrohre, Abdichtungen usw.)

Bild 8-3. Berichtsblatt 1 für Pumpversuche (DVGW, 1997)

Pumpversuchsbericht - Meßstellen

Baustelle .... Meßstellen Nr. ....

Auftaggeber .... Auftrags Nr. ....

Bohrmeister .... Versuchsleiter .... Pumpversuchs Nr.: ....

TK 25 Blatt ....Rechts .... Hoch .... Gelände = ... m über NN

Meßpunkt ist OK / UK .... =. .... m über / unter Gelände

Pumpversuch: von .... bis ....

1. Pumpzeit vom .... Uhr bis .... Uhr = ... Std.
   Wiederanstieg vom .... Uhr bis .... Uhr = ... Std.
2. Pumpzeit vom .... Uhr bis .... Uhr = ... Std.
   Wiederanstieg vom .... Uhr bis .... Uhr = ... Std.
3. Pumpzeit vom .... Uhr bis .... Uhr = ... Std.
   Wiederanstieg vom .... Uhr bis .... Uhr = ... Std.

Gesamtstunden Pumpzeit .... Std.

Wiederanstieg ...... Std.

Bohrverfahren .... Bohrspülzusätze ....

Wasserproben .... (Eintrag auf Blatt Meßwerte)

Bohrlochtiefe .... m ab Gelände Ausbautiefe .... m ab Gelände

Einbautiefe Pumpe .... m ab Gelände Ruhewasserspiegel .... m ab Gelände

Skizze des Meßpunktes zu Gelände, Lageplan der Meßstellen, Ausbauskizze usw.

Bild 8-4. Berichtsblatt 2 für Pumpversuche (DVGW, 1997)

Pumpversuchsbericht **Meßwerte Entnahmebrunnen**

Baustelle .... Bohrung / Brunnen Nr. .... Auftrags Nr. ....

Versuchs Nr. .... Blatt ....

Zeitangaben			Wasserstandsangaben		Wassermengenangaben		Beschaffenheitsangaben						
Datum	Uhrzeit	Dauer seit Pumpbeginn	Wasserstand unter Meßpunkt m	Absenkung m	spezifischer Meßwert	Entnahme l/s m³/h	Leitfähigkeit µS/cm	pH-Wert	Temperatur °C	Sandführung cm³/l	Trübung	Farbe	Bemerkungen

Pumpversuchsbericht **Meßwerte Meßstellen**

Baustelle .... Meßstellen Nr. .... Auftrags Nr. ....

Versuchs Nr. .... Blatt ....

Zeitangaben			Wasserstandsangaben		Wassermengenangaben		Beschaffenheitsangaben						
Datum	Uhrzeit	Dauer seit Pumpbeginn	Wasserstand unter Meßpunkt m	Absenkung m	Meßgröße (z.B. Überfallhöhe usw.)	Entnahme l/s m³/h	Leitfähigkeit µS/cm	pH-Wert	Temperatur °C	Sandführung cm³/l	Trübung	Farbe	Bemerkungen

Bild 8-5. Berichtsblatt 3 für Pumpversuche (DVGW, 1997)

8.2 Auswertung

Vor jeder Auswertung muß ein virtuelles Modell des Grundwasserleiters in folgenden Schritten aufgestellt werden.

1. Zunächst müssen alle bekannten Ergebnisse vorhergehender Untersuchungen, z.B. geologische und hydrogeologische Daten aus geologischen Karten, Bohrungen, Brunnen etc. gesammelt werden. Danach ist ein virtuelles Modell mit folgenden Auswertetechniken zu berechnen:
2. Das virtuelle Modell wird mit den Geohydraulik-Daten des Pumpversuchs, insbesondere mit den Absenkungs- und Wiederanstiegskurven, verglichen. Falls eine gute Übereinstimmung erzielt wird, können die virtuellen Modell-

daten als die realen Eigenschaften des Grundwasserleiters angesehen und dieser Modellversuch abgeschlossen werden.

3. Weichen die Daten des virtuellen und des gemessenen Modells jedoch ab, muß durch gezielte Änderung virtueller Daten oder Datengruppen versucht werden, beide Modelle anzupassen.
4. Wird diese Anpassung nicht erreicht, so müssen die Daten des Pumpversuchs nochmals mit einem neuen virtuellen Modell ausgewertet werden. Schlägt auch dies fehl, so kann der Pumpversuch nicht interpretiert werden.

Folgende Verfahren stehen für die Modellierung zur Verfügung:

- Ausgleichsgerade,
- typische Kurven,
- digitale Programme.

Geohydraulische Programme können nur von geschulten Fachleuten erstellt und angewendet werden. Deshalb wird hier auf ihre komplizierte mathematische Beschreibung verzichtet. Hierfür steht spezielle Software verschiedener Anbieter zur Verfügung.

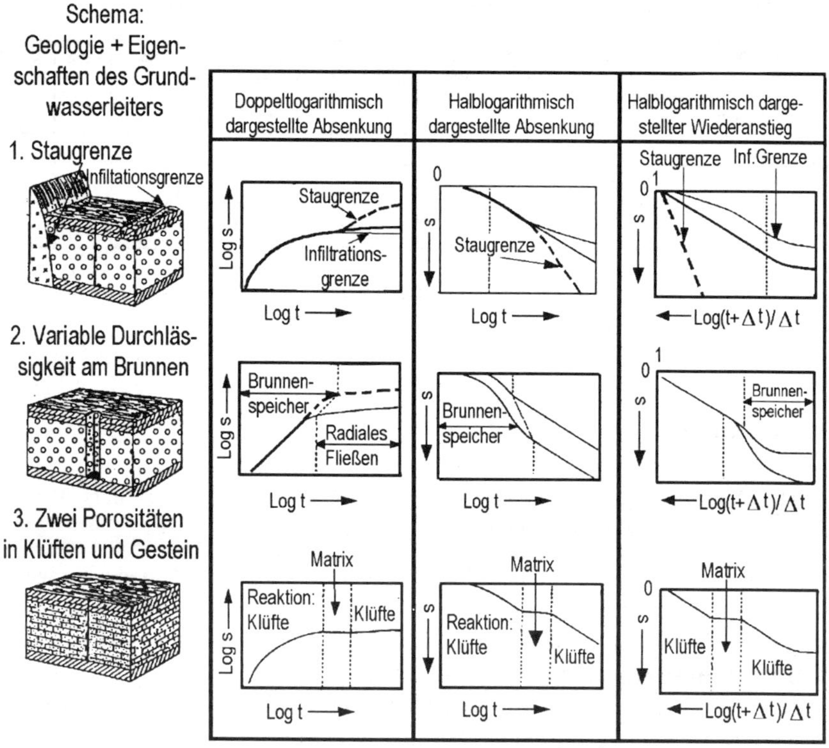

Bild 8-6. Typkurven verschiedener Grundwasserleiter (DVGW 1997)

Wie unterschiedlich sich die Eigenschaften der Grundwasserleiter in verschiedenen Formaten der Absenk- und Wiederanstiegskurven abzeichnen, dokumentiert Bild 8-6: Drei unterschiedlichen Grundwasserleitern werden die Ergebnisse der Pumpversuche gegenübergestellt. Der Absenkungsbetrag *s* wird gegen die Dauer *t* des Versuchs bzw. des Abpumpens aufgetragen. Dies geschieht z.T. im doppeltlogarithmischen Maßstab, wobei beide Achsen der Diagramme logarithmisch unterteilt sind, oder im halblogarithmischem Maßstab, in dem die Meßdaten (*s*) auf der vertikalen Achse linear, auf der horizontalen (*t*) jedoch logarithmisch eingetragen werden. In diesen Pumpversuchen zeichnen sich ab:

Versuch 1: Der Grundwasserleiter im Lockergestein wird durch undurchlässiges Gestein, dessen Grenze steil einfällt, begrenzt. In allen drei Diagrammen werden die Staugrenze (gestrichelt) und eine Infiltration (dünner Strich) deutlich wiedergegeben. Die Linie in der Mitte wurde berechnet und bezieht sich auf einen Grundwasserleiter ohne Staugrenze und Infiltration.

Versuch 2: Die Speicherung des Grundwassers im Brunnen bewirkt eine Änderung der Durchlässigkeit in der Umgebung des Brunnens, die sich in den Kurven deutlich vom normalen oder radialen Fluß des Grundwasser abhebt.

Versuch 3: Grundwasser bewegt sich sowohl auf den Klüften als auch zwischen den Körnern der Matrix, d.h. in allen Hohlräumen eines Sandsteins. Diese komplizierte Struktur des Festgestein-Grundwasserleiters wird als Verflachung der Kurve wiedergegeben.

Hier wird dokumentiert, daß Pumpversuche in der Lage sind, komplizierte hydrogeologische Strukturen zu erfassen. Die Eigenschaften eines Grundwasserleiters, welche für eine Wassergewinnung ausschlaggebend sind, lassen sich demzufolge bereits *vor* einer Erschließung ermitteln. Daraus ergibt sich die Notwendigkeit, Pumpversuche *vor* jeglichen Investitionen zur Wassergewinnung durchführen und interpretieren zu lassen. Erfahrene Fachfirmen und Fachleute der Geohydraulik stehen für diese Aufgabe zur Verfügung.

Die Kurven des Bildes 8-7 stellen unterschiedliche Absenkungen des Wasserstands im Brunnen bei gespanntem und ungespanntem Grundwasserleiter während der Förderung dar. Bei einer Förderung von 40 Kubikmetern pro Stunde fällt der Wasserstand im Brunnen bei gespanntem um 1,5 m und bei freiem oder ungespanntem Grundwasser um 2,4 m. Dieser Pumpversuch kontrolliert nicht nur die Brunnenleistung, sondern läßt rechtzeitig erkennen, ob und wann der Brunnen gereinigt oder regeneriert werden muß.

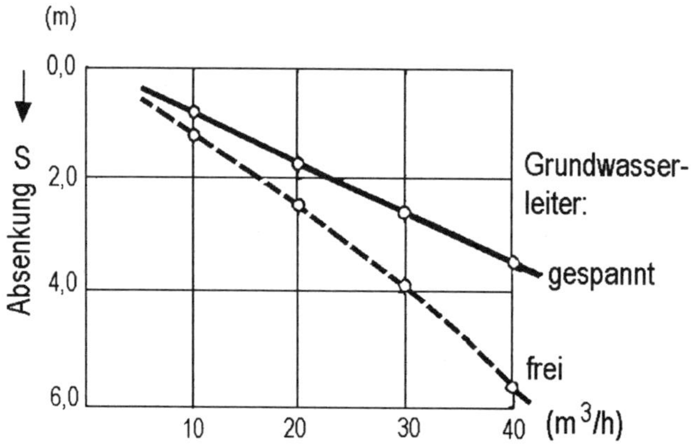

Bild 8-7. Pumpversuche bei gespanntem und ungespanntem Grundwasser (DVGW, 1997)

Durch Verockerung, d.h. Ausfällung zweiwertiger Eisenverbindungen, durch Versandung (Einspülung von Sand durch das Filter hindurch) und durch Algen- bzw. Bakterienwachstum im Filter kann die Ergiebigkeit eines Brunnens sinken. Wie sich diese Alterung auswirkt, zeigen die beiden Kurven des Bildes 8-8. Bei einer konstanten Förderung von 30 m^3/min sinkt der Wasserstand im Normalbetrieb nur um 2,5 m. Wenn der Brunnen altert, wird der Zufluß des Grundwassers geringer und sein Wasserstand fällt immer weiter bis auf -5,2 m ab, wo der „kritische Punkt" erreicht wird. An diesem Punkt versiegt der Brunnen.

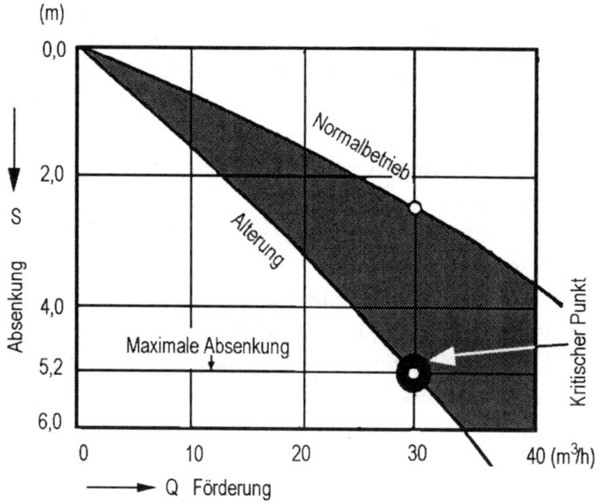

Bild 8-8. Verminderte Förderung durch Alterung eines Brunnens

8.3 Meßstellen

Um Pumpversuche ausführen zu können oder Wasserproben zu gewinnen, muß das Grundwasser zugänglich gemacht werden. Dies geschieht durch das Niederbringen von Bohrungen, die zu Meßstellen ausgebaut werden. Für Pumpversuche werden gut ausgebaute Meßstellen (Bild 8-9) benötigt, wenn nur Proben genommen und der Grundwasserstand gemessen werden sollen genügen einfache Meßstellen, die auch als Kleinmeßstelle, Peilrohr oder Pegel bezeichnet werden (Bild 8-10).

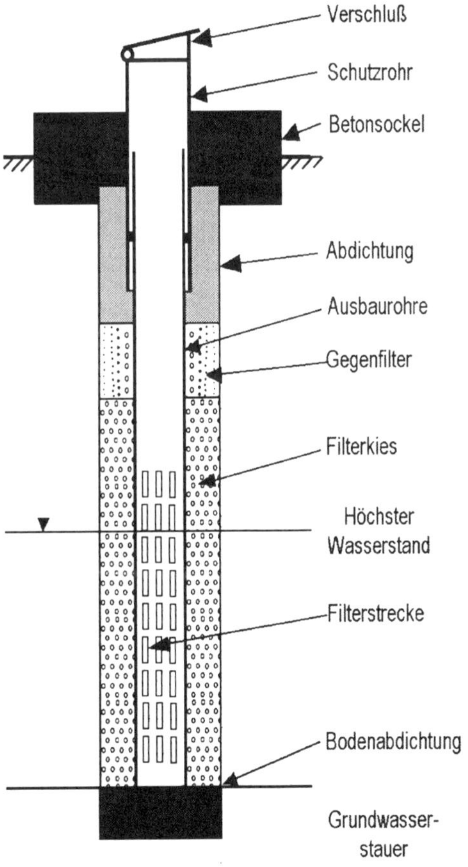

Bild 8-9. Meßstelle für Pumpversuche (LfU, 1995)

Pro Meßstelle darf jeweils nur ein Grundwasserleiter erfaßt werden. Sind mehrere erbohrt worden, so müssen die anderen abgedichtet werden, indem diese Bohrstrecke voll verrohrt bzw. nicht gefiltert wird. Der Innendurchmesser muß mindestens 125 mm oder 5 Zoll betragen (DVGW-Merkblatt W 121). Der gesamte Durchmesser, einschließlich des Ausbaues, d.h. der Abdichtung und des Filterkieses, darf 125 mm + 160 mm = 285 mm nicht überschreiten. Bei geringerem Kaliber können keine handelsüblichen Pumpen verwendet werden. Entsprechende Normen sind in den DIN 4046 und 4049 (3) und dem Methodenhandbuch der LfU, 1995, enthalten. Die Ausbaurohre bestehen meist aus Hart-PVC. Weitere Ausbaudaten werden in den DVWK Mitteilungen (1990c) beschrieben. Einschließlich der Bohrkosten betrugen die Aufwendungen 1997 ca. 1000,- DM pro Meter.

Die Anlage von Pegel-, Peil- oder Kleinmeßstellen (Bild 8-10), die ggf. auch als Ramm- oder Spülbohrungen mit tragbarem Gerät (Abschn. 6.2.1) niedergebracht werden können, kostet wesentlich weniger. Derzeit müssen für einen Meter des Ausbaus ca. 200,- DM einschließlich der Bohrkosten aufgewendet werden.

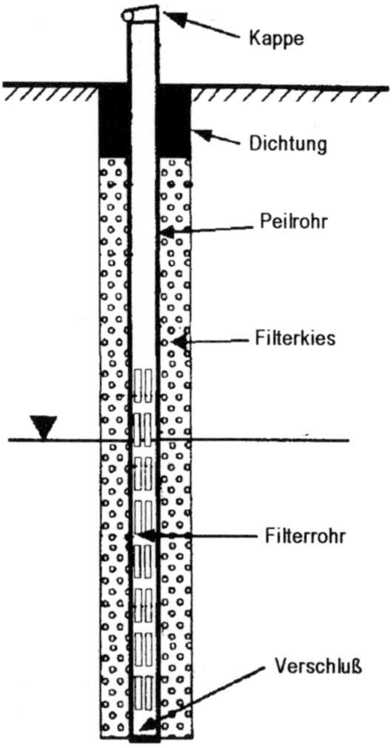

Bild 8-10. Einfache Meßstelle, Peilrohr oder Pegel (LfU, 1995)

Die Kaliber der Verrohrung und der Filterstrecke von Pegeln sollten 60 mm nicht unterschreiten. Der Durchmesser des Ausbauraumes, der mit Filterkies feiner Körnung zu füllen ist, sollte mindestens 2×32 mm betragen. Dennoch passen die großen Unterwasserpumpen, die für Pumpversuche verwendet werden, nicht in diese Meßstellen hinein. Es können lediglich Proben genommen und der Grundwasserstand registriert werden. Einige Sonden zur Langzeitbeobachtung der Grundwasserqualität (Kap. 10) sind dünner als 60 mm und können auch in Peilrohren verwendet werden.

Tragbare oder leicht zu transportierende Bohrgeräte können auch in bergigem oder sumpfigem Gelände zur Anlage von Kleinmeßstellen eingesetzt werden. Sie verursachen außerdem nur geringe Flurschäden auf landwirtschaftlich genutzten Flächen.

8.4 Drucktestverfahren

Außer Pumpversuchen können in Bohrlöchern noch andere Testverfahren zur Ermittlung der Eigenschaften des Grundwasserleiters vorgenommen werden. Am wichtigsten sind die Testverfahren, welche mit Druckänderungen arbeiten. Dazu muß der Tiefenabschnitt des Bohrloches, in dem Zuflüsse aus dem Grundwasserleiter erfolgen, gegen die restliche Bohrstrecke total abgedichtet werden. Dies geschieht mittels großer, ringförmiger Gummischläuche, den *Packern*, die fest an einer Sonde befestigt sind und von oben mit hohem Druck aufgepumpt werden. Dabei pressen sie sich so fest an die unverrohrte Bohrlochwand, daß der Bereich zwischen dem oberen und dem unteren Packer absolut dicht ist (Bild 8-11).

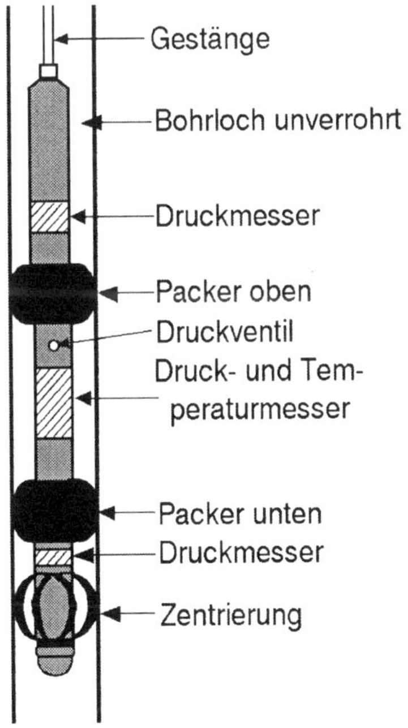

Bild 8-11. Schema der Drucktestverfahren (LfU, 1995)

Dies geht jedoch nicht, wenn die Bohrlochwand uneben ist. Deshalb sollte vor jedem Einsatz von Packern ein Kaliberlog (Abschn. 7.3.4) gefahren werden, um glatte Abschnitte auswählen zu können. Auch in Filterstrecken verrohrter Bohrungen können Packer eingesetzt werden, sofern sich die Filterstrecke abdichten läßt.

Mit dem *Füll- oder Slugtest* wird die Transmissivität T (Tabelle 2) eines Grundwasserleiters bestimmt, indem schlagartig der Wasserdruck erhöht oder erniedrigt wird. Das geschieht durch das durch plötzliche Öffnen oder Schließen eines Druckventils in der Teststrecke zwischen den Packern (Bild 8-11). In einem Testrohr wird dabei die zeitliche Veränderung des Wasserspiegels registriert. Nach der schnellen Absenkung bzw. dem plötzlichem Anstieg durch den *Slug* oder Schlag wird die Zeit gemessen, welche das System zur langsamen Wiederherstellung des Ruhezustandes benötigt (Bild 8-12). Diese Zeitspanne steht in direkter Beziehung zur Transmissivität bzw. der Leit- und Speicherfähigkeit des Grundwasserleiters an der Meßstelle.

Die Kosten eines Slugtestes betrugen 1997 ca. 4000,- DM pro Testabschnitt. Um ein vertikales Profil der Transmissivitäten aufzustellen, sind mehrere Tests bei entsprechendem Anstieg der Kosten erforderlich.

Der Test ist für mittlere und geringe Transmissivitäten von $T = 10^{-3}$ m²/s bis $T = 10^{-7}$ m²/s geeignet.

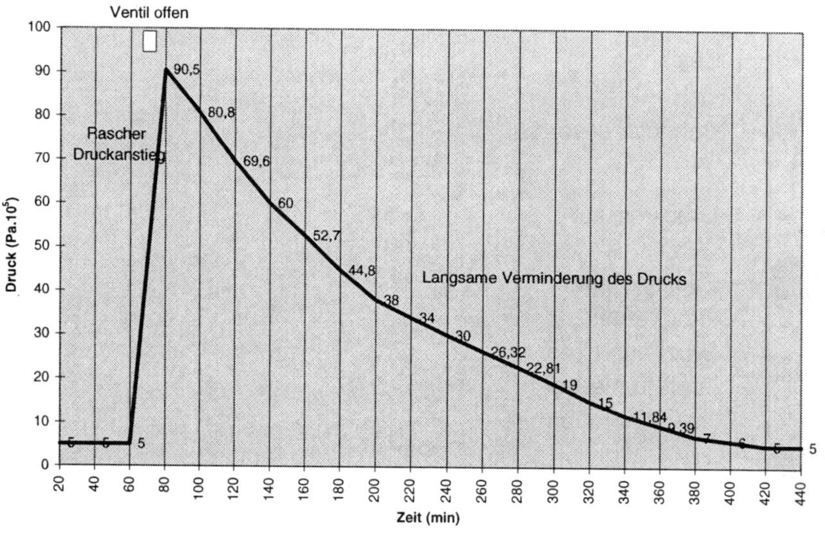

Bild 8-12. Druckentwicklung während eines Slugtestes (LfU, 1995)

Bild 8-12 gibt die Entwicklung des Drucks bei einem Slugtest wieder. Während der Druckanstieg rasch erfolgt, dauert es wesentlich länger bis der ursprüngliche Druck, d.h. der Ruhezustand sich wieder einstellt. In diesem Fall war die Teststrecke 8 m lang. Der Druck wird in Pa (Pascal) angegeben; die bisherige Maßeinheit des Drucks war das Bar (1 Ba = 1 Pa10⁵ oder 1 Hektopascal).

Eine Variante des Slugtests ist der Pulstest (auch *P*ulse-*I*njection *T*est *PiT*). Hier wird durch das Gestänge Wasser unter Druck in die Sonde gepumpt, das nach dem Öffnen des Druckventils in kurzen Impulsen in den abgeschotteten Bereich schießt. Er wird hauptsächlich bei gering durchlässigen Gesteinen angewendet. Seine Kosten entsprechen ungefähr dem Slugtest.

Bei dem *Drill-Stem-Tests (DST)* handelt es sich gleichfalls um einen Test zwischen Packern, der jedoch nur im Zusammenhang mit Pumpversuchen vorgenommen werden kann. In den durch Packer verschlossenen Meßbereich wird über das Gestänge Wasser oder Spülung hineingedrückt oder abgepumpt, wobei der Druck entweder ansteigt oder abfällt. Dies geschieht mehrmals, wobei die Wasserstände im Steigrohr genau aufgezeichnet werden. Diese Daten werden sowohl linear (Bild 8-13) oder halblogarithmisch dargestellt, und digital ausgewertet. Die DST-Testkurven setzen sich aus einem Schlag- und einem Pulstest zusammen. Aus ihnen können mit entsprechender Software die Durchlässigkeiten des Gesteins in der Umgebung der Meßstelle berechnet werden (Heckel, 1994). Die Kosten für einen Drill-Stem-Test betrugen 1997 ca. 4500,- DM. Besondere Vorteile des DST-Verfahrens sind:

- kann mit Pumpversuchen kombiniert werden,
- vertikale Unterschiede der Durchlässigkeit werden erfaßt,
- lässt sich auch bei geringen Durchlässigkeiten anwenden,
- ist auch im Festgestein verwendbar.

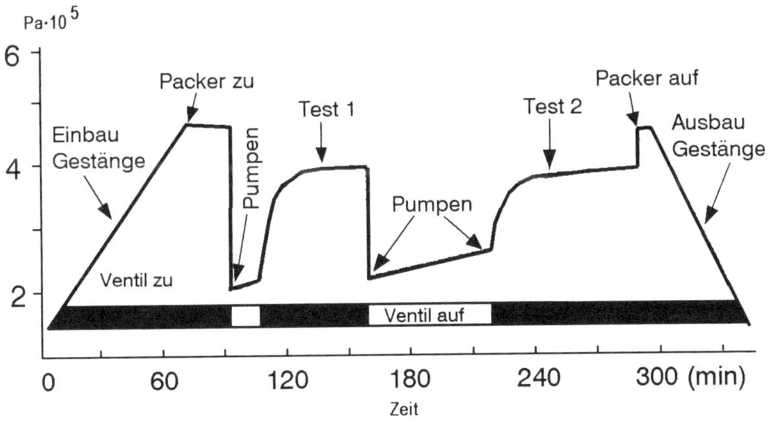

Bild 8-13. Druckdiagramm eines Drill-Stem-Tests (LfU, 1995)

Im *Einschwingverfahren* (Bild 8-14) wird die Transmissivität ohne Ein- oder Abpumpen von Wasser nur durch das Einpressen von Druckluft bestimmt. Der Grundwasserleiter wird durch Druckluftimpulse kurzzeitig be- und entlastet und dadurch in Schwingung versetzt. Dabei muß die Bohrung luftdicht abgeschlossen sein. Außerdem ist Druckluft aus Gasflaschen und ein automatisch steuerbares Ventil erforderlich. In das Bohrloch wird eine hochempfindliche Drucksonde abgesenkt, welche die schnellen Schwingungen der Grundwasseroberfläche genau und fortlaufend registriert.

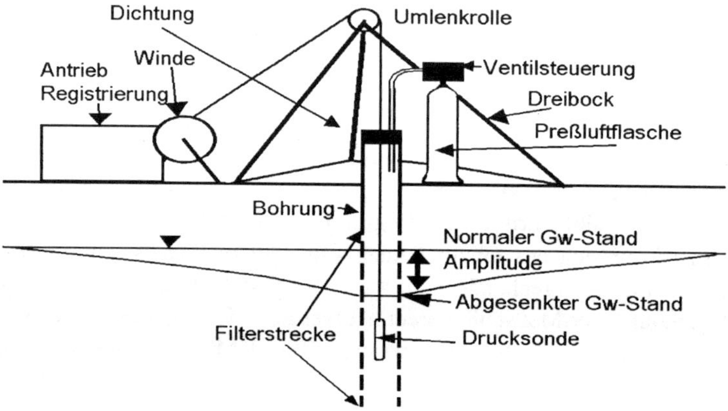

Bild 8-14. Schema des Einschwingverfahrens

Aus Amplitude, Frequenz und Dämpfung der Schwingung läßt sich mit Hilfe entsprechender Software die Transmissivität T des Grundwasserleiters errechnen. Bei einer grafischen Vorauswertung trägt man die Beträge des Wiederanstieges gegen die Zeit auf. Die Amplituden, d.h. die Wasserspiegelschwankungen, liegen i.a. zwischen 10 cm und 40 cm. Im Gegensatz zu den bisher beschriebenen Drucktestverfahren ist die Versuchsdauer kurz. Sie kann weniger als eine Stunde betragen. Diesen Vorteilen stehen folgende Nachteile gegenüber:

- Es wird nur ein geringes Volumen des Grundwasserleiters getestet.
- Ausbauelemente, z.B. der Filterkies, verändern die Schwingungen.
- Bei inhomogenem Aufbau des Grundwasserleiters (z.B. bei variablen Korngrößen) können Fehler bei der Berechnung der Transmissivität auftreten.

Der *Wasser-Durchlässigkeits Test* oder *(WD-Test)*ist ein häufig angewendetes Verfahren (LfU, 1991, Strayle u. a., 1994). Durch Einpressen von Wasser in eine abgepackte Bohrstrecke wird die Wasseraufnahme des Grundwasserleiters festgestellt. Der Druck wird stufenweise erhöht und für jede Stufe die in das Gestein eingepreßte Wassermenge sowie die verstrichene Zeit gemessen. Hiernach werden die Diagramme des Bildes 8-15 erstellt, welche zeigen, ob und wie sich die Durchlässigkeiten verändert haben. *WD*-Tests laufen rasch, d.h. in weniger als einer Stunde ab, sind kostengünstig und unkompliziert. Für die Bestimmung von Durchlässigkeiten sollte der Versuch jedoch mehrfach wiederholt werden.

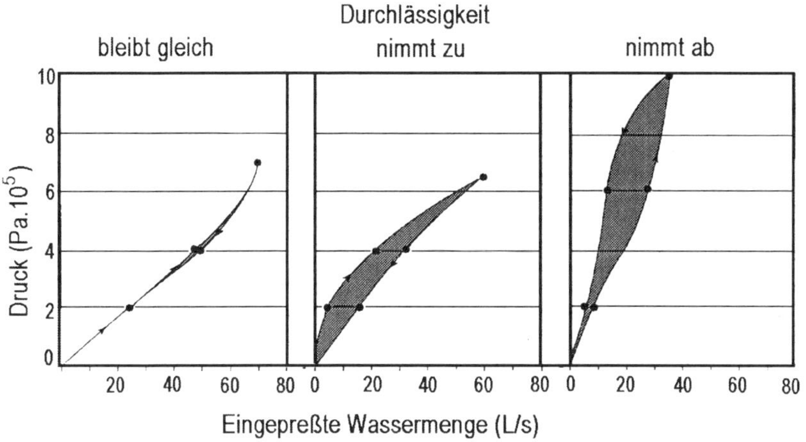

Bild 8-15. Diagramme verschiedener WD-Tests (Strayle u.a., 1994)

Es gibt noch weitere Verfahren, um spezielle Eigenschaften von Grundwasserleitern im Bohrloch zu ermitteln (Einzelheiten können der Literatur entnommen werden):

- *Fluid-Logging.* Zuflüsse hoher Leitfähigkeit, insbesondere aus Kluftzonen im Festgestein, werden durch ein Salinometerlog (Abschn. 7.3.3) lokalisiert und ihre Menge durch Abpumpen bestimmt (Hekel, 1994).
- *Auffüllversuch.* Ein voll verrohrtes Bohrloch (ohne Filterstrecke), das in einem Grundwasserleiter endet, wird mit Wasser aufgefüllt. Aus der Absink-Zeit bis zum normalem Wasserstand wird die Durchlässigkeit errechnet (DVWK, 1994). Er entspricht dem Slugtest.
- *Pereameterversuch.* Durchflüsse müssen eine Reibung überwinden, die von den Eigenschaften des Grundwasserleiters abhängt. An Gesteinsproben wird im Laborversuch die Durchlässigkeit ermittelt (LfU 1991, DIN 4021, 4049, 18130).

Wenn Proben aus Lockersedimenten vorliegen, können Durchlässigkeiten auch aus den *Korngrößen* errechnet werden. Im Labor wird durch Sieben und Schlämmen die Kornverteilung bestimmt und halblogarithmisch (Bild 8-16) aufgetragen. Die Proben müssen representativ sein, um die durchschnittliche Kornverteilung des Lockergesteins wiederzugeben. Bei kleiner Körnung (Sand) genügt eine kleine Probenmenge von ca. 0,5 kg. Bei grober Körnung (Kies) sind größere Mengen bis 20 kg erforderlich. Aus der Kornverteilung (Bild 8-16) wird die „Ungleichförmigkeit" (engl.: inclusive standard deviation [σ]) kalkuliert. Hieraus läßt sich bei Anwendung entsprechender Formeln die Durchlässigkeit errechnen. In Bild 8-17 wird dies für Sande mit verschiedenen Kornanteilen grafisch dargestellt.

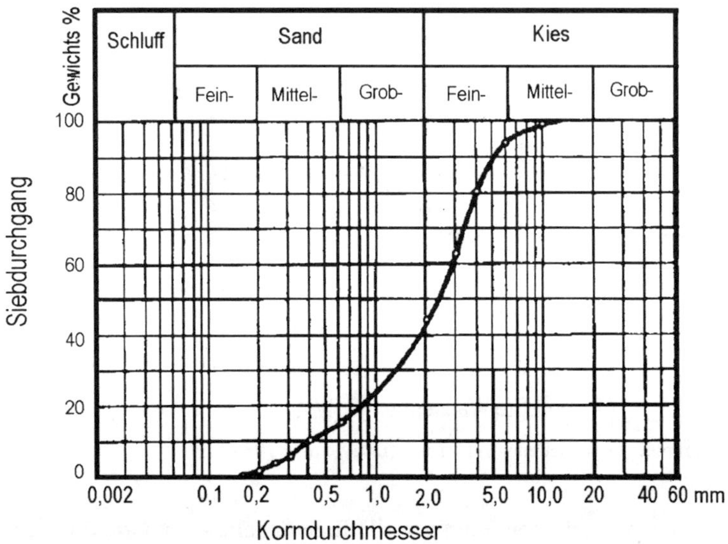

Bild 8-16. Siebkurve eines Korngemisches (LfU, 1995)

Diese Ermittlung der Durchlässigkeit an Hand der Kornverteilung einer Probe ist eine preiswerte und schnelle Methode. Sie sollte indessen möglichst nicht allein angewendet werden, da ihre Durchlässigkeiten häufig niedriger sind als bei Pumpversuchen.

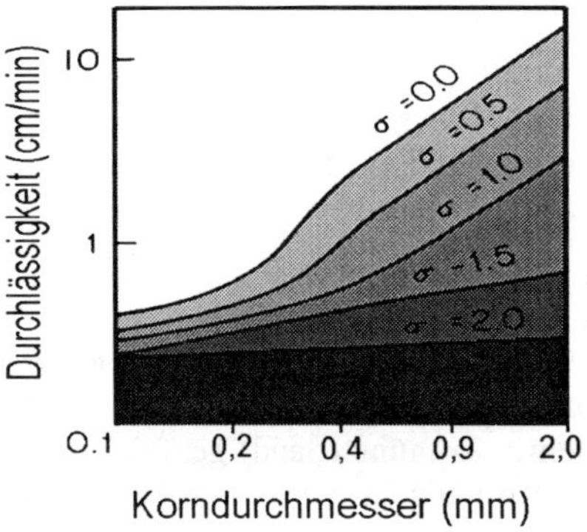

Bild 8-17. Ungleichförmigkeit (σ) verschiedener Korngrößen (Masch u. Denny, 1966)

8.5 Besonderheiten

Die Auswertung von Pumpversuchen basiert auf einem Grundwasserleiter, der sich weiter in die Umgebung des Testbrunnens erstreckt als der Absenkungstrichter. Dies trifft jedoch nicht immer zu. In den Bildern 8-6 und 8-18 werden Beispiele für die Auswirkungen von Stau-, Infiltrations- oder Anreicherungsgrenzen dargestellt.

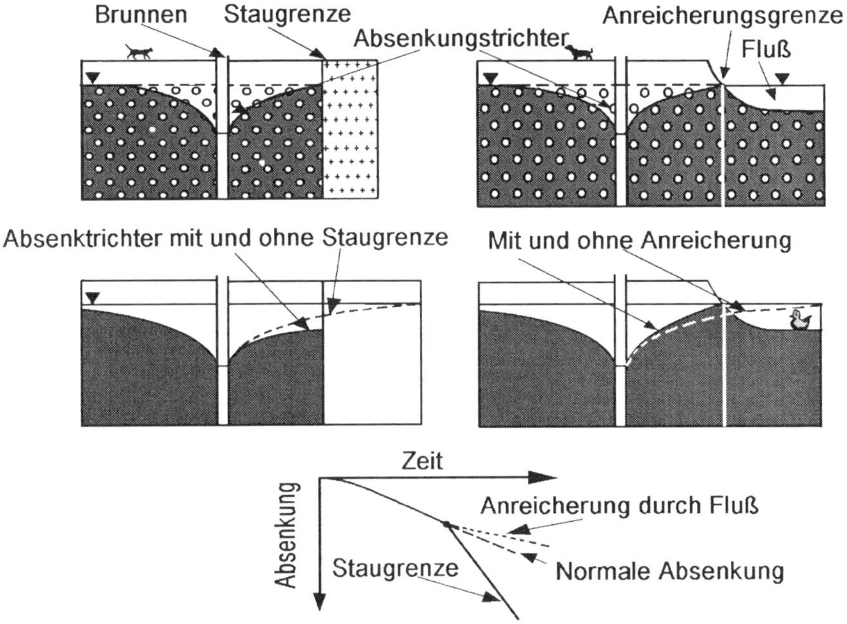

Bild 8-18. Veränderte Absenkung durch Staugrenze und Fluß (DVGW, 1995)

Staugrenzen sind z.B. steilstehende Grenzflächen zu undurchlässigen Gesteinen, die noch innerhalb des Absenkungstrichters liegen. Diese Gesteine können eine dichte Kristallstruktur haben, wie Gneise oder Granite des Grundgebirges. Auch tonige Sedimente wie Tonsteine oder Tonschiefer kommen in Frage. Häufig sind Grenzflächen durch vertikale Bewegungen von Gesteinsschollen gegeneinander, entlang *tektonischer Verwerfungen*, entstanden.

Infiltrations- oder Anreicherungsgrenzen bezeichnen langgestreckte Strukturen, in denen Oberflächenwasser in den Grundwasserleiter eindringt. Nicht selten geschieht dies bei Flüssen, deren Bett undicht ist (Bild 8-18). Aber auch durch tiefe Gräben oder tektonische Verwerfungen kann Oberflächenwasser direkt in den Grundwasserleiter einsickern.

Außerdem wirkt der Testbrunnen selbst auf die Absenkung ein, da bei den Bohrarbeiten die Spülung in angrenzendes Festgestein eindringt und dessen Durchlässigkeit um einen *Skinfaktor* vermindert (Bild 8-19). Dieser verkleinert den Absenkungsbetrag, der dann nicht mehr der Durchlässigkeit des Gesteins entspricht.

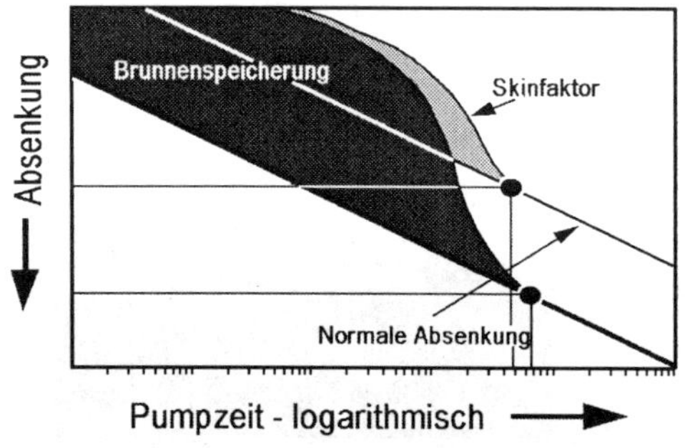

Bild 8-19. Brunnenspeicherung und Skinfaktor bei Absenkung (LfU, 1995)

Der Skinfaktor, der hier positiv ist, läßt sich rechnerisch ermitteln. Falls er im Entnahmebereich des Grundwasserleiters gleich bleibt, können die Absenkungsdaten bzw. die Durchlässigkeiten entsprechend korrigiert werden. Dies gilt auch für einen negativen Skinfaktor. Dieser entsteht durch Rotation und Rütteln beim Bohren oder wenn chemische oder mechanische Eingriffe die Durchlässigkeit rund um das Bohrloch gezielt erhöht haben (z.B. Frac-Verfahren oder Säuerung). Dadurch verkleinert sich die Absenkung und scheinbar auch die Durchlässigkeit.

Ehe die Förderung aus dem Grundwasserleiter beginnen kann, muß das im Brunnen angesammelte Wasser entnommen werden. Diese Wassermenge wird als *Eigen- oder Brunnenspeicherung* bezeichnet. Sie wächst natürlich mit dem Durchmesser des Brunnens. In Bild 8-19 markieren die beiden schwarzen Punkte die Zeiten, an denen die im Brunnen gespeicherte Wassermenge herausgepumpt worden ist und der eigentliche Pumptest beginnt. Ein positiver Skinfaktor (oberer Punkt) hat eine Verkürzung dieser Zeit zur Folge.

Im Festgestein treten häufig *zwei Porositätssysteme* nebeneinander auf. In Bild 8-6 (untere Reihe) wurde bereits darauf hingewiesen, daß Grundwasser sowohl auf Klüften und Spalten, d.h. auf Trennflächen der sekundären tektonischen Strukturen, als auch in den Porenräumen oder der „Matrix" des Gesteins, d.h. in primären, sedimentär oder *magmatisch*[1] angelegten Texturen, fließen kann. In vielen Fällen sind Fließgeschwindigkeiten und Speichervermögen in weiten Klüften und Spalten größer als in den Poren der Gesteine.

Bild 8-20 stellt 3 Modelle für die Anordnung der Klüfte und Spalten bei zwei Porositätssystemen vor:

[1] magmatische Gesteine = aus Gesteinsschmelzen entstanden (z.B. Granit oder Gneis)

- Warren u. Root, 1963: Modell Quader oder Würfel links oben,
- Kazemi, 1969: Modell Platten rechts oben,
- Barenblatt u. a., 1969: Modell Blöcke links unten.

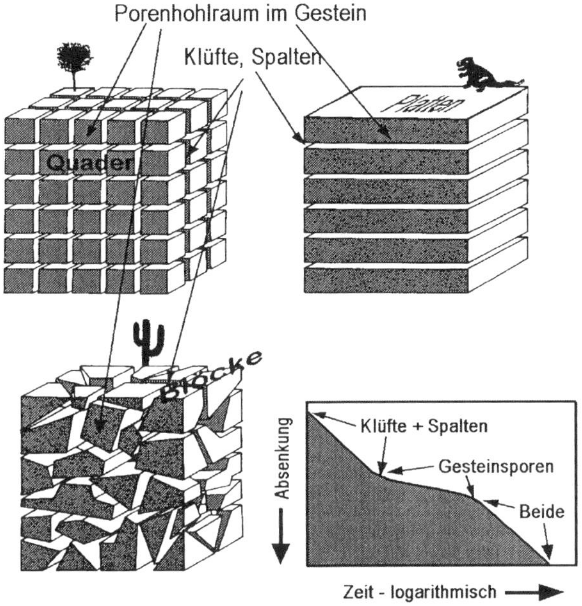

Bild 8-20. Porositätsmodelle mit Absenkungsdiagramm (Strayle u.a., 1994)

Bei richtiger Wahl des Modells lassen sich an Hand des Absenkungsdiagramms die Speichereigenschaften eines Gesteins berechnen.

Ein Pumpversuch im Karst wird in den Bildern 8-21 und 8-22 anschaulich dargestellt. Drei Grundwasserleiter sind vorhanden: Unter einer geringmächtigen Kiesschicht befinden sich geringer durchlässige Sedimente der Molasse. Darunter folgt der unterschiedlich aufgebaute Karstgrundwasserleiter des Weißjura, der nach Süden einfällt. An seiner Basis sind die Kalke (Rechtecksignatur) geschichtet und stark verkarstet. Eine Schicht undurchlässiger Tonschiefer schließt diesen Karstgrundwasserleiter nach unten ab. Der Grundwasserspiegel liegt z.T. über der Kiesoberfläche als virtueller Druckwasserspiegel, der von artesischem Karstgrundwassser, das durch die Molasse in die Kiese aufdringt (schwarze Pfeile), gespeist wird.

Die Meßstelle in Bild 8-21, ein Tiefbrunnen, wurde für einen 165stündigen Pumpversuch genutzt. Zusätzlich wurden 20 Kleinmeßstellen im Kies und 4 im Weißjura angelegt. Ihre Wasserstände sind während des gesamten Pumpversuches aufgezeichnet worden. Im Kies wurden jedoch nur geringfügige Veränderungen des Grundwassers beobachtet.

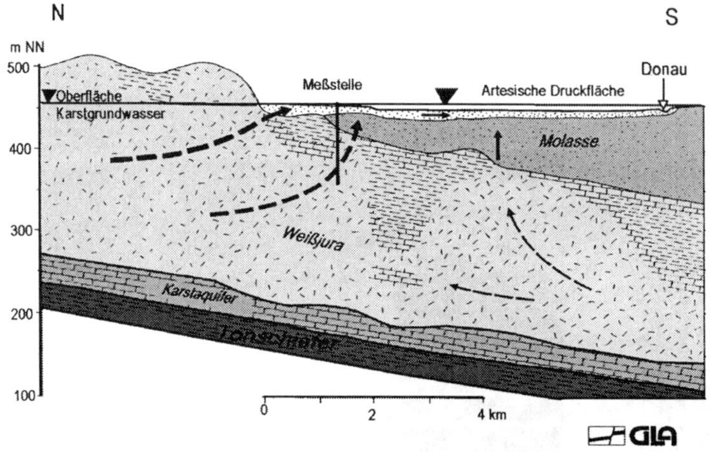

Bild 8-21. Hydrogeologischer Schnitt durch ein Karstgebiet (Strayle u.a., 1994)

Die Meßwerte wurden in Bild 8-22 halblogarithmisch eingetragen; die geohydraulische Auswertung führte zu folgendem Resultat: Die Absenkungs- und Wiederanstiegskurven sind symmetrisch und ihr Beginn wird von der Brunnenspeicherung überlagert. Danach folgen gerade Abschnitte mit geringen Steigungen von 1: 2, aus denen sich vier verschiedene Transmissivitäten errechnen lassen, deren Mittelwert $1{,}3 \cdot 10^{-2}$ beträgt.

Aus dem Verlauf der Wiederanstiegskurve, die nicht vom Skineffekt beeinflußt wird, ergibt sich ein Speicherkoeffizient von $2{,}9 \cdot 10^{-2}$.

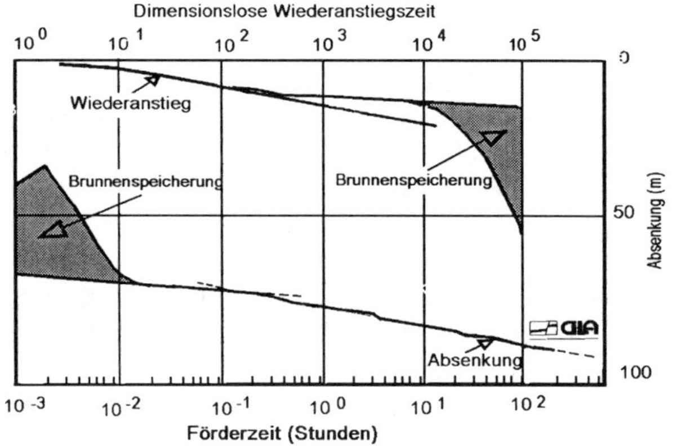

Bild 8-22. Pumpversuch in der Meßstelle des Bildes 8-21 (Strayle u.a., 1994)

9 Trinkwasser

Unser *Trinkwasser* wird überwiegend aus dem Grundwasser gewonnen. Deshalb schädigt jede Kontamination des Grundwassers auch unsere Trinkwasservorräte, wenngleich nicht in jedem Fall eine unmittelbare Gefahr besteht. Über lange Zeiträume können sich jedoch Verschmutzungen über weite Entfernungen ausbreiten und die Trinkwasservorräte ganzer Regionen unbrauchbar machen. Beispiele gibt es in einigen *Industriebrachen*. Teure *Fernwasserversorgungen* mußten installiert werden, um die betroffenen Bürger mit Trinkwasser zu versorgen.

Um Verschmutzungen festzustellen, muß zuerst geklärt werden, was Trinkwasser ist bzw. welche Anforderungen an seine Reinheit gestellt werden. Für Deutschland werden diese in der „*Verordnung über Trinkwasser und über Wasser für Lebensmittelbetriebe (TrinkwV)* vorgeschrieben. Dieses ausführliche Regelwerk ist zugleich ein Beispiel dafür, wie mannigfaltig Verschmutzungen des Trinkwassers sein können und wie umfangreich die entsprechenden Vorschriften sein müssen. Die Trinwasserverordnung wird deshalb im folgenden vollständig wiedergegeben.

Verordnung über Trinkwasser (TrinkwV)

Allgemeiner Teil*

I

Die Verordnung stellt eine Weiterentwicklung des geltenden Rechts dar mit dem Ziel, die Sicherheit, Gleichförmigkeit und Akzeptanz des Trinkwassers auf breiter Basis zu erhalten und – soweit erforderlich und möglich – zu verbessern. Die bisherige Trinkwasser-Aufbereitungs-Verordnung wird aus Gründen der Vereinheitlichung in die vorliegende Verordnung eingearbeitet. außerdem wurde eine Anpassung der Verordnung über natürliches Mineralwasser, Quellwasser und Tafelwasser erforderlich.

Die Anforderungen an Trinkwasser sind bislang in zwei Verordnungen festgelegt: die Verordnung über Trinkwasser und über Wasser für Lebensmittelbetriebe (TrinkwV) vom 22. Mai 1986 (BGBl. I S. 760) und die Verordnung über die Verwendung von Zusatzstoffen bei der Aufbereitung von Trinkwasser (Trinkwasser-Aufbereitungs-Verordnung) vom 19. Dezember 1959 (BGB1. I S. 762), zuletzt geändert durch die Verordnung vom 13. Dezember 1979 (BGB1. I S. 2328).

---

* vgl. Bundesrats-Drucksache 429/90 vom 15. 6. 1990

Zur besseren Übersicht wird die Trinkwasser-Aufbereitungs-Verordnung nunmehr als Abschnitt 1a „Trinkwasseraufbereitung“ in die Trinkwasserverordnung eingefügt. Gleichzeitig werden die Regelungen der Trinkwasseraufbereitung dem gegenwärtigen Stand der wissenschaftlichen Erkenntnis und der Richtlinie des Rates der Europäischen Gemeinschaften vom 15. Juli 1980 (80/778/EWG) über die Qualität von Wasser für den menschlichen Gebrauch (ABl. EG Nr. L 229, 511) – EG-Richtlinie – angepaßt.

Ferner werden in der Verordnung Grenz- bzw. Richtwerte entsprechend der EG-Richtlinie für einige Stoffe festgesetzt, die bis jetzt durch die allgemeine Vorschrift des § 2 Abs. 2 begrenzt sind. Durch die Einführung dieser Werte in die Trinkwasserverordnung werden Zweifel an einer formal vollständigen Umsetzung der EG-Richtlinie in innerstaatliches Recht ausgeräumt.

II

Die Trinkwasserverordnung vom 22. Mai 1986 ist im wesentlichen in ihrer Systematik einschließlich der Gliederung und der Anlagen beibehalten worden, um die Anwendung in der Praxis durch die bestehende Kenntnis der bisherigen Trinkwasserverordnung zu erleichtern. Die vorliegende Verordnung gliedert sich wie bisher in folgende sechs Abschnitte:

- I Beschaffenheit des Trinkwassers
- II Beschaffenheit des Wassers für Lebensmittelbetriebe
- III Pflichten des Unternehmers oder sonstigen Inhabers einer Wasserversorgungsanlage
- IV Überwachung durch das Gesundheitsamt in hygienischer Hinsicht
- V Straftaten und Ordnungswidrigkeiten
- VI Übergangs- und Schlußbestimmungen

Die Anlage 2 (Grenzwerte für chemische Stoffe) und die Anlage 4 (Kenngrößen und Grenzwerte zur Beurteilung der Beschaffenheit des Trinkwassers) werden um weitere Stoffe ergänzt. Die Anlage 3 (Stoffe zur Trinkwasseraufbereitung) zu § 4a Abs. 1–3 nennt die zur Trinkwasseraufbereitung zugelassenen Stoffe und deren Grenzwerte, soweit diese nicht in Anlage 2 oder 4 aufgeführt sind. In Anlage 6 (Desinfektionstabletten zur Trinkwasseraufbereitung in Verteidigungs- und Katastrophenfällen) zu § 4b Abs. 1 und 2 sind die für diese Zwecke zugelassenen Zusatzstoffe und, soweit erforderlich, deren Grenzwerte aufgeführt. Die Anlage 7 (Richtwerte für chemische Stoffe) enthält entsprechend der EG-Richtlinie Richtwerte für die Stoffe Kupfer und Zink.

Die bisherigen Regelungen in der geltenden Anlage 3 werden in die neue Anlage 3 aufgenommen.

III

Die Anforderungen, die aufgrund des Gemeinschaftsrechts an Trinkwasser zu stellen sind, gelten in gleicher Weise auch für Quellwasser. Daher wird in der Mineral- und Tafelwasser-Verordnung für diese Produktgruppe ein entsprechender

Hinweis auf die Bestimmungen der Trinkwasserverordnung aufgenommen. Bei dieser Gelegenheit werden zwei weitere materielle Änderungen in der Mineral- und Tafelwasser-Verordnung vorgenommen:

Bei natürlichem Mineralwasser muß entsprechend dem EU-Gemeinschaftsrecht künftig das Mindesthaltbarkeitsdatum angegeben werden. Ferner muß bei der Angabe „geeignet für die Zubereitung von Säuglingsnahrung" über die bisherigen Einschränkungen hinaus auch eine Begrenzung des Sulfatgehaltes in den betroffenen Erzeugnissen beachtet werden.

IV

Wie bisher hat der Unternehmer oder sonstige Inhaber einer Wassergewinnungs- oder Wasserversorgungsanlage die ihm aufgrund der Trinkwasserverordnung obliegenden Wasseruntersuchungen auf eigene Kosten durchzuführen oder durchführen zu lassen. Er hat auch die Kosten der Wasseruntersuchungen zu tragen, die die zuständige Behörde nach Maßgabe der Trinkwasserverordnung durchführt oder durchführen läßt (§ 11 Abs. 3 Bundes-Seuchengesetz).

Mit der Änderung der Trinkwasserverordnung kann sich der Umfang der Untersuchungen von Trinkwasser ausdehnen. Die für Erstuntersuchungen entstehenden Mehrkosten werden sich unterschiedlich, bei Eigen- und Einzelversorgungsanlagen mit geringer Abgabemenge jedoch relativ stärker auswirken. Demgegenüber sind die periodischen Untersuchungen auch auf zusätzliche Stoffe in weitaus geringerem Maße kostenauslösend. Auch hier lassen sich aber Kostenerhöhungen in einzelnen Bereichen nicht ausschließen. Unvertretbare Kostenerhöhungen werden vor allem bei Eigen- und Einzelversorgungsanlagen vermieden werden können, wenn die Gesundheitsämter aufgrund ihrer langjährigen Erfahrungen und Kenntnis der örtlichen Gegebenheiten nur auf tatsächlich erforderliche Parameter untersuchen oder untersuchen lassen.

Bund und Ländern entstehen durch die Einführung weiterer Grenz- und Richtwerte keine zusätzlichen Kosten, den Gemeinden hinsichtlich der Kosten für Wasseruntersuchungen nur dann, wenn sie Träger von Wasserversorgungsunternehmen sind. Diese Kosten werden regional unterschiedlich sein und können daher nicht näher quantifiziert werden.

Bund, Ländern und Gemeinden entstehen jedoch insoweit zusätzliche Kosten, als nunmehr in § 4 Abs. 3 eine Verpflichtung der obersten Landesgesundheitsbehörden bzw. der zuständigen Behörden aufgenommen worden ist, den Bundesminister für Jugend, Familie, Frauen und Gesundheit über jede nach § 4 Abs. 1 und 2 zugelassene Abweichung zu unterrichten, der seinerseits der EU-Kommission insoweit Mitteilung zu machen hat. Da bei jeder nach § 4 Abs. 1 zugelassenen Abweichung die festgesetzte Höhe, die Gründe der Abweichung sowie deren Dauer und bei einer nach § 4 Abs. 2 zugelassenen Abweichung ebenfalls die festgesetzte Höhe sowie die Gründe der Abweichung anzugeben sind, bedeutet dies Zeit- und Personalaufwand, der entsprechende Kosten mit sich bringt, die aber verwaltungsintern nur dem Bund, den Ländern und den Gemeinden, nicht aber den Wasserversorgungsunternehmen entstehen.

Insgesamt muß wegen der zusätzlichen Untersuchungen mit geringfügigen Auswirkungen dieser Änderungsverordnung auf den Wasserpreis gerechnet werden. Jedoch läßt sich die genaue Höhe des Mehrpreises nicht quantifizieren. Insofern ist jedoch nicht mit Auswirkungen auf das Preisniveau, insbesondere das Verbraucherpreisniveau zu rechnen.

1. Abschnitt

Beschaffenheit des Trinkwassers

§ 1

(1) Trinkwasser muß frei sein von Krankheitserregern. Dieses Erfordernis gilt als nicht erfüllt, wenn Trinkwasser in 100 ml Escherichia coli enthält (Grenzwert). Coliforme Keime dürfen in 100 ml nicht enthalten sein (Grenzwert); dieser Grenzwert gilt als eingehalten, wenn bei mindestens 40 Untersuchungen in mindestens 95 vom Hundert der Untersuchungen coliforme Keime nicht nachgewiesen werden. Fäkalstreptokokken dürfen in 100 ml Trinkwasser nicht enthalten sein (Grenzwert).

(2) In Trinkwasser soll die Koloniezahl den Richtwert von 100 je ml bei einer Bebrütungstemperatur von 20 °C + 2 °C und bei einer Bebrütungstemperatur von 36 °C + 1 °C nicht überschreiten. In desinfiziertem Trinkwasser soll außerdem die Koloniezahl nach Abschluß der Aufbereitung den Richtwert von 20 je ml bei einer Bebrütungstemperatur von 20 °C + 2 °C nicht überschreiten.

(3) Bei Trinkwasser aus Eigen- und Einzelversorgungsanlagen, aus denen nicht mehr als 1000 m^3 im Jahr entnommen werden, sowie bei Trinkwasser aus Sammel- und Vorratsbehältern und aus Wasserversorgungsanlagen an Bord von Wasserfahrzeugen, in Luftfahrzeugen oder in Landfahrzeugen soll die Koloniezahl den Richtwert von 1000 je ml bei einer Bebrütungstemperatur von 20 °C + 2 °C und den Richtwert von 100 je ml bei einer Bebrütungstemperatur von 36 °C + 1 °C nicht überschreiten. Für Trinkwasser aus Wasserversorgungsanlagen auf Spezialfahrzeugen, die Trinkwasser transportieren und abgeben, gilt Absatz 2.

(4) In Trinkwasser, das mit Chlor, mit Natrium-, Magnesium- oder Calciumhypochlorit oder mit Chlorkalk desinfiziert wird, muß außerdem nach Abschluß der Aufbereitung ein Restgehalt von mindestens 0,1 mg freiem Chlor je Liter nachweisbar sein und in Trinkwasser, das mit Chlordioxid desinfiziert wird, muß nach Abschluß der Aufbereitung ein Restgehalt von mindestens 0,05 mg Chlordioxid je Liter nachweisbar sein. Wird das Trinkwasser vor Übergabe in das Verteilernetz entchlort, muß der Restgehalt vor der Entchlorung nachweisbar sein.

§ 2

(1) In Trinkwasser dürfen die in der Anlage 2 festgesetzten Grenzwerte für chemische Stoffe nicht überschritten werden.

(2) Andere als die in der Anlage 2 aufgeführten Stoffe und radioaktive Stoffe darf das Trinkwasser nicht in Konzentrationen enthalten, die geeignet sind, die menschliche Gesundheit zu schädigen.

(3) Konzentrationen von chemischen Stoffen, die das Trinkwasser verunreinigen oder die Beschaffenheit des Trinkwassers nachteilig beeinflussen können, sollen so niedrig gehalten werden, wie dies nach dem Stand der Technik mit vertretbarem Aufwand unter Berücksichtigung der Umstände des Einzelfalles möglich ist.

§ 3

(1) Um einer nachteiligen Beeinflussung des Trinkwassers vorzubeugen und um eine einwandfreie Beschaffenheit des Trinkwassers sicherzustellen, dürfen im Trinkwasser die in der Anlage 4, im Falle des Erlasses einer Rechtsverordnung nach § 4 Abs. 2 die dort festgesetzten Grenzwerte nicht überschritten werden; die in der Anlage 7 festgesetzten Richtwerte sollen nicht überschritten werden.

§ 4

(1) Die zuständige Behörde kann in Notfällen zulassen, daß von den in der Anlage 2 festgesetzten Grenzwerten bis zu einer von ihr festzusetzenden Höhe für einen befristeten Zeitraum abgewichen werden kann, wenn dadurch die menschliche Gesundheit nicht gefährdet wird und die Trinkwasserversorgung nicht auf andere Weise sichergestellt werden kann.

(2) Die Landesregierungen werden ermächtigt, durch Rechtsverordnung zuzulassen, daß von den in Anlage 4 festgesetzten Grenzwerten bis zu einer von ihnen festzusetzenden Höhe abgewichen werden kann, soweit die Abweichungen gesundheitlich unbedenklich sind und soweit dies erforderlich ist, um folgenden regionalen Gegebenheiten Rechnung zu tragen:

a) der besonderen Beschaffenheit und Struktur des Geländes des geographischen Bereichs, von dem die entsprechende Wasserversorgungsanlage einschließlich des Wassereinzugsgebietes abhängt,
b) außergewöhnlichen Wetterverhältnissen.
c) Eine Abweichung nach Buchstabe b darf nur für einen befristeten Zeitraum zugelassen werden.

(3) Die zuständige Behörde teilt der obersten Landesgesundheitsbehörde und diese dem Bundesminister für Jugend, Familie, Frauen und Gesundheit jede nach Absatz 1 zugelassene Abweichung unter Angabe der festgesetzten Höhe, der voraussichtlichen Dauer und der Gründe unverzüglich mit. Abweichungen nach Absatz 2 teilt die zuständige Behörde dem Gesundheitsminister für Jugend, Familie und Frauen und Gesundheit unter Angabe der festgesetzten Höhe und der Gründe unverzüglich mit, wenn die Abweichungen Wasserversorgungen von mindestens 1000 m^3 pro Tag oder mindestens 5000 Personen betreffen. Die näheren Einzelheiten regelt der Bun-

desminister für Jugend, Familie, Frauen und Gesundheit mit Zustimmung des Bundesrates in Allgemeinen Verwaltungsvorschriften.

2. Abschnitt

Trinkwasseraufbereitung

§ 5

(1) Zur Trinkwasseraufbereitung werden die in Anlage 3 Spalte b aufgeführten Zusatzstoffe einschließlich ihrer Ionen, sofern diese durch Ionenaustauscher oder durch Elektrolyse zugeführt werden, zugelassen. Die Zusatzstoffe dürfen nur für die in Anlage 3 Spalte d genannten Zwecke zugesetzt werden.

(2) Die Zusatzstoffe dürfen zur Trinkwasseraufbereitung nur bis zu der in Anlage 3 Spalte e und f festgelegten Höhe zugesetzt werden. Nach Abschluß der Aufbereitung darf der Gehalt der zugelassenen Zusatzstoffe und der Gehalt an den dort genannten Reaktionsprodukten im Trinkwasser die in Anlage 3 Spalte g festgesetzten Grenzwerte nicht überschreiten. Ferner dürfen nach Abschluß der Aufbereitung die in den Anlagen 2 und 4 festgesetzten Grenzwerte nicht überschritten werden.

(3) Bei der Trinkwasseraufbereitung für Wasserversorgungsanlagen zum Zwecke der Enthärtung darf nach Abschluß der Aufbereitung ein Gehalt an Erdalkalien von 1,5 mol/m^3 entsprechend 60 mg/l, berechnet als Calcium, und die Säurekapazität Ks $_{4,3}$ von 1,5 mol/m^3 nicht unterschritten werden; dies gilt nicht für Betriebe, in denen Lebensmittel gewerbsmäßig hergestellt werden.

(4) Der Unternehmer oder sonstige Inhaber von Wasserversorgungsanlagen nach § 8 Nr. 1 darf durch Ionenaustausch nur enthärten, wenn dabei der Gehalt an Natriumionen im Trinkwasser nicht erhöht wird.

§ 6

(1) Zur Trinkwasseraufbereitung werden die in Anlage 6 Spalte b aufgeführten Zusatzstoffe zugelassen, sofern die Aufbereitung für den Bedarf der Bundeswehr im Auftrag des Bundesministers der Verteidigung, für den zivilen Bedarf in einem Verteidigungsfall im Auftrag des Bundesministers des Innern sowie in Katastrophenfällen bei ernsthafter Gefährdung der Wasserversorgung mit Zustimmung des Bundesministers des Innern oder der für den Katastrophenschutz zuständigen Landesbehörden geschieht.

(2) Die Zusatzstoffe dürfen nur für den in Anlage 6 Spalte d genannten Zweck verwendet und nur in Tabletten mit den in Spalte e genannten zulässigen Mengen zugesetzt werden.

(3) Die Tabletten dürfen nur in den Verkehr gebracht werden, wenn auf den Packungen, Behältnissen oder sonstigen Tablettenumhüllungen in deutscher Sprache, leicht verständlich, deutlich sichtbar, leicht lesbar und unverwischbar angegeben ist:

1. die Menge des in einer Tablette enthaltenen Dichlorisocyanurats in Milligramm,
2. die Menge des mit einer Tablette zu desinfizierenden Wassers in Liter,
3. eine Gebrauchsanweisung, die insbesondere die Dosierung, die vor dem Genuß des aufbereiteten Wassers abzuwartende Einwirkzeit und die Verbrauchsfrist für das desinfizierte Wasser nennt,
4. das Herstellungsdatum.

Bei Abgabe von Tabletten aus Packungen, Behältnissen oder sonstigen Umhüllungen an Verbraucher können die Angaben nach Nummer 1 bis 3 auch auf Handzetteln mitgegeben werden. Von der Angabe des Herstellungsdatums auf den Handzetteln kann abgesehen werden.

3. Abschnitt

Beschaffenheit des Wassers für Lebensmittelbetriebe

§ 7

(1) Wasser, auch in gefrorenem Zustand, für Betriebe, in denen Lebensmittel gewerbsmäßig hergestellt oder behandelt werden oder die Lebensmittel gewerbsmäßig in den Verkehr bringen (Wasser für Lebensmittelbetriebe), muß die Anforderungen an Trinkwasser gemäß H 1 bis 4 erfüllen, soweit nicht in den Absätzen 2 bis 4 etwas anderes zugelassen ist; die Ausnahme des § 1 Abs. 3 Satz 1 gilt nur für Wasser, das zur Speisung von Dampfgeneratoren oder zur Kühlung von Kondensatoren in Kühleinrichtungen dient. Satz 1 gilt auch, wenn Lebensmittel für Mitglieder von Genossenschaften oder ähnlichen Einrichtungen hergestellt oder behandelt oder für diese Mitglieder oder in Einrichtungen zur Gemeinschaftsverpflegung abgegeben werden.

(2) Abweichend von Absatz 1 darf auf Fischereifahrzeugen zur Bearbeitung des Fanges und zur Reinigung der Arbeitsgeräte an Stelle von Wasser mit der Beschaffenheit von Trinkwasser Meerwasser verwendet werden, wenn sich das Fischereifahrzeug nicht im Bereich eines Hafens oder eines Flusses einschließlich des Mündungsgebietes befindet. Die zuständige Behörde kann für bestimmte Teile der Küstengewässer die Verwendung von Meerwasser für die in Satz 1 genannten Zwecke verbieten, wenn die Gefahr besteht, daß die gefangenen Fische, Schalen- oder Krustentiere derart beeinträchtigt werden, daß durch den Genuß die menschliche Gesundheit geschädigt werden kann. Zur Herstellung von Eis darf jedoch nur Wasser mit der Beschaffenheit von Trinkwasser verwendet werden.

(3) Die zuständige Behörde kann darüber hinaus für bestimmte Lebensmittelbetriebe zulassen, daß Wasser verwendet wird, das nicht die Beschaffenheit von Trinkwasser hat, soweit sichergestellt ist, daß die in dem Betrieb hergestellten oder behandelten Lebensmittel durch die Verwendung des Wassers nicht derart beeinträchtigt werden, daß durch ihren Genuß die

menschliche Gesundheit geschädigt werden kann, oder soweit sichergestellt ist, daß durch die weitere Be- oder Verarbeitung der Lebensmittel eine eingetretene Beeinträchtigung wieder beseitigt wird. Die zuständige Behörde kann anordnen, daß dieses Wasser in mikrobiologischer Hinsicht oder auf bestimmte Stoffe der Anlage 2 in bestimmten Zeitabständen zu untersuchen ist.

(4) Absatz 3 gilt in Betrieben, in denen Lebensmittel tierischer Herkunft, ausgenommen Speisefette und Speiseöle, gewerbsmäßig hergestellt oder behandelt werden oder die feste Lebensmittel gewerbsmäßig in den Verkehr bringen, sowie in Einrichtungen zur Gemeinschaftsverpflegung nur für Wasser, das zur Speisung von Dampfgeneratoren oder zur Kühlung von Kondensatoren in Kühleinrichtungen dient. Absatz 2 bleibt unberührt.

4. Abschnitt

Pflichten des Unternehmers oder sonstigen Inhabers einer Wasserversorgungsanlage

§ 8

Wasserversorgungsanlagen im Sinne dieser Verordnung sind

1. Anlagen einschließlich des Leitungsnetzes, aus denen auf festen Leitungswegen an Anschlußnehmer
   a) Trinkwasser oder
   b) Wasser für Lebensmittelbetriebe abgegeben wird.
2. Eigenversorgungsanlagen oder Einzelversorgungsanlagen sowie sonstige Anlagen, aus denen
   a) Trinkwasser oder
   b) Wasser für Lebensmittelbetriebe entnommen oder abgegeben wird.
3. Anlagen der Hausinstallation, aus denen
   a) Trinkwasser oder
   b) Wasser für Lebensmittelbetriebe aus einer Anlage nach Nummer 1 oder 2 an Verbraucher abgegeben wird.

§ 9

(1) Soll eine Wasserversorgungsanlage erstmalig oder wieder in Betrieb genommen werden oder soll an ihren wasserführenden Teilen baulich oder betriebstechnisch etwas so wesentlich geändert werden, daß es auf die Beschaffenheit des Trinkwassers Auswirkungen haben kann oder geht das Eigentum oder das Nutzungsrecht an einer Wasserversorgungsanlage auf eine andere Person über, so hat der Unternehmer oder sonstige Inhaber dieser Wasserversorgungsanlage das dem Gesundheitsamt spätestens zwei Wochen vorher anzuzeigen. Auf Verlangen des Gesundheitsamtes sind die technischen Pläne der Wasserversorgungsanlage vorzulegen; bei einer baulichen oder betriebstechnischen Änderung sind die Pläne oder Unterlagen nur für den von der Änderung betroffenen Teil der Anlage vorzulegen.

Soll eine Wassergewinnungsanlage in Betrieb genommen werden, sind Unterlagen über Schutzzonen oder, soweit solche nicht festgesetzt sind, über die engere und weitere Umgebung der Wasserfassungsanlage, soweit sie für die Wassergewinnung von Bedeutung sind, vorzulegen; bei bereits betriebenen Anlagen sind auf Verlangen des Gesundheitsamtes entsprechende Unterlagen vorzulegen. Wird eine Wasserversorgungsanlage ganz oder teilweise stillgelegt, so ist das dem Gesundheitsamt innerhalb von drei Tagen anzuzeigen.

(2) Absatz 1 gilt nicht für Wasserversorgungsanlagen an Bord von Wasserfahrzeugen, in Luftfahrzeugen und Landfahrzeugen sowie für Anlagen der Hausinstallation.

§ 10

(1) Der Unternehmer oder sonstige Inhaber einer Wasserversorgungsanlage nach § 8 Nr. 1 oder 2 hat das Wasser nach Maßgabe der §§ 11 und 12 zu untersuchen oder untersuchen zu lassen.

(2) Der Unternehmer oder sonstige Inhaber einer Wasserversorgungsanlage nach § 8 Nr. 3 hat das Wasser auf Anordnung der zuständigen Behörde zu untersuchen oder untersuchen zu lassen.

(3) Die zuständige Behörde ordnet die Untersuchung an, wenn es unter Berücksichtigung der Umstände des Einzelfalls zum Schutz der menschlichen Gesundheit oder zur Sicherstellung einer einwandfreien Beschaffenheit des Trinkwassers erforderlich ist; dabei sind Art, Umfang und Häufigkeit der Untersuchungen festzulegen.

(4) Absatz 1 gilt für Wasserversorgungsanlagen an Bord von Wasserfahrzeugen, in Luftfahrzeugen oder Landfahrzeugen nur, wenn diese gewerblichen Zwecken dienen. Der Unternehmer oder sonstige Inhaber einer Wasserversorgungsanlage an Bord eines Wasserfahrzeuges ist zu Untersuchungen nur verpflichtet, wenn die letzte Prüfung oder Kontrolle durch das Gesundheitsamt länger als 12 Monate zurückliegt.

§ 11

(1) Nach § 10 Abs. 1 sind durchzuführen

1. mikrobiologische Untersuchungen zur Feststellung, ob die in § 1 Abs. 1 festgesetzten Grenzwerte für Escherichia coli und coliforme Keime nicht überschritten werden,
2. mikrobiologische Untersuchungen zur Feststellung, ob die in § 1 Abs. 2 und 3 festgesetzten Richtwerte nicht überschritten werden,
3. physikalische, physikalisch-chemische und chemische Untersuchungen zur Feststellung, ob
   a) die in den Anlagen 2 und 4 festgesetzten Grenzwerte oder die von der zuständigen Behörde nach § 4 zugelassenen Abweichungen,
   b) im Falle einer Trinkwasseraufbereitung nach § 5 die in Anlage 3 festgesetzten Grenzwerte für die verwendeten Zusatzstoffe und die Reaktionsprodukte nicht überschritten werden,

4. bei Wasser, das mit Chlor, mit Natrium-, Magnesium- oder Calciumhypochlorit oder mit Chlorkalk oder das mit Chlordioxid desinfiziert wird, chemische Untersuchungen zur Feststellung, ob der in § 1 Abs. 4 festgesetzte Restgehalt an freiem Chlor oder Chlordioxid vorhanden ist.

(2) Absatz 1 Nr. 3 gilt nicht für Anlagen zur Trinkwassergewinnung durch Destillation aus Meerwasser an Bord von Wasserfahrzeugen, die von der See-Berufsgenossenschaft zugelassen und überprüft werden, sowie für Wasserversorgungsanlagen an Bord von Wasserfahrzeugen, in Luftfahrzeugen oder in Landfahrzeugen, bei denen Trinkwasser aus untersuchungspflichtigen Wasserversorgungsanlagen übernommen wird.

§ 12

(1) Umfang und Häufigkeit der Untersuchungen bestimmen sich nach Anlage 5.

(2) Untersuchungen auf andere als in der Anlage 2 Abschnitt I genannten Stoffe, insbesondere auf die in der Anlage 2 Abschnitt II und in den Anlagen 4 und 7 genannten Stoffe, Untersuchungen auf andere als in der Anlage 4 Nr. 2, 3, 5 und 6 genannten physikalischen und physikalisch-chemischen Kenngrößen ordnet die zuständige Behörde an, wenn die Untersuchungen unter Berücksichtigung der Umstände des Einzelfalles zum Schutz der menschlichen Gesundheit oder zur Sicherstellung einer einwandfreien Beschaffenheit des Trinkwassers erforderlich sind; dabei sind auch die zeitlichen Abstände der Untersuchungen festzulegen. Für die nicht in den Anlagen 2 oder 4 genannten Stoffe legt die zuständige Behörde auch die einzuhaltenden Werte fest. Die zuständige Behörde kann das Rohwasser in die Untersuchungen einbeziehen, soweit dies zum Schutz der menschlichen Gesundheit erforderlich ist.

§ 13

(1) Die zuständige Behörde kann anordnen, daß der Unternehmer oder sonstige Inhaber einer Wasserversorgungsanlage

1. die zu untersuchenden Proben an bestimmten Stellen und zu bestimmten Zeiten zu entnehmen oder entnehmen zu lassen hat,
2. bestimmte Untersuchungen außerhalb der regelmäßigen Untersuchungen sofort durchzuführen oder durchführen zu lassen hat,
3. die Untersuchungen nach § 12
   a) in kürzeren als den in dieser Vorschrift genannten Abständen,
   b) an einer größeren Anzahl von Proben durchzuführen oder durchführen zu lassen hat,
4. die mikrobiologischen Untersuchungen auszudehnen oder ausdehnen zu lassen hat zur Feststellung,
   a) ob Fäkalstreptokokken in 100 ml oder sulfitreduzierende sporenbildende Anaerobier in 20 ml nicht, sowie
   b) ob andere Mikroorganismen, insbesondere Pseudomonas aeruginosa, pathogene Staphylokokken, Legionella pneumophila, atypische

Mykobakterien, oder ob Fäkalbakteriophagen oder enteropathogene Viren im Wasser enthalten sind,

5. die physikalischen, physikalisch-chemischen und chemischen Untersuchungen auf andere als die in der Anlage 2 Abschnitt I genannten Stoffe und auf physikalische und auf physikalisch-chemische Kenngrößen auszudehnen oder ausdehnen zu lassen hat,
6. die physikalischen, physikalisch-chemischen und chemischen Untersuchungen auf gesundheitsschädliche radioaktive Stoffe auszudehnen oder ausdehnen zu lassen hat,
7. Maßnahmen zu treffen hat, die erforderlich sind, um eine Verunreinigung zu beseitigen, auf die die Überschreitung der Richtwerte des § 1 Abs. 2 oder 3 oder ein anderer Umstand hindeutet, und künftigen Verunreinigungen vorzubeugen, wenn dies wegen der Herkunft des Wassers, außergewöhnlicher Wetterverhältnisse, des Bekanntwerdens von Tatsachen, die auf eine mögliche radioaktive oder sonstige Verunreinigung hinweisen, des Zustandes der Wasserversorgungsanlage, grobsinnlich wahrnehmbarer Veränderungen der Wasserbeschaffenheit, auffälliger Untersuchungsbefunde oder außergewöhnlicher Vorkommnisse im Einzugsgebiet des Wasservorkommens oder an der Wasserversorgungsanlage einschließlich des Leitungsnetzes oder wegen besonderer epidemischer Ereignisse erforderlich erscheint.

(2) Die zuständige Behörde kann zulassen, daß physikalisch-chemische und chemische Untersuchungen nach § 11 Abs. 1 Nr. 3 auf Stoffe der Anlage 2 Abschnitt I in längeren als jährlichen Zeitabständen vorgenommen werden oder auf bestimmte Stoffe der Anlage 2 unterbleiben können, wenn nach ihren bisherigen Feststellungen oder Erkenntnissen anzunehmen ist, daß die Konzentrationen sicher unter den Grenzwerten dieser Anlage liegen.

(3) Bei Wasserversorgungsanlagen, aus denen nicht mehr als 1000 m Wasser im Jahr entnommen werden, bestimmt die zuständige Behörde, ob und welche physikalischen, physikalisch-chemischen und chemischen Untersuchungen nach § 11 ABS. 1 Nr. 3 durchzuführen sind und in welchen Zeitabständen sie zu erfolgen haben. Für mikrobiologische Untersuchungen nach § 11 Abs. 1 Nr. 1 und 2 und für Untersuchungen auf freies Chlor oder Chlordioxid kann die zuständige Behörde einen längeren als den in Anlage 5 genannten Zeitabstand zulassen, wenn das nach den Umständen des Einzelfalles unbedenklich ist. Bei Wasser für Lebensmittelbetriebe darf die zuständige Behörde längere als jährliche Abstände nicht bestimmen oder zulassen.

(4) Wird aus einer Wasserversorgungsanlage Trinkwasser an andere Wasserversorgungsanlagen abgegeben, so kann die zuständige Behörde regeln, welcher Unternehmer oder sonstige Inhaber die Untersuchungen nach den §§ 10 bis 12 durchzuführen oder durchführen zu lassen hat.

§ 14

(1) Bei den Untersuchungen nach § 11 und § 13 Abs. 1 Nr. 4 bis 6 sind die in den Anlagen 1 und 4 bezeichneten Untersuchungsverfahren anzuwenden. Soweit in den Anlagen Untersuchungsverfahren nicht angegeben sind, sind die Untersuchungen nach Methoden durchzuführen, die ausreichend zuverlässige Meßwerte liefern und dabei die in den Anlagen 2 bis 4 genannten zulässigen Fehler des Meßwertes nicht überschreiten.

(2) Die zuständige oberste Landesbehörde kann befristet zulassen, daß im Einzelfall andere als die in den Anlagen 1 und 4 bezeichneten Untersuchungsverfahren angewendet werden, soweit diese dem jeweiligen Stand der Wissenschaft entsprechen und zu erwarten ist, daß ihre Bewährung in der praktischen Anwendung zu einer Änderung oder Ergänzung der Anlagen 1 oder 4 führen wird.

(3) Das Ergebnis jeder Untersuchung ist schriftlich oder auf Datenträgern (Niederschrift) festzuhalten. Dabei sind die genaue Ortsangabe der Probenahme (Gemeinde, Straße, Hausnummer, Entnahmestelle), der Zeitpunkt der Entnahme und der Untersuchung der Wasserprobe sowie das bei der Untersuchung angewandte Verfahren und der Fehler des Befundes anzugeben. Die zuständige oberste Landesbehörde kann bestimmten, daß für die Niederschriften einheitliche Vordrucke verwendet werden. Der Unternehmer oder sonstige Inhaber einer Wasserversorgungsanlage hat eine Zweitschrift der Niederschrift dem Gesundheitsamt auf dessen Verlangen zu übersenden und das Original ebenso wie die Ausfertigung der Niederschrift nach § 19 Abs. 4 Satz 3 zehn Jahre lang aufzubewahren. Der Unternehmer oder sonstige Inhaber einer Wasserversorgungsanlage an Bord eines Wasserfahrzeugs hat, soweit er zu Untersuchungen nach den §§ 11 bis 13 verpflichtet ist, eine Zweitschrift der Niederschriften über die Untersuchungen unverzüglich dem für den Heimathafen des Wasserfahrzeugs zuständigen Gesundheitsamt zu übersenden.

§ 15

(1) Der Unternehmer oder sonstige Inhaber einer Wasserversorgungsanlage nach § 8 Nr. 1 und 2 hat dem Gesundheitsamt unverzüglich anzuzeigen,
   1. wenn die in § 1 Abs. 1 festgesetzten Grenzwerte überschritten werden,
   2. wenn sich die Koloniezahl gegenüber den bisher ermittelten Werten laufend erhöht,
   3. wenn die in Anlage 2 festgesetzten Grenzwerte für chemische Stoffe überschritten werden,
   4. wenn Grenzwerte von Stoffen oder Kenngrößen überschritten oder bei Mindestanforderungen unterschritten werden, sofern eine Untersuchung auf diese gemäß § 13 Abs. 1 Nr. 4 bis 6 von der zuständigen Behörde angeordnet ist,
   5. wenn Belastungen des Rohwassers bekannt werden, die zu einer Überschreitung der Grenzwerte führen können.

Er hat ferner grobsinnlich wahrnehmbare Veränderungen des Wassers sowie außergewöhnliche Vorkommnisse in der engeren und weiteren Umgebung des Wasservorkommens oder an der Wasserversorgungsanlage, die Auswirkungen auf die Beschaffenheit des Wassers haben können, dem zuständigen Gesundheitsamt unverzüglich anzuzeigen.

(2) Bei Wahrnehmungen nach Absatz 1 ist der Unternehmer oder sonstige Inhaber einer Wasserversorgungsanlage nach § 8 Nr. 1 und 2 verpflichtet, unverzüglich Untersuchungen zur Aufklärung und Maßnahmen zur Abhilfe durchzuführen.

(3) Der Unternehmer oder sonstige Inhaber einer Wasserversorgungsanlage nach § 8 Nr. 3 hat nur in den Fällen, in denen ihm die Feststellung von Tatsachen bekannt wird, nach welchen das Wasser in der Hausinstallation in einer Weise verändert wird, daß es den Anforderungen der §§ 1 bis 3 und 5 nicht entspricht, unverzüglich Untersuchungen und Maßnahmen zur Abhilfe durchzuführen oder durchführen zu lassen.

(4) Der Unternehmer oder sonstige Inhaber einer Wasserversorgungsanlage nach § 8 Nr. 1 und 2 hat die verwendeten Zusatzstoffe nach § 5 und ihre Konzentrationen im aufbereiteten Trinkwasser schriftlich oder auf Datenträgern mindestens wöchentlich aufzuzeichnen. Die Aufzeichnungen sind sechs Monate lang für die Anschlußnehmer und Verbraucher während der üblichen Geschäftszeiten zugänglich zu halten.

(5) Der Unternehmer oder sonstige Inhaber einer Wasserversorgungsanlage nach § 8 Nr. 1 und 2 hat, sofern das Wasser an Anschlußnehmer oder Verbraucher abgegeben wird, bei Beginn der Zugabe eines Zusatzstoffes nach § 5 diesen unverzüglich und alle verwendeten Zusatzstoffe regelmäßig einmal jährlich durch Hinweis in den örtlichen Tageszeitungen bekanntzugeben. Satz 1 gilt nicht, wenn allen Anschlußnehmern und Verbrauchern unmittelbar die Verwendung von Zusatzstoffen schriftlich bekanntgegeben wird.

(6) Der Unternehmer oder sonstige Inhaber einer Wasserversorgungsanlage nach § 8 Nr. 3, der dem Trinkwasser Zusatzstoffe nach § 5 zusetzt, hat den Verbrauchern die zugesetzten Zusatzstoffe und ihre Menge im Trinkwasser unverzüglich durch Aushang oder durch sonstige schriftliche Mitteilung bekanntzugeben.

§ 16

(1) Soweit es zur Überwachung der Wasserversorgungsanlage erforderlich ist, sind die Beauftragten des Gesundheitsamtes befugt,

1. die Grundstücke, Räume *und* Einrichtungen sowie Wasserfahrzeuge, Luftfahrzeuge und Landfahrzeuge, in denen sich Wasserversorgungsanlagen befinden, während der üblichen Betriebs- oder Geschäftszeit zu betreten,
2. Proben zu entnehmen, die Bücher oder sonstigen Unterlagen einzusehen und hieraus Abschriften oder Auszüge anzufertigen,

3. vom Unternehmer oder sonstigen Inhaber der Wasserversorgungsanlage alle erforderlichen Auskünfte, insbesondere über den Betrieb und den Betriebsablauf einschließlich dessen Kontrolle, zu verlangen,
4. zur Verhütung drohender Gefahren für die öffentliche Sicherheit und Ordnung die in Nummer 1 bezeichneten Grundstücke, Räume, Einrichtungen und Fahrzeuge auch außerhalb der dort genannten Zeiten und auch dann, wenn sie zugleich Wohnzwecken dienen, zu betreten.

Zu den Unterlagen nach Nummer 2 gehören insbesondere die Protokolle über die Untersuchungen nach den § 10 bis 13 und die dem neuesten Stand entsprechenden technischen Pläne der Wasserversorgungsanlage und Unterlagen über die dazugehörigen Schutzzonen oder, soweit solche nicht festgesetzt sind, der engeren und weiteren Umgebung der Wasserfassungsanlage, soweit sie für die Wassergewinnung von Bedeutung sind.

(2) Unternehmer oder sonstige Inhaber einer Wasserversorgungsanlage und sonstige Inhaber der tatsächlichen Gewalt über die in Absatz 1 Nr. 1 und 4 bezeichneten Grundstücke, Räume, Einrichtungen und Fahrzeuge sind verpflichtet,
1. die Maßnahmen nach Absatz 1 zu dulden,
2. die in der Überwachung tätigen Personen bei der Erfüllung ihrer Aufgabe zu unterstützen, insbesondere ihnen auf Verlangen die Räume, Einrichtungen und Geräte zu bezeichnen, Räume und Behältnisse zu öffnen und die Entnahme von Proben zu ermöglichen.
3. die verlangten Auskünfte zu erteilen.

(3) Der zur Auskunft Verpflichtete kann die Auskunft auf solche Fragen verweigern, deren Beantwortung ihn selbst oder einen der in § 383 Abs. 1 Nr. 1 bis 3 der Zivilprozeßordnung bezeichneten Angehörigen der Gefahr strafgerichtlicher Verfolgung oder eines Verfahrens nach dem Gesetz über Ordnungswidrigkeiten aussetzen würde.

§ 17

(1) Wasserversorgungsanlagen, aus denen Trinkwasser oder Wasser für Lebensmittelbetriebe mit der Beschaffenheit von Trinkwasser abgegeben wird, dürfen nicht mit Wasserversorgungsanlagen verbunden werden, aus denen Wasser abgegeben wird, das nicht die Beschaffenheit von Trinkwasser hat. Die Leitungen unterschiedlicher Versorgungssysteme sind, soweit sie nicht erdverlegt sind, farblich unterschiedlich zu kennzeichnen.

(2) Absatz 1 gilt nicht für Kauffahrteischiffe im Sinne des § 1 der Verordnung über die Unterbringung der Besatzungsmitglieder an Bord von Kauffahrteischiffen vom 8. Februar 1973 (BGBI. I S. 66).

5. Abschnitt

Überwachung durch das Gesundheitsamt in hygienischer Hinsicht

§ 18

Das Gesundheitsamt überwacht die Wasserversorgungsanlagen nach § 8 Nr. 1 und 2 in hygienischer Hinsicht durch Prüfungen und Kontrollen.
Werden dem Gesundheitsamt Beanstandungen einer Wasserversorgungsanlage nach § 8 Nr. 3 bekannt, so kann diese in die Überwachung einbezogen werden, sofern dies unter Berücksichtigung der Umstände des Einzelfalles zum Schutz der menschlichen Gesundheit oder zur Sicherstellung einer einwandfreien Beschaffenheit des Trinkwassers erforderlich ist.

§ 19

(1) Die Prüfung umfaßt
1. die Besichtigung der Wasserversorgungsanlage einschließlich der dazugehörenden Schutzzonen oder, wenn solche nicht festgesetzt sind, der engeren und weiteren Umgebung der Wasserfassungsanlagen, soweit sie für die Wassergewinnung von Bedeutung sind,
2. eine Kontrolle im Sinne des § 20 Abs. 1 Satz 1,
3. die Entnahme und Untersuchung von Wasserproben.

(2) Für den Umfang der Untersuchungen des Trinkwassers und des Wassers für Lebensmittelbetriebe durch das Gesundheitsamt gilt § 10 Abs. 1 entsprechend. Ferner kann das Gesundheitsamt das Trinkwasser auf weitere Stoffe und physikalische und physikalisch-chemische Kenngrößen untersuchen oder untersuchen lassen. Die Anzahl der zu untersuchenden Wasserproben soll sich nach der Beschaffenheit der Wasserversorgungsanlage und ihrer Netzform und -größe richten. An Stelle der Untersuchungen nach Absatz 1 Nr. 3 kann sich das Gesundheitsamt auf die Überprüfung der Niederschriften (§ 14 Abs. 3) über die Untersuchungen (§ 10) beschränken, sofern der Unternehmer oder sonstige Inhaber einer Wasserversorgungsanlage diese in einem staatlichen oder kommunalen Hygiene-Institut, einem Gesundheitsamt oder einer von der obersten Landesgesundheitsbehörde zugelassenen Untersuchungsstelle hat durchführen lassen.

(3) Für das Untersuchungsverfahren gelten § 14 Abs. 1 und 2, für die Aufzeichnung der Untersuchungsergebnisse § 14 Abs. 3 Satz 1 und 2 entsprechend.

(4) Die Ergebnisse der Prüfung sind in einer Niederschrift festzuhalten; dabei kann festgelegt werden, ob und in welchem Umfang Proben bei der Kontrolle nach § 20 zu entnehmen und worauf sie zu untersuchen sind. Die Aufzeichnungen der Untersuchungsergebnisse sind Bestandteil der Niederschrift. Eine Ausfertigung der Niederschrift ist dem Unternehmer oder sonstigen Inhaber der Wasserversorgungsanlage auszuhändigen. Das Gesundheitsamt hat die Niederschrift zehn Jahre lang aufzubewahren.

(1) Die Prüfungen sind unmittelbar nach der Inbetriebnahme der Wasserversorgungsanlage, erneut nach einem Jahr und sodann alle drei Jahre vorzunehmen. Bei Wasserversorgungsanlagen an Bord von Wasserfahrzeugen sollen die Prüfungen unbeschadet des Satzes 3 unmittelbar nach Inbetriebnahme der Wasserversorgungsanlage, sodann alle vier Jahre vorgenommen werden. Bei Wasserversorgungsanlagen in Luft- und Landfahrzeugen sowie an Bord von Wasserfahrzeugen, die ausschließlich Sportzwecken dienen, bestimmt das Gesundheitsamt, ob und in welchen Zeitabständen es die Prüfungen durchführt.

§ 20

(1) Die Kontrolle umfaßt die Überwachung der Erfüllung der Pflichten, die dem Unternehmer oder sonstigen Inhaber einer Wasserversorgungsanlage auf Grund dieser Verordnung obliegen. Soweit es erforderlich ist, sind im Rahmen der Kontrolle Besichtigungen der Wasserversorgungsanlage einschließlich der dazugehörigen Schutzzonen oder, wenn solche nicht festgesetzt sind, der engeren und weiteren Umgebung der Wasserfassungsanlage, soweit sie für die Wassergewinnung von Bedeutung sind, vorzunehmen und Wasserproben zu untersuchen oder untersuchen zu lassen. Bei Wasserversorgungsanlagen an Bord von Wasser-, Luft- und Landfahrzeugen sind stets Wasserproben zu untersuchen oder untersuchen zu lassen. Für das Untersuchungsverfahren gelten § 14 ABS. 1 und 2, für die Aufzeichnung der Untersuchungsergebnisse § 14 ABS. 3 Satz 1 und 2 entsprechend.

(2) Die Kontrollen sind mindestens zweimal im Jahr vorzunehmen. Bei Wasserversorgungsanlagen an Bord von Wasserfahrzeugen sollen sie unbeschadet des Satzes 3 mindestens einmal, bei Wasserversorgungsanlagen an Bord von Wassertransportbooten jedoch mindestens viermal im Jahr durchgeführt werden. Bei Eigen- und Einzelversorgungsanlagen, aus denen jährlich weniger als 1000 m^3 Trinkwasser oder Wasser für Lebensmittelbetriebe entnommen oder abgegeben wird, und bei Wasserversorgungsanlagen in Luft und Landfahrzeugen sowie an Bord von Wasserfahrzeugen, die ausschließlich Sportzwecken dienen, bestimmt das Gesundheitsamt, ob und in welchen Zeitabständen es die Kontrolle durchführt. Die Kontrollen sollen vorher nicht angekündigt werden. § 19 ABS. 4 gilt entsprechend.

§ 21

Erlangt das Gesundheitsamt Kenntnis von Tatsachen, die geeignet sind, die Beschaffenheit des Trinkwassers oder des Wassers für Lebensmittelbetriebe zu beeinträchtigen, so hat es, soweit erforderlich, zusätzliche Prüfungen oder Kontrollen durchzuführen. Dabei hat es die Untersuchungen auf alle Umstände auszudehnen, die nachteiligen Einfluß auf die Beschaffenheit des Trinkwassers und des Wassers für Lebensmittelbetriebe von Bedeutung haben können. Es hat die zuständige Behörde zu unterrichten und geeignete Maßnahmen vorzuschlagen.

§ 22

Wenn bei einer Wasserversorgungsanlage die Prüfungen und die Kontrollen während eines Zeitraumes von vier Jahren keinen Grund zu wesentlichen Beanstandungen ergeben haben, so kann das Gesundheitsamt die Prüfungen und die Kontrollen in größeren als den in § 19 Abs. 5 Satz 1 und § 20 Abs. 2 Satz 1 festgelegten Zeitabständen vornehmen.

6. Abschnitt

Straftaten und Ordnungswidrigkeiten

§ 23

(1) Wer als Unternehmer oder sonstiger Inhaber einer Wasserversorgungsanlage vorsätzlich oder fahrlässig Wasser als Trinkwasser oder als Wasser für Lebensmittelbetriebe abgibt oder anderen zur Verfügung stellt, das den Anforderungen des § 1 Abs. 1 oder 4, des § 2 Abs. 1 oder 2 oder des § 7 Abs. 1 in Verbindung mit § 1 oder 4 oder § 2 Abs. 1 oder 2 nicht entspricht, ist nach § 64 Abs. 1, 3 oder 4 des Bundes-Seuchengesetzes strafbar.

(2) Ordnungswidrig im Sinne des § 69 Abs. 2 des Bundes-Seuchengesetzes handelt, wer als Unternehmer oder sonstiger Inhaber einer Wasserversorgungsanlage vorsätzlich oder fahrlässig

1. entgegen § 9 Abs. 1 Satz 1 oder 4 oder § 15 Abs. 1 eine Anzeige nicht, nicht richtig, nicht vollständig oder nicht rechtzeitig erstattet,
2. Trinkwasser oder Wasser für Lebensmittelbetriebe entgegen § 10 Abs. 1 nicht, entgegen § 12 Abs. 1 nicht in dem vorgeschriebenen Umfang oder nicht in der vorgeschriebenen Häufigkeit oder entgegen § 14 Abs. 1 nicht nach den vorgeschriebenen Verfahren untersucht oder untersuchen läßt,
3. einer Niederschrifts-, Aufbewahrungs- oder Übersendungspflicht nach § 14 Abs. 3 nicht, nicht vorschriftsmäßig oder nicht rechtzeitig nachkommt,
4. einer Duldungs-, Unterstützungs- oder Auskunftspflicht nach § 16 Abs. 2 zuwiderhandelt,
5. entgegen § 17 Abs. 1 Satz 1 Wasserversorgungsanlagen, aus denen Wasser unterschiedlicher Beschaffenheit abgegeben wird, miteinander verbindet oder
6. entgegen § 17 Abs. 1 Satz 2 Leitungen unterschiedlicher Versorgungssysteme nicht farblich unterschiedlich kennzeichnet.

§ 24

(1) Nach § 52 Abs. 1 Nr. 4 des Lebensmittel- und Bedarfsgegenständegesetzes wird bestraft, wer als Unternehmer oder sonstiger Inhaber einer Wasserversorgungsanlage dem Trinkwasser Zusatzstoffe über die in § 5 Abs. 2 Satz 1 festgelegte Höhe hinaus zusetzt.

(2) Nach § 52 Abs. 1 Nr. 8 des Lebensmittel- und Bedarfsgegenständegesetzes wird bestraft, wer als Unternehmer oder sonstiger Inhaber einer Wasserversorgungsanlage entgegen § 15 Abs. 4 Satz 2 Aufzeichnungen nicht in der vorgeschriebenen Weise zugänglich hält oder entgegen § 15 Abs. 5 Satz 1 oder Abs. 6 dort genannte Angaben nicht oder nicht rechtzeitig bekanntgibt.

(3) Wer eine in Absatz 1 oder 2 bezeichnete Handlung fahrlässig begeht, handelt nach § 53 Abs. 1 des Lebensmittel- und Bedarfsgegenständegesetzes ordnungswidrig.

(4) Ordnungswidrig im Sinne des § 53 Abs. 2 Nr. 1 Buchstabe a des Lebensmittel- und Bedarfsgegenständegesetzes handelt, wer als Unternehmer oder sonstiger Inhaber einer Wasserversorgungsanlage vorsätzlich oder fahrlässig Trinkwasser entgegen den Anforderungen nach § 3 in Verbindung mit Anlage 4 an den Verbraucher abgibt.

7. Abschnitt

Übergangs- und Schlußbestimmungen

§ 25

(1) Hat der Unternehmer oder sonstige Inhaber einer Wasserversorgungsanlage vor Inkrafttreten dieser Verordnung Untersuchungen des Wassers durchgeführt oder durchführen lassen, die denen nach dieser Verordnung vergleichbar sind, kann die zuständige Behörde einen vor Inkrafttreten dieser Verordnung liegenden Zeitraum bei der Berechnung des in der Fußnote 3 der Anlage 5 genannten Zeitraumes von vier Jahren berücksichtigen.

(2) Hat das Gesundheitsamt vor Inkrafttreten dieser Verordnung Prüfungen und Kontrollen durchgeführt, die denen nach dieser Verordnung vergleichbar sind, kann ein vor Inkrafttreten dieser Verordnung liegender Zeitraum bei der Berechnung des in § 22 genannten Zeitraumes von vier Jahren berücksichtigt werden.

§ 26

Die Vorschriften dieser Verordnung gelten für Quellwasser und sonstiges Trinkwasser, das in zur Abgabe an den Verbraucher bestimmte Fertigpackungen abgefüllt ist, nur, soweit dies in der Mineral- und Tafelwasser-Verordnung bestimmt ist. Natürliches Mineralwasser und Tafelwasser sind kein Trinkwasser im Sinne der Trinkwasserverordnung.

Tabelle 21. Mikrobiologische Untersuchungsverfahren des Trinkwassers
Anlage 1 der Trinkwasserverordnung (zu § 14 Abs.1)

1. Escherichia coli

Die Untersuchung auf Escherichia coli in mindestens 100 ml Wasser erfolgt durch

a) Flüssigkeitsanreicherung mit maximal dreifach konzentrierter Laktose-Bouillon (in einer Endkonzentration von 1% Laktose) oder

b) Membranfiltration mit Einbringen des Filters in 50 ml 1%ige Laktose-Bouillon.

Die Bebrütungstemperatur beträgt jeweils 36 °C + 1 °C, die Bebrütungsdauer minimal 24 + 4 Stunden, wenn negativ bis 44 + 4 Stunden.

Zeigt die Lactose-Bouillon „Gas- und Säurebildung", so soll zur Abschätzung des Ausmaßes der Verunreinigung mit E. coli der Nachweis quantifiziert werden. Eine endgültige Diagnose ist durch das Stoffwechselmerkmal „Gas- und Säurebildung" aus Laktose bei 36 °C + 1 °C allein nicht möglich, so daß zusätzlich nach Sub- bzw. Reinkultur auf Endo-Agar (Laktose-Fuchsin-Sulfit-Agar) oder Mc Conkey oder einem gleichwertigen Nährboden für 24 + 4 Stunden bei 36 °C + 1 °C mindestens folgende Stoffwechselmerkmale erfüllt sein müssen:

Oxidase-Reaktion (Nadi): negativ
Indolbildung aus tryptophanhaltiger Bouillon: positiv
Spaltung von D-Glukose oder Mannit in 1% iger Bouillon bei 44 °C + 1 °C innerhalb von 24 + 4 Stunden unter Gas- und Säurebildung
Ausnützung von Citrat als einziger Kohlenstoffquelle: negativ

2. Coliforme Keime

Die Untersuchung auf coliforme Keime in mindestens 100 ml Wasser erfolgt durch

a) Flüssigkeitsanreicherung mit entsprechend konzentrierter, maximal aber dreifach konzentrierter Laktose-Bouillon (in einer Endkonzentration von 1% Laktose) oder

b) Membranfiltration mit Einbringen des Filters in 50 ml 1%ige Laktose-Bouillon.

Die Bebrütungstemperatur beträgt jeweils 36 °C + 1 °C, die Bebrütungsdauer minimal 24 + 4 Stunden, wenn negativ bis 44 + 4 Stunden.

Zeigt die Laktose-Bouillon „Gas- und Säurebildung", so soll zur Abschätzung des Ausmaßes der Verunreinigung mit coliformen Keimen der Nachweis quantifiziert werden. Eine endgültige Diagnose ist allein durch das Stoffwechselmerkmal „Gas- und Säurebildung" aus Laktose bei 36 °C + 1 °C nicht möglich, so daß zusätzlich nach Sub- bzw. Reinkultur auf Endo-Agar oder Mc Conkey oder einem gleichwertigen Nährboden für 24 + 4 Stunden bei 36 °C + 1 °C mindestens folgende Stoffwechselmerkmale erfüllt sein müssen:

Oxidase-Reaktion (Nadi): negativ
Spaltung von Laktose unter Gas- und Säurebildung in 1%iger Bouillon bei 36 °C + 1 °C innerhalb von 44 + 4 Stunden.
Indolbildung aus tryptophanhaltiger Bouillon: negativ (positive Reaktion möglich)
Ausnützung von Citrat als einziger Kohlenstoffquelle: positiv (negative Reaktion möglich).

3. Fäkalstreptokokken

Die Untersuchung auf Fäkalstreptokokken in mindestens 100 ml Wasser erfolgt durch:

a) Flüssigkeitsanreicherung mit entsprechend konzentrierter, maximal aber dreifach konzentrierter Azid-D-Glukose-Bouillon (mit einer Natriumazid-Endkonzentration von 0,02 bis 0,05 % und einer D-Glukose-Endkonzentration von 0,5 bis 1 %) oder

b) Membranfiltration mit Einbringen des Filters in 50 ml einfach konzentrierte Azid-D-Glukose-Bouillon (mit einer Natriumazid-Konzentration von 0,02 bis 0,05 % und einer D-Glukose-Konzentration von 0,5 bis 1 %).

Die Bebrütungstemperatur beträgt jeweils 36 °C + 1 °C, die Bebrütungsdauer minimal 24 + 4 Stunden, wenn negativ bis 44 + 4 Stunden.

Die endgültige Diagnose ist durch Wachstum in Azid-D-Glukose-Bouillon (Trübung oder pH-Änderung) nicht möglich, so daß zusätzlich mindestens folgende Merkmale erfüllt sein müssen:

Kultur auf Kanamycin-Äsculin-Azid oder Tetrazolium-Azid-Agar (z. B. Slanetz-Bartley-Agar).

Die Bebrütungstemperatur beträgt 36 °C + 1 °C, die Bebrütungsdauer 24 + 4 Stunden, bei Tetrazolium-Azid-Agar bis zu 44 + 4 Stunden.

Von typisch gewachsenen Kolonien ist eine Gram-Färbung anzufertigen; Gram-positive Diplokokken gelten als Fäkalstreptokokken im Sinne der Trinkwasserverordnung.

4. Sulfitreduzierte sporenbildende Anaerobier

Die Untersuchung auf sulfitreduzierende sporenbildende Anaerobier (Clostridien) in mindestens 20 ml Wasser erfolgt nach Erhitzen der Probe auf 75 °C + 5 °C über 10 Minuten durch

a) Flüssigkeitsanreicherung in doppelt konzentrierter D-Glukose-Eisencitrat-Natriumsulfit-Bouillon (DRCM-Bouillon), Bebrütungstemperatur 36 °C + 1 °C, Bebrütungsdauer 24 + 4 Stunden, Beobachtung für weitere 24 + 4 Stunden oder
b) Membranfiltration mit Einbringen des Membranfilters in D-Glukose-Eisencitrat-Natriumsulfit-Bouillon (DRCM-Bouillon), Bebrütungstemperatur 36 °C + 1 °C, Bebrütungsdauer 24 + 4 Stunden, Beobachtung für weitere 24 + 4 Stunden.

Eine endgültige Diagnose ist durch Wachstum in der Bouillon (Schwarzfärbung) nicht möglich, so daß zusätzlich mindestens folgende Merkmale erfüllt sein müssen:

Überimpfen auf Blut-Glukose-Agar, Bebrütungstemperatur 36 °C +1 °C, Bebrütungsdauer 24 + 4 Stunden anaerob. Bei Wachstum Überprüfung durch aerobe Subkultur unter gleichen Bedingungen.

5. Bestimmung der Koloniezahl

Als Koloniezahl wird die Zahl der mit 6- bis 8facher Lupenvergrößerung sichtbaren Kolonien definiert, die sich aus den in 1 ml des zu untersuchenden Wasssers befindlichen Bakterien in Plattengußkulturen mit nährstoffreichen, peptonhaltigen Nährböden (1% Fleischextrakt, 1% Pepton) bei einer Bebrütungstemperatur von 20 °C + 2 °C und 36 °C + 1 °C nach 44 + 4 Stunden Bebrütungsdauer bilden.

Die verwendbaren Nährböden unterscheiden sich hauptsächlich durch das Verfestigungsmittel, so daß folgende Methoden möglich sind:

a) Agar-Gelatine-Nährböden, Bebrütungstemperatur 20 °C + 2 °C und 36 °C + 1 °C, Bebrütungsdauer 44 + 4 Stunden oder
b) Agar-Nährböden, Bebrütungstemperatur 20 °C + 2 °C und 36 °C + 1 °C, Bebrütungsdauer 44 + 4 Stunden.

Tabelle 22. Grenzwerte für chemische Stoffe im Trinkwasser
Anlage 2 der Trinkwasserverordnung (zu § 2 Abs.1)

Abschnitt I (periodische Untersuchungen nach § 12 Abs. 1)

Lfd. Nr.	Bezeichnung	Grenzwert mg/l	berechnet als	entsprechend etwa mmol/m³	zulässiger Fehler des Meßwertes ± mg/l
a	b	c	d	e	f
1*)	Arsen	0,01	As	0,1	0,005
2	Blei	0,04	Pb	0,2	0,02
3	Cadmium	0,005	Cd	0,04	0,002
4	Chrom	0,05	Cr	1	0,01
5	Cyanid	0,05	CN^-	2	0,01
6	Fluorid	1,5	F^-	79	0,2
7	Nickel	0,05	Ni	0,9	0,01
8	Nitrat	50	NO_3^-	806	2
9	Nitrit	0,1	NO_2^-	2,2	0,02
10	Quecksilber	0,001	Hg	0,005	0,0005
11	Polycyclische aromatische Kohlenwasserstoffe – Fluoranthen – Benzo-(b)-Fluoranthen – Benzo-(k)-Fluoranthen – Benzo-(a)-Pyren – Benzo-(ghi)-Perylen – Indeno-(1,2,3-cd)-Pyren	insgesamt 0,0002	C	0,02	0,00004
12	Organische Chlorverbindungen – 1,1,1-Trichlorethan – Trichlorethylen – Tetrachlorethylen – Dichlormethan	insgesamt 0,01	–	–	0,004
	– Tetrachlormethan	0,003	CCl_4	0,02	0,001

*) Der Grenzwert für Arsen wurde ab 01.01.96 aus toxikologischen Gründen auf 0,01 mg/l herabgesetzt, um insbesondere die Vorsorge zu verbessern.

Tabelle 22. (Fortsetzung) Grenzwerte für chemische Stoffe im Trinkwasser
Anlage 2 der Trinkwasserverordnung (zu § 2 Abs.1)

Abschnitt II (besondere Untersuchungen nach § 12 Abs. 2)

Lfd. Nr.	Bezeichnung	Grenzwert mg/l	berechnet als	entsprechend etwa mmol/m³	zulässiger Fehler des Meßwertes ± mg/l
a	b	c	d	e	f
13	a) Organisch-chemische Stoffe zur Pflanzenbehandlung und Schädlingsbekämpfung einschließlich ihrer toxischen Hauptabbauprodukte und	einzelne Substanz 0,0001	–	–	0,00005
		insgesamt 0,0005	–	–	0,0002
	b) Polychlorierte, polybromierte Biphenyle und Terphenyle				
14	Antimon	0,01	Sb	0,08	0,002
15	Selen	0,01	Se	0,13	0,002

Trinkwasser ist ein Lebensmittel und dementsprechend gilt die „Zusatzstoff-Verkehrsverordnung" (ZVerkV) vom 10.07.1984. Ein Liter Wasser darf danach maximal 3 mg Arsen,10 mg Blei, 25 mg Zink und 50 mg Zink + Kupfer enthalten.

Tabelle 23. Zur Trinkwasseraufbereitung zugelassene Zusatzstoffe
Anlage 3 der Trinkwasserverordnung (zu § 5 Abs. 1 und 2)

Lfd. Nr.	Bezeichnung	EWG Nr.	Verwendungszweck aller unter derselben lfd. Nr. in Spalte b angegebenen Stoffe	Zulässige Zugabe mg/l	entsprechend etwa mmol/m³	Grenzwert nach Aufbereitung[1)] mg/l	berechnet als	entsprechend etwa mmol/m³	zulässiger Fehler des Meßwertes ± mg/l	Reaktionsprodukte
a	b	c	d	e	f	g	h	i	k	l
1	Chlor Natrium-, Calcium-, Magnesium- hypochlorit Chlorkalk	925	Desinfektion	1,2[2)]	34[2)]	0,3[2)] 0,01	freies Chlor Trihalogenmethane	8,5[2)] –	0,05 0,005	 Trihalogenmethane[2), 3)]
2	Chlordioxid	926	Desinfektion	0,4 –	6 –	0,2 0,2	ClO_2^- ClO_2	3 3	0,02 0,05	 Chlorit
3	Ozon		Desinfektion Oxidation	10	200	0,05 0,01	O_3 Trihalogene methane	1 –	0,03 0,005	 Trihalogenmehane[3)]
4	Silber Silberchlorid Natriumsilberchloridkomplex Silbersulfat	E 174	Konservierung; nur bei nicht systematischem Gebrauch im Ausnahmefall			0,08	Ag	0,7	0,01	
5	Wasserstoffperoxid Natriumperoxodisulfat Kaliummonopersulfat		Oxidation	17	500	0,1	H_2O_2	3	0,05	
6	Kaliumpermanganat		Oxidation							
7	Sauerstoff		Oxidation Sauerstoffanreicherung							
8	Schwefeldioxid Natriumsulfit Calciumsulfit	E 220 E 221 E 226	Reduktion	5	60	2	SO_3^{2-}	25	0,2	

[1] Einschließlich der Gehalte vor der Aufbereitung
[2] Die zulässige Höchstmenge der Zugabe darf bis auf 6 mg/l ⇔ 170 mmol/m³ werden, wenn die mikrobiologischen Anforderungen nach § 1 auf anderem Wege nicht eingehalten werden können.
[3] Chloroform, Monobromdichlormethan, Dibrommonochlormethan, Bromoform

Tabelle 23. (Fortsetzung) Zur Trinkwasseraufbereitung zugelassene Zusatzstoffe Anlage 3 der Trinkwasserverordnung (zu § 5 Abs. 1 und 2)

Lfd. Nr.	Bezeichnung	EWG Nr.	Verwendungszweck aller unter derselben lfd. Nr. in Spalte b angegebenen Stoffe	Zulässige Zugabe mg/l	entsprechend etwa mmol/m³	Grenzwert nach Aufbereitung mg/l	berechnet als	entsprechend etwa mmol/m³	zulässiger Fehler des Meßwertes ± mg/l	Reaktionsprodukte
a	b	c	d	e	f	g	h	i	k	l
9	Natriumthiosulfat		Reduktion	6,7	60	2,8	$S_2O_3^{2-}$	25	0,24	
10a	Natriumorthophosphat	E 339	Hemmung der Korrosion							
	Kaliumorthophosphat	E 340	Hemmung der Steinablagerung							
	Calciumorthophosphat	E 341								
	Natrium- und Kaliumdiphosphat	E 450a								
	Natrium- und Kaliumtriphosphat	E 450b								
	Natrium- und	E 450c								
10b	Natriumsilikate in Mischung mit Stoffen unter 10a oder	550	Hemmung der Korrosion			40	SiO_2	700	0,4	
	Natriumhydroxid oder	524								
	Natriumcarbonat oder	500								
	Natriumhydrogencarbonat	500								
11	Calciumcarbonat	E 170	Einstellen des pH-Wertes, des Salzgehaltes, des Calciumgehaltes, der Säurekapazität;							
	Calciumoxid	529								
	Calciumhydroxid	526								
	Calciumsulfat	516								
	Calciumchlorid	509								
	Halbgebrannter Dolomit									
	Magnesiumcarbonat	504	Entzug von Selen, Nitrat, Sulfat, Huminstoffen;							
	Magnesiumoxid	530								
	Magnesiumhydroxid	528								
	Magnesiumchlorid	511	Regeneration von Sorbentien							
	Natriumcarbonat	500								
	Natriumhydrogencarbonat	500								
	Natriumhydroxid	524								
	Natriumhydrogensulfat	514								
	Salzsäure	507								
	Schwefelsäure	513								
12	Magnesium als Opferanode		kathodischer Korrosionsschutz							

Tabelle 24. Kenngrößen und Grenzwerte zur Beurteilung der Beschaffenheit des Trinkwassers Anlage 4 der Trinkwasserverordnung (zu § 3)

I. Sensorische Kenngrößen

Lfd. Nr.	Bezeichnung	Grenzwert	berechnet als	zulässiger Fehler des Meßwertes	festgelegtes Verfahren/ Bemerkungen
a	b	c	d	e	f
1	Färbung*) (spektraler Absorptionskoeffizient Hg 436 nm)	0,5 m^{-1}	–	–	Bestimmung des spektralen Absorptionskoeffizienten mit Spektralphotometer oder Filterphotometer
2	Trübung	1,5 Trübungseinheit/ Formazin	–	–	Bestimmung der spektralen Streukoeffizienten
3	Geruchsschwellenwert	2 bei 12 °C 3 bei 25 °C	– –	– –	stufenweise Verdünnung mit geruchsfreiem Wasser und Prüfung auf Geruch

Tabelle 24. (Fortsetzung 1) Kenngrößen und Grenzwerte zur Beurteilung der Beschaffenheit des Trinkwassers
Anlage 4 der Trinkwasserverordnung (zu § 3)

II. Physikalisch-chemische Kenngrößen

Lfd. Nr.	Bezeichnung	Grenzwert	be-rechnet als	zulässiger Fehler des Meßwertes	festgelegtes Verfahren/ Bemerkungen
a	b	c	d	e	f
4	Temperatur	25 °C	–	± 1 °C	Grenzwert gilt nicht für erwärmtes Trinkwasser
5	pH-Wert	nicht unter 6,5 und nicht über 9,5 a) bei metallischen oder zementhaltigen Werkstoffen, außer passiven Stählen, darf im pH-Bereich 6,5–8,0 der pH-Wert des abgegebenen Wassers nicht unter dem pH-Wert der Calciumcarbonatsättigung liegen;	–	± 0,1	elektrometrische Messung mit Glaselektrode; für Wasserversorgungsanlagen mit einer Abgabe bis 1000 m^3 pro Jahr ist auch photometrische Messung zulässig; der pH-Wert der Calciumcarbonatsättigung wird durch Berechnung bestimmt; Schwankungen des pH-Wertes des Wassers unter den pH-Wert der Calciumcarbonatsättigung bleiben bis zu 0,2 pH-Einheiten unberücksichtigt
5	pH-Wert (Fortsetzung)	b) bei Faserzementwerkstoffen darf im pH-Bereich 6,5–9,5 der pH-Wert des abgegebenen Wassers nicht unter dem pH-Wert der Calciumcarbonatsättigung liegen			
6	Leitfähigkeit	2000 $\mu S\ cm^{-1}$	–	± 100 $\mu S\ cm^{-1}$	elektrometrische Messung
7	Oxidierbarkeit	5 mg/l	O_2	–	maßanalytische Bestimmung der Oxidierbarkeit mittels Kaliumpermanganat/Kaliumpermanganatverbrauch

Tabelle 24. (Fortsetzung 2) Kenngrößen und Grenzwerte zur Beurteilung der Beschaffenheit des Trinkwassers
Anlage 4 der Trinkwasserverordnung (zu § 3)

III. Grenzwerte für chemische Stoffe

Lfd. Nr.	Bezeichnung	Grenzwert mg/l	berechnet als	entsprechend etwa mmol/m³	zulässiger Fehler des Meßwertes ± mg/l	festgelegtes Verfahren/ Bemerkungen
a	b	c	d	e	f	g
8	Aluminium	0,2	Al	7,5	0,04	–
9	Ammonium	0,5	NH_4^+	30	0,1	geogen bedingte Überschreitungen bleiben bis zu einem Grenzwert von 30 mg/l außer Betracht
10	Barium	1	Ba	7	0,2	–
11	Bor	1	B	90	0,2	–
12	Calcium	400	Ca	10 000	40	–
13	Chlorid	250	Cl	7 000	25	–
14	Eisen	0,2	Fe	3,5	0,01	–
15	Kalium	12	K	300	0,5	geogen bedingte Überschreitungen bleiben bis zu einem Grenzwert von 50 mg/l außer Betracht
16	Kjeldahlstickstoff	1	N	71	–	–
17	Magnesium	50	Mg	2 050	2	geogen bedingte Überschreitungen bleiben bis zu einem Grenzwert von 120 mg/l außer Betracht
18	Mangan	0,05	Mn	0,9	0,01	–
19	Natrium	150	Na	6 500	6	–
20	Phenole	0,0005	Phenol C_6H_5OH	0,005	–	– ausgenommen natürliche Phenole, die nicht mit Chlor reagieren; – ist eingehalten, wenn der Grenzwert der Anlage 4 Nr. 3 „Geruchsschwellenwert“ eingehalten wird

Tabelle 24. (Fortsetzung 3) Kenngrößen und Grenzwerte zur Beurteilung der Beschaffenheit des Trinkwassers
Anlage 4 der Trinkwasserverordnung (zu § 3)

III. Grenzwerte für chemische Stoffe

Lfd. Nr.	Bezeichnung	Grenzwert mg/l	berechnet als	entsprechend etwa mmol/m³	zulässiger Fehler des Meßwertes ± mg/l	festgelegtes Verfahren/ Bemerkungen
a	b	c	d	e	f	g
21	Phosphor	6,7	PO_4^{3-}	70	0,1	Grenzwert entspricht 5 mg/l P_2O_5
22	Silber	0,01	Ag	0,1	0,004	bei Zugabe von Silber oder Silberverbindungen für die Aufbereitung von Trinkwasser gilt Anlage 3 Nr. 4
23	Sulfat	240	SO_4^{2-}	2 500	5	geogen bedingte Überschreitungen bleiben bis zu einem Grenzwert von 500 mg/l außer Betracht
24	Gelöste oder emulgierte Kohlenwasserstoffe; Mineralöle	0,01	–	–	0,005	–
25	Mit Chloroform extrahierte Stoffe	1	Abdampfrückstand	–	–	ist eingehalten, wenn der Grenzwert der Anlage 4 Nr. 7 „Oxidierbarkeit" eingehalten wird
26	Oberflächenaktive Stoffe					
	a) anionische	0,2	a) Methylenblauaktive Substanz	–	0,1	a) Bestimmung anionischer Tenside mittels Methylenblau gegen Dodecylbenzolsulfonsäuremethylester als Standard
	b) nichtionische	0,2	b) Bismutaktive Substanz	–	0,1	b) Bestimmung nichtionischer Tenside mit modifiziertem Dragendorff-Reagenz gegen Nonylphenoldekaethoxylat

10 Gefährdung

Im Grundwasser sind heute nicht nur die in Abschn. 4.5 beschriebenen natürlichen Stoffe vorhanden, sondern es gesellen sich immer mehr schädliche Verbindungen hinzu, die von Menschen hergestellt werden. In Bild 10-1 werden 244 durch Altlasten verursachte Schadensfälle statistisch dargestellt. Bei 86 % dieser Umweltschäden wurde das Grundwasser verschmutzt, während auf Gewässer und die Luft nur 6 bzw. 7 % entfielen und der Boden nur zu 1 % verunreinigt wurde. Wegen dieser Verteilung werden die Schädigungen des Grundwassers in diesem Buch vorrangig behandelt.

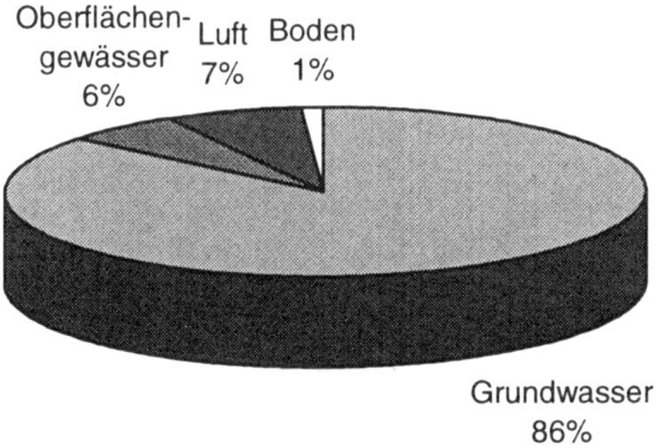

Bild 10-1. Statistik von 244 Schadensfällen (LfU 1995)

Während für die Beschaffenheit des Trinkwassers in Deutschland eine Verordnung der Bundesregierung gilt, sind für die Verschmutzungen des Grundwassers die Bundesländer zuständig. Da jedes Land eigene Vorschriften und Richtlinien aufgestellt hat, würde es zu weit führen, diese föderalistische Vielfalt hier darzustellen. Das Buch beschränkt sich deshalb auf die Wiedergabe allgemein gültiger Daten und Parameter.

10.1. Versalzung

Außer auf natürliche Weise (Abschn. 4.5) wird das Grundwasser durch Industrie und Haushalte versalzen. Dies geschieht z.B. in der Umgebung von Flüssen, die unter Verletzung bestehender Vorschriften als kostenlose Entsorger von Laugen und anderen salzhaltigen Abwässern benutzt werden.

Bild 10-2 stellt die Infiltration salzigen Flußwassers in einen Grundwasserleiter vor, der auch für die Trinkwassergewinnung genutzt wird. Die Linien gleichen Niveaus der Grundwasseroberfläche, die *Grundwassergleichen* genannt werden, verlaufen etwa parallel zur Biegung des Flusses. Über eine Entfernung von 1000 m nimmt ihre Höhe über Normal Null (NN) von 31,0 im Nordosten auf 29,0 im Südwesten ab. Demzufolge fließt das Grundwasser langsam von Nordosten nach Südwesten, etwa senkrecht zur Richtung des Flusses.

Der Fluß dient nicht als *Vorfluter*, d.h. er nimmt kein Grundwasser auf, da der Grundwasserleiter erst 3 m unter dem Flußbett beginnt. Dies zeigt der vertikale Schnitt in Bild 10-3. Da das Flußbett durchlässig ist, versickert Flußwasser in die ungesättigte Zone und schließlich in den Grundwasserleiter, wo es sich als *Salzfahnen* räumlich ausbreitet.

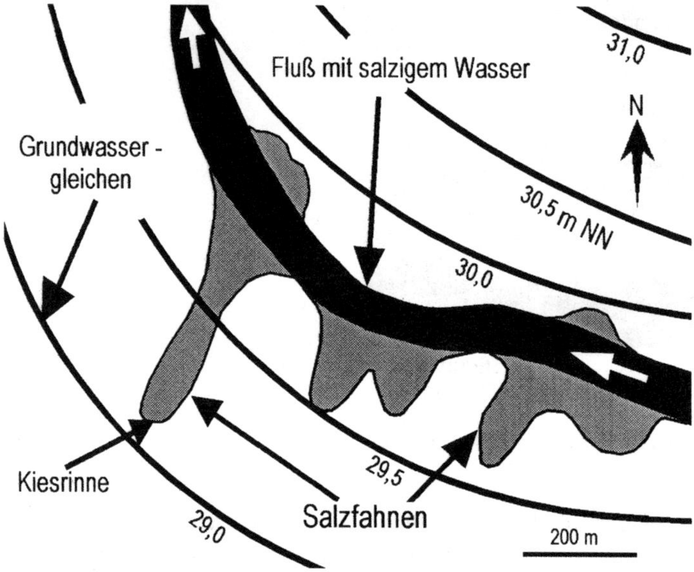

Bild 10-2. Infiltration von salzigem Flußwasser (grau) in einen Grundwasserleiter

Diese Fahnen dehnen sich in der Richtung des Grundwasserstromes nach Südwesten aus. Sie folgen dabei den Senken in der Oberfläche des Grundwasserstauers, da salzhaltiges Wasser schwerer als Süßwasser ist. So konnte z.B. im Bild 10-2 die Fahne in der Kiesrinne am weitesten nach Südwesten vordringen. Im Schnitt (Bild 10-3) wird sichtbar, wie das salzhaltige Flußwasser im Grundwasser absinkt. Da diese Strukturen an der Erdoberfläche nicht sichtbar sind, mußten sie durch geoelektrische Messungen (Abschn. 7.1.1) lokalisiert werden. Die Verbreitung der salzhaltigen Schadstoffahnen im Grundwässer zeichnete sich durch ihre geringen Widerstände deutlich ab. Nachfolgende Bohrungen, von denen einige als Meßstellen zur Dauerbeobachtung ausgebaut wurden, bestätigten dieses Ergebnis.

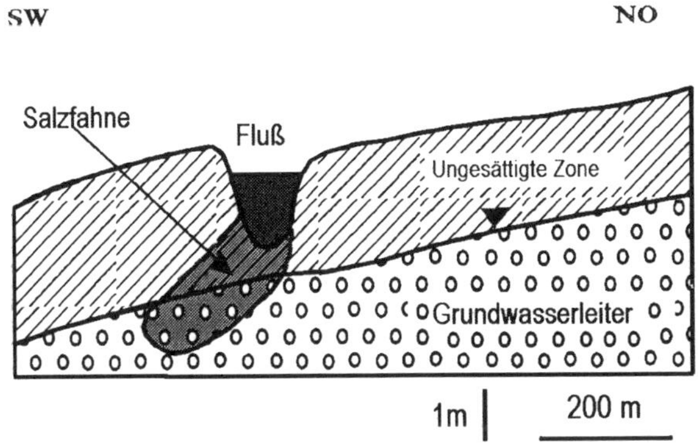

Bild 10-3. Infiltration von Salzwasser durch ein Flußbett (Schnitt durch Bild 10-2)

Salzfahnen gehen häufig von alten Hausmülldeponien aus, da viele der Abfallstoffe des Hausmülls Salze enthalten. Eindringender Regen löst sie als Sickerwasser heraus, das sich am Boden der Altlast sammelt, sofern diese Basis dicht ist. Ist diese jedoch undicht, sickert das salzhaltige Wasser aus der Deponie heraus in das Grundwasser, wo es im Abstrom weitergeführt wird. Auch diese Salzfahnen folgen bevorzugt den Senken in der Oberfläche der stauenden Schicht.

In Bild 10-4 wird eine Schadstoffahne beschrieben, die von einem flachen Tal in der Oberfläche des Grundwasserstauers abgelenkt wird. Zunächst war nur bekannt, daß diese Hausmüll-Altlast in einem sandig-kiesigen Grundwasserleiter liegt, in dem das Grundwasser gleichmäßig von West nach Ost fließt. Um von der Altlast ausgehende Grundwasserverschmutzungen kontrollieren zu können, wurden 3 Meßstellen östlich der Altlast angelegt.

Nur die Meßstelle 3 befindet sich innerhalb der Schadstoffahne und lieferte kontaminierte Proben. Pegel 1 und 2 erfaßten dagegen nur sauberes Grundwasser, das nicht durch die Altlast geflossen ist. Diese beiden Meßstellen hätten also nicht ausgereicht, um die Schadstoffahne zu entdecken!

Dieses Beispiel zeigt, daß schematisches Vorgehen bei der Erkundung von Grundwasserschäden nicht angebracht ist. Vor einer Bewertung sollten möglichst viele Untersuchungsmethoden kombiniert und alle Daten des gefährdeten Gebiets gesammelt und integriert ausgewertet werden.

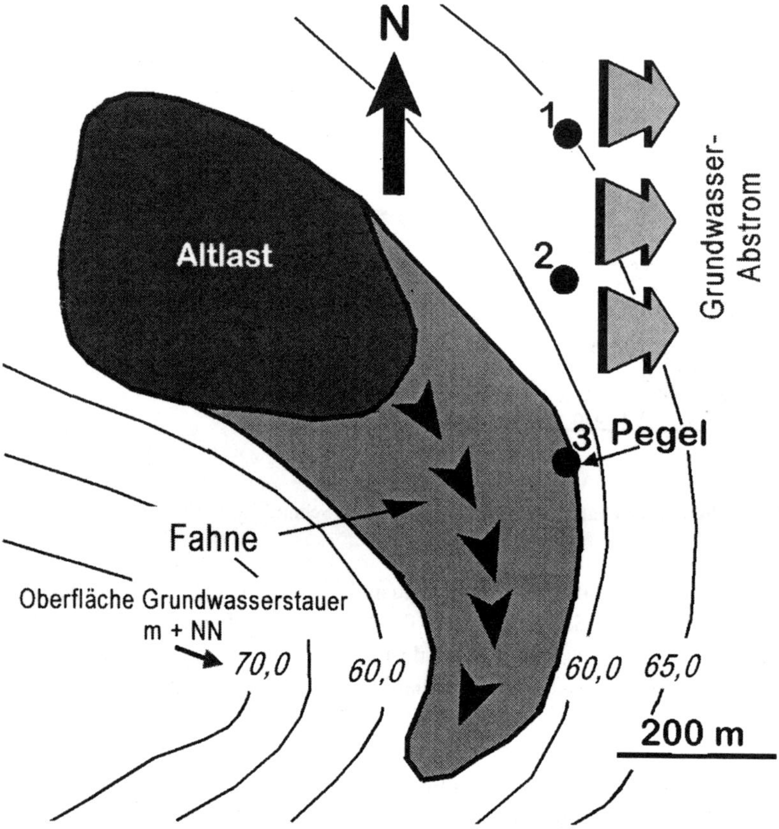

Bild 10-4. Schadstoffahne, einem Tal in der stauenden Schicht folgend

10.2 Gefährliche Stoffe

Diese Stoffe werden unterteilt in:

- anorganische,
- organische,
- summierte organische Stoffe,
- biologische.

Die Tabellen 25 bis 28 enthalten eine große Anzahl der Schadstoffgruppen, die im Grundwasser enthalten sein können. Zu jeder Schadstoffgruppe gehören weitere Stoffe, deren Aufzählung den Rahmen dieses Buches überschreiten würde. Alle gefährlichen Stoffe können natürlich nicht in jedem Schadensfall analysiert werden. Es sollten nur diejenigen Stoffe ausgewählt werden, die für den bestimmten Schadensfall charakteristisch sind.

In den Tabellen 25 bis 28 werden häufig anzutreffende anorganische, organische und *p*olizyklische *a*romatische *K*ohlenwasserstoffe (PAK) aufgeführt:

Tabelle 25. Anorganische Schadstoffe

Bezeichnung	Stoffe
Naßchemisch nachweisbar	Ammonium, Cyanide, lösliche Chromsalze, Säuren, Basen, Härte, Trübstoffe Arsen
Kationen	Natrium, Kalium, Kalzium, Magnesium, Eisen, Bor, Mangan, Aluminium,
Anionen	Chlorid Fluorid, Bromid, Nitrat, Nitrit,Phosphat, Sulfat, Sulfit, Sulfid
Schwermetalle	Blei, Cadmium, Chrom, Kupfer, Nickel, Quecksilber, Zink,

Tabelle 26. Organische Schadstoffe

Bezeichnung	Schadstoffgruppe
PAK	Polycyclische aromatische Kohlenwasserstoffe
PCB	Polychlorierte Biphenyle
BTEX	Benzol, Toloul, Ethylbenzol, Xylol
LCKW	Leichtflüchtige chlorierte Kohlenwasserstoffe
Pestizide	Herbizide (gegen Unkraut), Insektizide, Fungizide (gegen Pilze)

Tabelle 27. Summierte organische Schadstoffe

Bezeichnung	Schadstoffgruppe
MKW	Kohlenwasserstoffe der Minerlöle
TOC	Organischer Kohlenstoff total
DOC	Organischer Kohlenstoff gelöst
Phenolindex	Phenole
EOX	Extrahierbare Organverbindungen mit Halogenen[1]
AOX	Adsorbierbare Organverbindungen mit Halogenen[1]
CSB	Chemischer Sauerstoff

Tabelle 28. Polizyklische aromatische Kohlenwasserstoffe (PAK)

Naphthalin	Anthracen	Benzo-b-fluoranthen
Acenaphthylen	Fluoranthen	Benzo-k-fluoranthen
Acenaphthen	Pyren	Benzo-a-pyren
Fluoren	Benzo-a-anthracen	Dibenzo-(a,h)anthracen
Phenantren	Chrysen	Indeno-(1,2,3-c)pyren

[1] Chlor, Brom, Jod

Bei einem Leck in einer Tankstelle sind vor allem die Kohlenwasserstoffe in den Grundwasserproben zu analysieren, welche in Mineralölen vorkommen (*M*ineralöl *K*ohlen*w*asserstoffe MKW). Bei Betrieben der Schmuckindustrie, in denen Metalle zusammengelötet werden, ist nach leichtflüchtigen Kohlenwasserstoffen (LCKW), die als Reinigungsmittel dienen, zu suchen.

10.3 Grundwassergefährdung durch eine Sonderdeponie

Eine Sonderdeponie wurde in einer undurchlässigen *geologischen Barriere*, in einem Tonstein der Unterkreide, angelegt, dessen k_f-Wert nur 10^{-10} m/s beträgt. Dieses dichte Gestein wird jedoch von vielen, miteinander verbundenen Klüften durchzogen, die seine Durchlässigkeit bis auf $k_f = 5 \times 10^{-6}$ m/s steigern.

Dies zeigt, daß es nicht genügt, Durchlässigkeiten an Gesteinsproben im Labor zu bestimmen. Zusätzlich müssen diese Daten großräumig im Gelände, z.B. durch Markierungsversuche (Abschn. 6.1), überprüft werden.

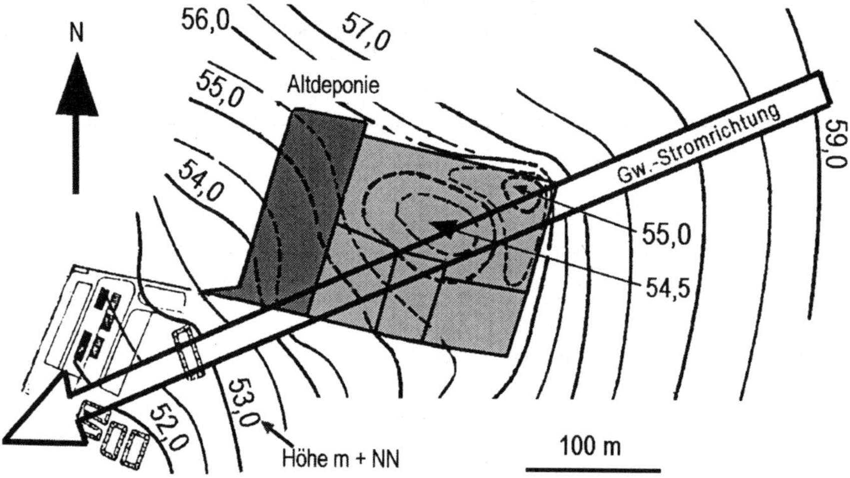

Bild 10-5. Grundwassergleichen unter einer Sonderdeponie (Fritz u.a., 1996)

Im Kluftsystem unserer Sonderdeponie (Bild 10-5) strömt das Grundwasser (großer Pfeil) von Nordost nach Südwest. Der Grundwasserspiegel liegt dicht unter der Oberfläche bei 1–3 m. Deshalb tauchen die innerhalb der Sonderdeponie bis zu 6 m tief ausgehobenen Gruben, die *Polder* genannt werden, bereits in das Grundwasser ein. Obwohl diese Polder abgedichtet wurden, gelangte dennoch kontaminiertes Sickerwasser ins Grundwasser.

Um die Ausdehnung dieser Schadstoffahne zu lokalisieren und zu überwachen wurde in einem Zeitraum von ca. 10 Jahren ein umfangreiches Netz von Grundwassermeßstellen angelegt (Bild 10-6). Dabei stellte sich eine relativ geringe Ausdehnung der Schadstoffahne heraus. Wäre dies schon bei Beginn der Überwachung durch eine geoelektrische Kartierung bekannt gewesen, hätten vermutlich weniger Meßstellen (weiße Kreise) ausgereicht.

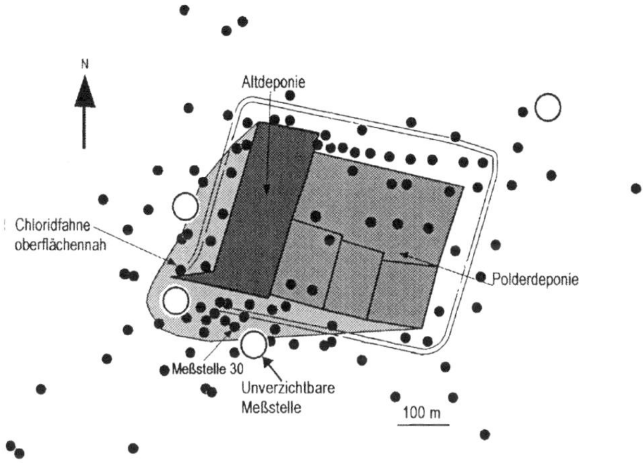

Bild 10-6. Überwachung des Grundwassers in Bild 10-5 (Fritz u.a., 1996)

Die Meßstellen, auch Überwachungsbrunnen genannt, wurden meist tiefer als 15 m, bis maximal 78 m, gebohrt. Der Grund hierfür war eine Tiefenabhängigkeit der Schadstoffbelastung des Grundwassers. Aus Bild 10-7 geht hervor, daß das Grundwasser die stärkste Verschmutzung bis zur Tiefe von 10 m aufweist. Von 10 bis 25 m gehen Chloride und Sulfate jedoch erheblich zurück.

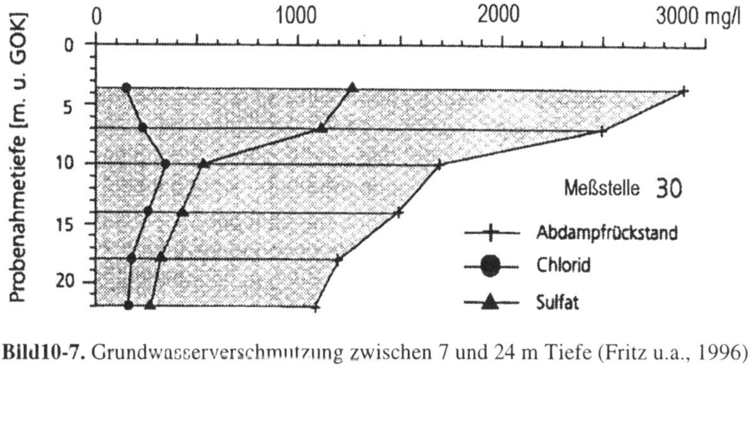

Bild10-7. Grundwasserverschmutzung zwischen 7 und 24 m Tiefe (Fritz u.a., 1996)

Deswegen wurde zwischen Verschmutzungen im „oberflächennahen" und im „tieferen Grundwasserabstrom" unterschieden. Die Bilder 10-8 und 10-9 zeigen, daß nicht nur die Konzentration der Schadstoffe mit der Tiefe geringer wird, sondern auch ihre Ausdehnung.

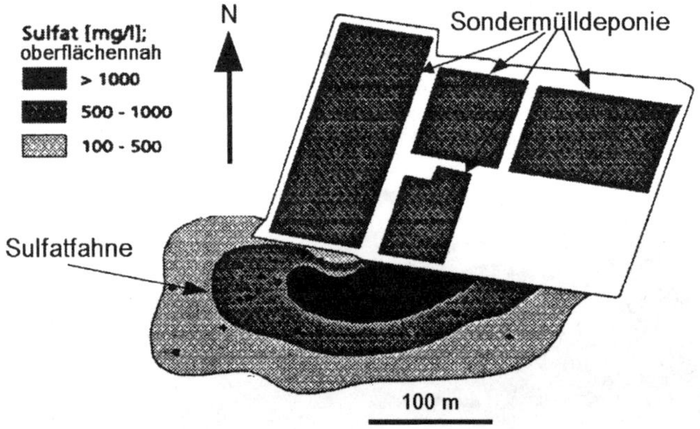

Bild 10-8. Sulfat im oberflächennahen Grundwasserabstrom (Fritz u.a., 1996)

Die oberflächennahe Sulfatfahne in Bild 10-8 wurde aus Meßstellen ermittelt, deren Filterstrecke nur bis 15 m Tiefe reicht. Die Sulfatgehalte steigen in der Fahne auf über 1000 mg/l an und liegen somit erheblich über den Gehalten im sauberen Grundwasser, die maximal 50 mg/l betragen. Sulfationen wurden für die Erfassung der Schadstoffverteilung gewählt, da sie sich besonders schnell ausbreiten. Sie dienen dabei als Indikator für die Verbreitung anderer Schadstoffe im Grundwasser.

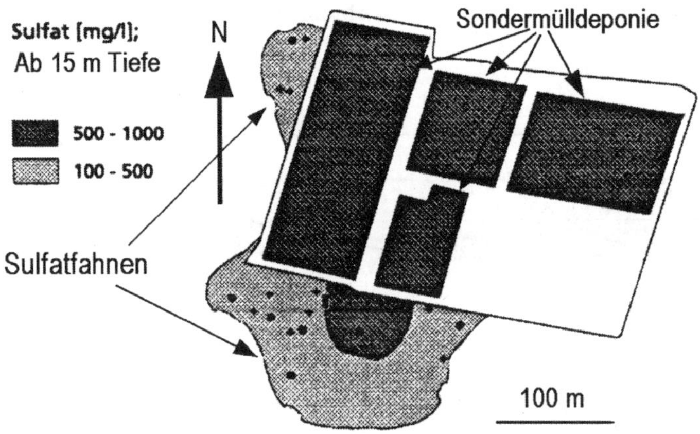

Bild 10-9. Sulfat im tieferen Grundwasserabstrom (Fritz u.a., 1996)

In Bild 10-9 sind Sulfatgehalte dargestellt, deren Proben Meßstellen entnommen wurden, in denen die Filterstrecke erst bei 15 m Tiefe beginnt. In diesem tieferen Abstrom dringen die Sulfationen weniger weit nach Südwesten vor als im oberen Bereich. Dagegen ist eine zusätzliche Sulfatfahne vorhanden, die nach Nordwesten gerichtet ist. Diese geringere Ausdehnung des schadstoffhaltigen Grundwassers in der Tiefe geht auf das Kluftsystem zurück, dessen Klüfte nahe der Oberfläche durch Verwitterung in Folge der stärkeren Grundwasserzirkulation geweitet wurden.

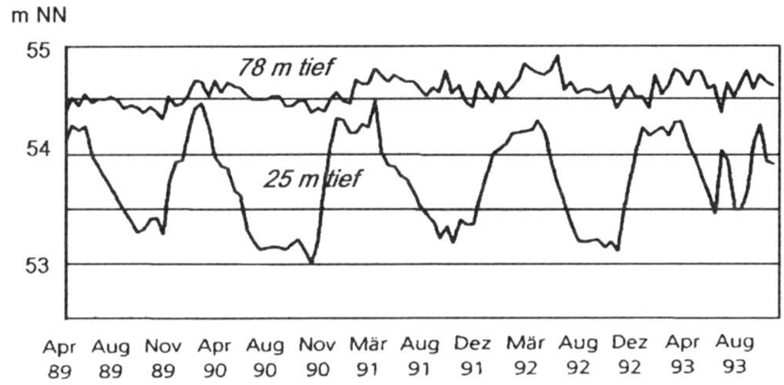

Bild 10-10. Änderung der Grundwasserstände in 2 Meßstellen, 78 u. 25 m tief (Fritz u.a., 1996)

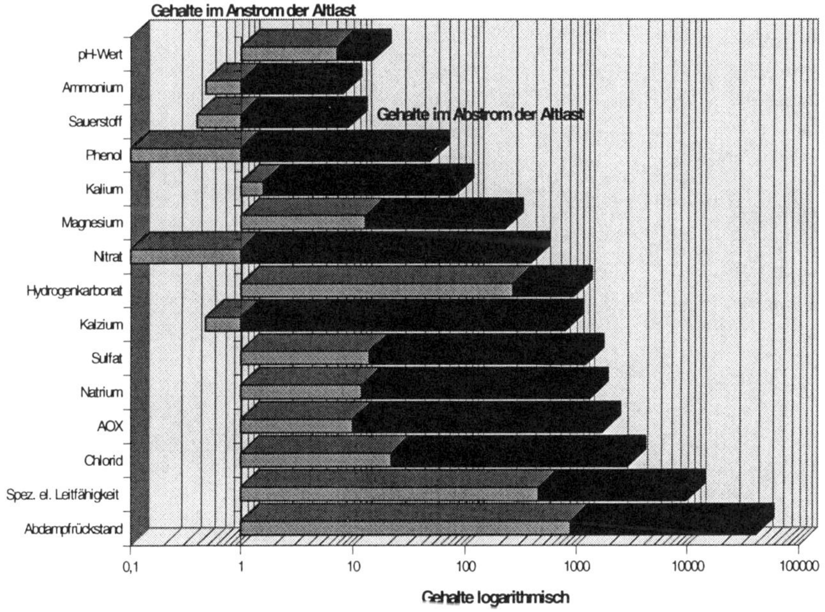

Bild 10-11. Gelöste Stoffe vor und nach Durchfließen der Sonderdeponie (Fritz u.a., 1996)

Auch die zeitlichen Veränderungen der Grundwasserstände nehmen deutlich mit der Tiefe ab. In Bild 10-10 werden oben die Schwankungen des Grundwasserspiegels in einem 78 m tiefen Brunnen und darunter in einem nur 25 m tiefen Brunnen in der Zeit vom April 1989 bis zum August 1993 dargestellt.

Tiefenabhängig sind nicht nur die Schadstoffgehalte und die zeitlichen Variationen des Grundwasserstandes, sondern auch der Mineralgehalt des unkontaminierten Grundwassers. Während von 0 bis 30 m Tiefe Kalziumhydrogenkarbonat in geringer Konzentration vorhanden ist, tritt ab 30 m Tiefe schlagartig eine starke Versalzung mit Natriumchlorid (Kochsalz) auf. Ökologisch ist wichtig, daß diese Salzführung nicht von Sickerwässern der Deponie (Bild 10-7), sondern von Salzeinlagerungen in den Tonsteinen der Kreidezeit stammt, die vom Grundwasser gelöst wurden.

Bild 10-11 stellt die geringen Anteile gelöster Stoffe im „sauber anströmenden Grundwasser“ (hellgrau) den extrem erhöhten Schadstoffanteilen im Abstrom, d.h. nach Durchfließen der Sonderdeponie (schwarz), gegenüber. Um diese großen Unterschiede darzustellen, mußte ein logarithmischer Maßstab gewählt werden, wodurch jedoch geringe Anteile zu stark hervorgehoben werden. In Tabelle 29 werden die Maßeinheiten der entsprechenden Schadstoffe aufgeführt.

Tabelle 29. Gelöste Stoffe mit Maßeinheiten

Spezifische elektrische Leitfähigkeit	µS/cm[1]
Ammonium	mg/l[2]
Sauerstoff	mg/l
Kalium	mg/l
Magnesium	mg/l
Nitrat	mg/l
Hydrogenkarbonat	mg/l
Kalzium	mg/l
Sulfat	mg/l
Natrium	mg/l
Chlorid	mg/l
Abdampfrückstand	mg/l
Phenol	mg/l
AOX[3]	µg/l[4]

Die in Bild 10-11 dargestellten Schadstoffe entstammen folgenden eingelagerten Stoffgruppen (Tabelle 30):

[1] Mikrosiemens pro Zentimeter
[2] Milligramm pro Liter
[3] AOX = An Aktivkohle adsorbierbare organische Halogenverbindungen (Summenparameter)
[4] Mikrogramm pro Liter

Tabelle 30. Stoffe in der Sondermülldeponie

A) Altdeponie:
- Aliphatische Kohlenwasserstoffe aus Mineralölen
- Chlorierte Kohlenwasserstoffe (Trichloräthylen, Tetrachlorethen und Hexachlorbenzol)
- Einkernige aromatische Kohlenwasserstoffe (Toluol und Xylol)
- Polyzyklische aromatische Kohlenwasserstoffe (PAK) z.B. Naphtalin
- eine Vielzahl komplizierter organischer sowie Schwefel- und Stickstoffverbindungen
- Schwermetalle, besonders Chrom

B) Polder- oder GSM-Deponie:
- Staubende Aschen
- Organische Stoffe z.B. Teer oder Chemierückstände
- Böden, durch Öl- oder Schädlingsbekämpfungsmittel verunreinigt
- Industrielle Schlämme
- Mineralische Abfälle, Schlacken
- Ölhaltige Abfälle, wie. Sägemehl, Putztücher
- Lackreste und Sonstige

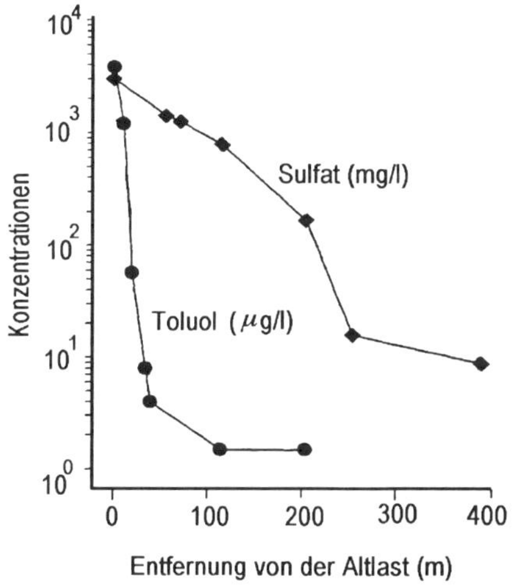

Bild 10-12. Abnahme der Schadstoffgehalte im Umfeld der Sonderdeponie (Fritz u.a., 1996)

Die intensive und über 12 Jahre kontinuierlich geführte Untersuchung bzw. Überwachung des Grundwassers ergab folgendes:

- Die Schadstoffe breiteten sich im Abstrom des Grundwassers nur ca. 200 m weit von der Altlast aus.
- Die Konzentration der Schadstoffe nimmt innerhalb dieser Fahne in Richtung des Abstroms ab (Bild 10-12).
- Die durch Sulfationen gekennzeichnete, oberflächennahe Schadstoffahne ist kleiner geworden und hat ihre Richtung von Südwest auf West geändert.
- Während die Chloridgehalte deutlich zurückgegangen sind, erhöhten sich die Sulfatkonzentrationen.

- Die Tonsteine absorbierten vorrangig Toluol und Kalium, Sulfate wurden weniger gebunden und blieben länger mobil.
- Alle organischen Schadstoffe geringer Wasserlöslichkeit wurden z.T. so stark absorbiert, daß sie nicht mehr vom Grundwasser transportiert werden konnten.
- Verschiedene Maßnahmen zum Abpumpen des Grundwassers haben die Schadstoffgehalte und ihre Ausdehnung eingeschränkt. Diese Verbesserung hielt auch nach Abschluß der Arbeiten an..
- Auch in Zukunft muß die Grundwasserströmung in Richtung und Geschwindigkeit überwacht werden, um entsprechende Veränderungen der Schadstoffausbreitung und den Erfolg von Sanierungsmaßnahmen (Abdichtungen) feststellen zu können.

10.4 Überwachung

10.4.1 Datensammlung und Ablauf

Um Grundwasser, das kontaminiert ist, zu überwachen, müssen zahlreiche Eigenschaften und Schadstoffgehalte periodisch kontrolliert werden. Bild 10-13 gibt eine entsprechende Liste vereinfacht wieder, die von der Landesanstalt für Umweltschutz Karlsruhe (LfU) zusammengestellt wurde. Der Ablauf einer Untersuchung eines Schadensfalls im Grundwasser wird vereinfacht in Bild 10-14 erläutert. Diese Beispiele betreffen nur das Land Baden-Württemberg. In anderen Bundesländern bestehen andere Vorschriften für die Erkundung und Bewertung von Verschmutzungen des Grundwassers.

Die bei der Erkundung einer Verunreinigung des Grundwassers ermittelten Daten werden in die drei Beweisniveaus „vermutet, orientierend und sicher“ der Liste in Bild 10-13 eingetragen, wobei noch die Unterteilung in „minimal, mittel und maximal“ erfolgt. Diese Beweisniveaus drücken sowohl den unterschiedlichen Stand der Kenntnisse über die zu untersuchende Verschmutzung des Grundwassers als auch die Dringlichkeit für weitere Untersuchungen oder Maßnahmen aus.

Auf dem Beweisniveau 1, das am Anfang der Erkundung einer Verunreinigung des Grundwassers steht, erfolgt nur eine qualitative Bewertung der Gefahren.

Das Beweisniveau 2 wird erreicht, wenn quantitative Erkenntnisse vorliegen, die auf eine Altlast oder einen anderen Schadensherd als Verursacher hinweisen. In dieser Stufe, die als *orientierende Erkundung* bezeichnet wird, können auch noch nicht abgesicherte Werte der Schadstoffkonzentrationen in die Bewertung eingehen.

Im Beweisniveau 3 werden ausschließlich sichere Meßwerte eingesetzt und mit den behördlich vorgeschriebenen Grenzwerten verglichen. Erst dadurch wird die abschließende Bewertung der Grundwasserkontamination möglich. Anschließend kann entschieden werden, ob

- keine weiteren Maßnahmen,
- eine Dauerüberwachung oder
- eine Sanierung

erforderlich sind.

	Beweisniveau 1 vermutet			Beweisniveau 2 orientierend			Beweisniveau 3 sicher			
	min	mittel	max	min	mittel	max	min	mittel	max	plausibel
Geometrie										
Abstrom Sickerwasser (m^2)										
Breite Gw.-Querschnitt (m)										
Gw.-Mächtigkeit (m)										
Gw.-Querschnitt vor Altlast (m^2)										
Gw.-Mächtigkeit an Altlast (m)										
Gw.-Querschnitt an Altlast (m^2)										
Hydraulik										
Fließrichtung (^{0})										
Transmissivität (m^2/s)										
Durchlässigkeit (m/s)										
Grundwassergefälle										
Hohlraumanteil										
Abstrombreite (m)										
Grundwasserentnahme (m^3/s)										
Dauer des Pumpversuchs (h)										
Volumenströme										
Sickerwasservolumen (m^3/d)										
Grundwasservolumen im Anstrom (m^3/d)										
Grundwasserneubildung (mm/a)										
Emissionen										
Schadstoffe in der Fahne ($\mu g/l$)										
Schadstoffe im Sickerwasser ($\mu g/l$)										
Schadstoffe im Grundwasseranstrom ($\mu g/l$)										

Bild 10-13. Zu überwachende Grundwassereigenschaften und -stoffe (LfU, 1996)

Bild 10-14 ist ein Beispiel für eine schrittweise ökologische Grundwassererkundung. Nach der Zusammenstellung aller bekannten Befunde in einer Liste wird daraus ein hydrogeologisches Modell erstellt. Basierend auf diesen Kenntnissen wird zunächst ein theoretisches hydrogeologisches Arbeits- und Planungsmodell erstellt. Bei der nachfolgenden technischen Erkundung werden die Daten dieses Modells überprüft und ergänzt. Schließlich müssen Meßdaten und theoretisch abgeleitete Eigenschaften verglichen und abgestimmt werden.

Falls dies gelingt, können die Schadstoffemissionen in das Grundwasser berechnet werden. Wird keine Übereinstimmung zwischen theoretischer Vorhersage und gemessenen Werten erzielt, so müssen die technische Erkundung ergänzt und ein neues hydrogeologisches Modell berechnet werden, ehe die Schadstoffbelastung des Grundwassers ermittelt werden kann.

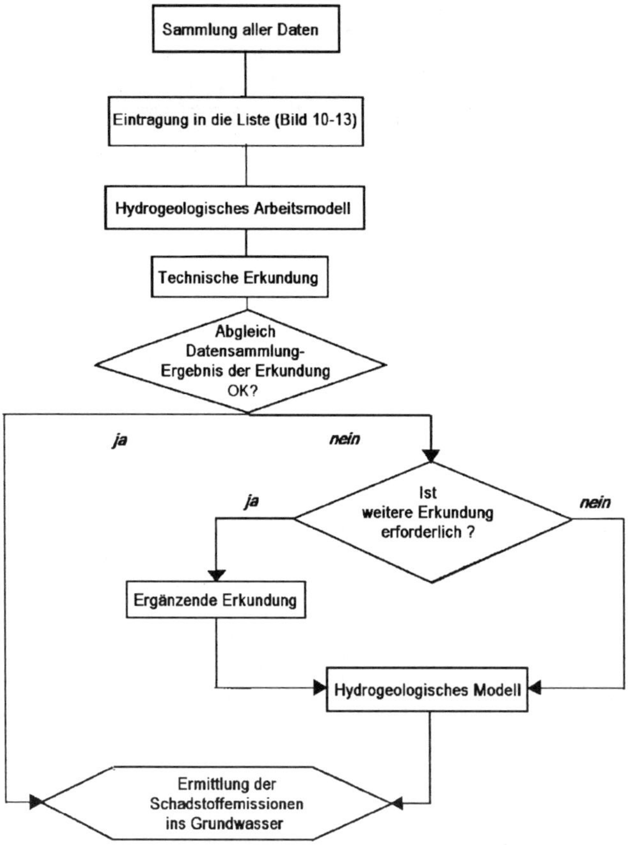

Bild 10-14. Ablaufdiagramm zur Schadstoffermittlung im Grundwasser (LfU, 1996)

10.4.2 Typische Verunreinigungen

Die meisten Verschmutzungen des Grundwassers gehen von undichten Altlasten oder Altablagerungen aus. Davon gibt es ca. 80 000 in Deutschland. Die häufigsten Typen sind:

- Altlast mit „trockenem Fuß"[1] -Porengrundwasserleiter (Bild 10-15),
- Altlast mit „nassem Fuß"[2] -Porengrundwasserleiter (Bild 10-16),
- Altlast mit „trockenem Fuß" -Kluft/Karstgrundwasserleiter (Bild 10-17),
- Altlast mit „nassem Fuß" -Kluft/Karstgrundwasserleiter (Bild 10-18).

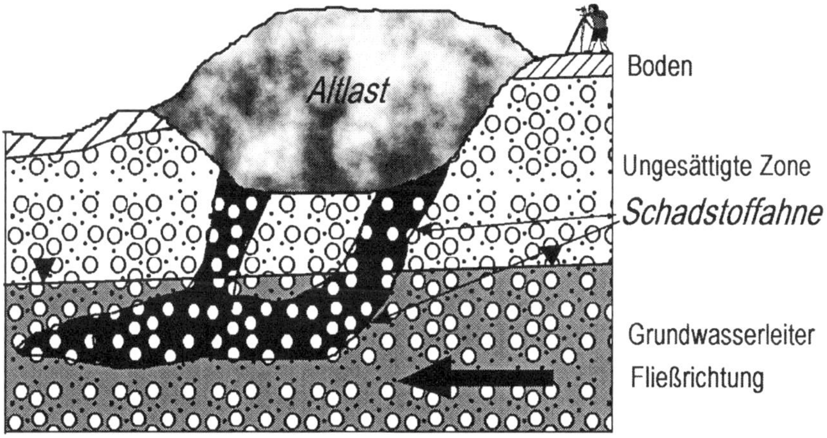

Bild 10-15. Altlast mit „trockenem Fuß" im Porengrundwasserleiter

In den Bildern 10-15 und 10-16 wird ein sandiger Kies mit der hohen Durchlässigkeit von $k_f = 10^{-3}$ vorgestellt. Die Altlast in Bild 10-15 liegt im Porengrundwasserleiter, oberhalb des Grundwasserspiegels. Sie befindet sich in der ungesättigten Zone der durchlässigen Kies-Sandschicht. Darunter, im Grundwasserleiter, fließt das Grundwasser von rechts nach links, entsprechend der Neigung seiner Oberfläche, die durch zwei Dreiecke markiert wird. Aus dem Regenwasser, das von der Erdoberfläche in die Altlast gelangt, bildet sich innerhalb der Altlast mit Schadstoffen belastetes Sickerwasser, das über der Basisdichtung aufgestaut wird. Diese hat jedoch zwei Lecks, in denen das Sickerwasser in zwei Fahnen nach unten ausfließen kann.

Die beiden Schadstoffahnen sind in der ungesättigten Zone zunächst steil nach unten gerichtet. Nach Eintritt in den Grundwasserleiter werden sie jedoch vom

---

[1] Die Altlast liegt über dem Grundwasserspiegel

[2] Das Grundwasser fließt durch den unteren Teil der Altlast

nach links strömenden Grundwasser erfaßt und horizontal abgelenkt, wobei sie sich vereinigen.

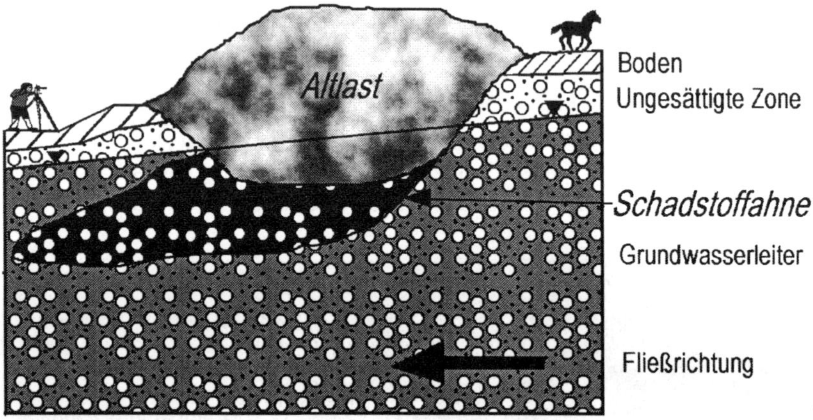

Bild 10-16. Altlast mit „nassem Fuß" im Porengrundwasserleiter

Während das Sickerwasser durch die ungesättigte Zone nach unten sinkt, bleibt die Konzentration der gelösten Schadstoffe im wesentlichen erhalten. Allerdings werden Schadstoffe durch die Einwirkung der Bodenluft ausgefällt oder bleiben am Gestein haften. Sobald jedoch die Schadstoffahne in das Grundwasser eintritt, wird die Konzentration der Schadstoffe verdünnt.

In Bild 10-16 liegt die Altlast im Porengrundwasserleiter. Der Grundwasserstand ist so hoch, daß ihr unterer Teil vom Grundwasser durchflossen wird: Diese Altlast hat einen „nassen Fuß". Dadurch werden Schadstoffe vom Grundwasserstrom bereits innerhalb der Altlast gelöst oder als schwimmende Partikel ausgewaschen. Da die Abdichtung schadhaft oder nicht vorhanden ist, bildet sich eine Schadstoffahne, die vom Grundwasser nach links mitgenommen wird. Falls sie schwerer ist als Wasser, würde sie jedoch bis auf die Oberfläche des Grundwasserstauers absinken und dort den eingeschnittenen Senken folgen (Abschn. 10.1, Bild 10-4).

Die Kluft- und Karstgrundwasserleiter des Festgesteins (Bilder 10-17, 10-18) unterscheiden sich hauptsächlich durch Größe und Form ihrer Hohlräume, die vom Grundwasser durchflossen werden. Klüfte sind flächig ausgedehnte Strukturen, die meist tektonisch vorgezeichneten Richtungen folgen. Die Durchlässigkeit des Gesteins hängt von der Weite und den Verbindungen der Klüfte untereinander ab und wechselt deshalb rasch.

Die Hohlräume des Karst wurden dagegen individuell vom Grundwasser ausgewaschen. Sie sind meist rundlich und größer. Es gibt riesige Karst-Systeme von sehr guter Durchlässigkeit, in denen viele Hohlräume miteinander kommunizieren, so daß das Grundwasser zirkulieren kann. Doch häufig sind nicht alle Hohlräume miteinander verbunden. Deshalb können im gleichen Karstgebiet mehrere Grundwasserleiter nebeneinander mit verschiedenen Fließrichtungen und Wasserständen existieren (Abschn. 3.2.2, Bild 3-10).

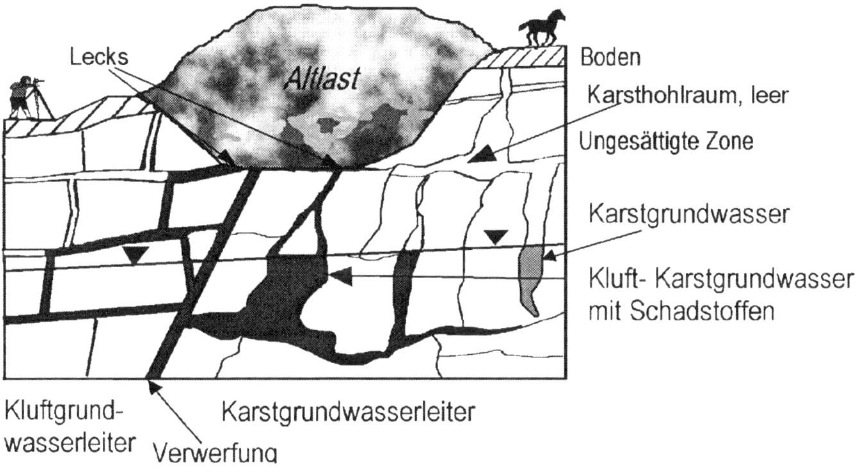

Bild 10-17. Altlast mit trockenem Fuß im Kluft- und Karstgrundwasserleiter

Schadstoffe breiten sich in Kluft- und Karstgrundwasserleitern in ähnlicher Weise aus (Abschn. 4.5.3) In Bild 10-17 liegt der Grundwasserspiegel erheblich tiefer als der „trockene Fuß" der Altlast. Das aus zwei Lecks an der Basis der Altlast austretende, schadstoffhaltige Sickerwasser rinnt auf verschlungenen Wegen durch die ungesättigte Zone in die Tiefe. Dies geschieht entweder auf klaffenden Klüften, einer offenen Verwerfungsfläche oder entlang der Wände von Karststrukturen, bis es schließlich das Kluft- bzw. Karstgrundwasser erreicht.

Dabei bleiben viele Schwebstoffe haften und gelöste Schadstoffe werden durch den intensiven Kontakt mit den Kalken des Karstes ausgefällt. Auf diesem Weg müssen auch enge Klüfte oder kleine Hohlräume durchsickert werden. Dabei können mit der Zeit die Sickerwege zugesetzt werden, so daß um die Altlast ein schadstoffrreicher Mantel aus gering bzw. undurchlässigem Gestein entsteht.

Im Festgestein bildet sich oft keine einheitliche Schadstoffahne aus, denn das kontaminierte Wasser kann nur auf den Strukturen fließen, die miteinander verbunden sind. Benachbarte Klüfte, Spalten oder Hohlräume können so gut gegeneinander abgeschottet sein, daß auf engsten Raum verunreinigtes und sauberes Grundwasser nebeneinander vorkommen.

Es liegt auf der Hand, daß dies die Erkundung der Schadstoffe erheblich erschwert. Dies gilt insbesondere für den Einsatz von Bohrungen, die nur Informationen aus einer dünnen vertikalen Säule vermitteln (Abschn. 7.3). Deshalb sollten im Festgestein zusätzlich geophysikalische Verfahren eingesetzt werden, um Bohrergebnisse räumlich zu ergänzen.

Diese Schwierigkeiten treten ebenso bei Altlasten mit nassem Fuß auf. In Bild 10-18 sickert das verunreinigte Wasser aus der Altlast entweder durch Lecks oder infolge einer fehlenden Basisabdichtung nach unten in offene Klüfte, Spalten oder Hohlräume.

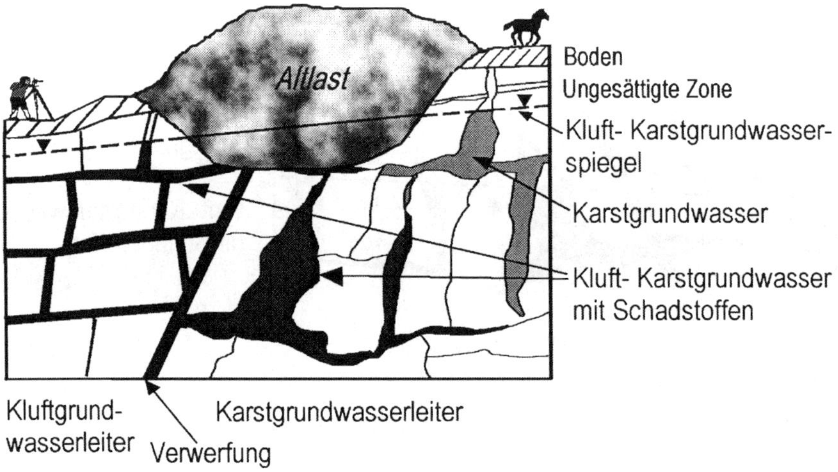

Bild 10-18. Altlast mit nassem Fuß im Kluft-Karstgrundwasserleiter

Die hier vorgestellten Beispiele der Verunreinigung des Grundwassers gingen von Altlasten aus, deren Ursprung alte Deponien waren. Es gibt jedoch noch andere Möglichkeiten. Häufig rinnen z.B. organische Schadstoffe (Teer, Heizöl und Kraftfahrzeugtreibstoffe) aus schadhaften Tanks oder durch fahrlässige Handhabung in den Untergrund. Das gleiche gilt für leichtflüchtige Reinigungsmittel, z.B. LCKW[1]. Letztere breiten sich besonders schnell aus, da sie sich mit dem Grundwasser vermischen. Andererseits verdunsten sie relativ rasch in die Atmosphäre. Dies geschieht nicht nur an der Erdoberfläche, sondern langsamer auch in der Tiefe, wo die Bodenluft verunreinigt wird. Auf diese Weise nimmt der Anteil leichtflüchtiger organischer Verbindungen mit der Zeit von selbst ab.

10.4.3 Digitale Modellierung

Mit Computerprogrammen können Strömungs- und Transportmodelle von Schadensfällen berechnet werden. Strömungsmodelle erfassen alle Fließbewegungen des Grundwassers, Transportmodelle die Mischung und den Transport von im

[1] Leichtflüchtige Kohlenwasserstoffe

Grundwasser gelösten oder schwebenden Schadstoffen. Ein Transportmodell kann erst berechnet werden, wenn das entsprechende Strömungsmodell vorliegt.

Dies kann durch unkomplizierte analytische Verfahren geschehen, doch diese können nur bei einfachen Verhältnissen angewendet werden. Es müssen z.B. ein homogener geologischer Bau und lineare Strömung vorliegen. Analytische Resultate können deshalb die vielgestaltigen natürlichen Strukturen nicht vollkommen erfassen.

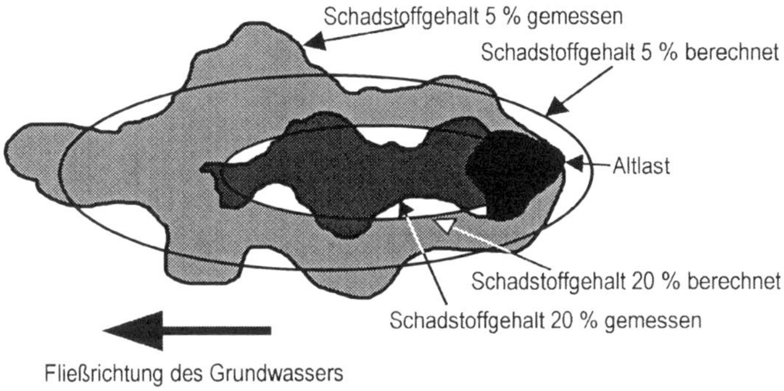

Bild 10-19. Unterschiede zwischen modellierten und gemessenen Schadstoffkonzentrationen

Besser geht dies mit dem mathematischem Verfahren der finiten Elemente, wobei der zu modellierende, dreidimensionale Bereich in zahlreiche, in sich homogene Stücke zerlegt wird. Das Verfahren der finiten Elemente kann sowohl ohne Berücksichtigung zeitlicher Veränderungen „stationär", oder unter Einbeziehung zeitlicher Veränderungen „instationär" durchgeführt werden. Bei instationärer Modellierung müssen viele aufeinanderfolgende Zeitschritte berechnet werden, deshalb ist hierfür ein größerer Rechenaufwand erforderlich.

Um Grundwassermodellierungen berechnen zu können, müssen folgende Daten vorliegen:

Tabelle 31. Modellierung von Grundwasserstrom und Schadstofftransport

Strömungsmodell, instationär	Transportmodell
Durchlässigkeitsbeiwerte oder Transmissivitäten	Zufuhr Schadstoffe
Grundwasserstände	Abgabe Schadstoffe
Speicherkoeffizienten	Dauer Verflüchtigung / Zerfall
Entnahmen	Porositäten verunreinigter Gesteine
Zuflüsse	Adsorptionsfähigkeiten
Neubildung	
Schadstoffzufuhren	
Porositäten	

In Bild 10-19 werden für eine Schadstoffahne die mit finiten Elementen berechneten Konzentrationen für Schadstoffgehalte von 20 % bzw. 5 % mit den aus Meßstellen ermittelten Werten verglichen.

Voraussetzung jeder Modellierung ist natürlich, daß die in Tabelle 31 aufgezählten Daten und Eigenschaften bekannt sind. Auch wenn Daten fehlen und noch ermittelt werden müssen, sollte nicht auf ein Modell verzichtet werden, denn die Kosten dafür sind wesentlich geringer als für ein fehlgeschlagenes Sanierungsvorhaben.

In Tabelle 32 werden vielfältige Ergebnisse von Grundwasser-Modellierungen zusammengestellt. Sie belegen, daß dieses Verfahren erfolgreich angewendet werden kann, wenn ein verunreinigtes Grundwasservorkommen zu erkunden, zu überwachen oder zu sanieren ist.

Tabelle 32. Ergebnisse digitaler Grundwasser-Modellierungen

Strömungsmodell, instationär	Transportmodell
Grundwasservorräte	Bilanz der Schadstoffgehalte
Bilanz der Veränderungen	Zeitliche Variationen der Konzentrationen
Zeitlicher Wechsel des Grundwasserstandes	Räumliche Bewegungen der Schadstoffahnen
Räumliche Bewegungen	Abschätzung der Gefahren und Risiken
Prognose von Absenkungen	Grundlagen der detaillierten Erkundung
Vorhersage von Erhöhungen	Grundlagen der Dauerüberwachung
Grundlagen der Bemessung von Einzugsgebieten	Grundlagen der Sanierung
Grundlagen der Bemessung von Schutzzonen	Grundlagen der Sanierung

Grundwasser-Modellierungen basieren auf umfassenden interaktiven Rechenoperationen und umfangreichem Datenmaterial, das in vielen Meßstellen durch langdauernde, periodische Messungen gewonnen wurde. Der Bearbeiter benötigt erhebliche Kenntnisse und Erfahrungen in diesem komplexen Fachgebiet.

10.4.4
Technische Kontrolle

Fortlaufende technische Kontrollen sind notwendig, um Veränderungen und Entwicklungen von Grundwasserschäden aufzuzeichnen. Davon hängt die Entscheidung ab, wie und ob ein Schaden oder eine Verunreinigung weiter zu behandeln ist. Es gibt folgende Möglichkeiten:

- Der Schaden ist nicht mehr gefährlich (z.B. nach einer Sanierung): Es sind keine weiteren Maßnahmen erforderlich und die Untersuchungsergebnisse können archiviert werden.
- Die Informationen sind nicht ausreichend: Es muß weiter erkundet werden.
- Der Schaden ist gefährlich: Es muß saniert werden.

Probennahme

Kontrollen sind bisher nur durch Probennahmen oder direkte Messungen im Grundwasser vorgenommen worden. Dafür mußten Meßstellen oder Brunnen vorhanden sein oder angelegt werden. Entsprechende Beispiele finden sich bereits in Abschn. 10.1. Eine bis drei Meßstellen sollten innerhalb einer Schadstoffahne, im Bereich hoher Schadstoffwerte, vorhanden sein. Hierbei können auch Brunnen oder für andere Zwecke angelegte Meßstellen benutzt werden.

Die Proben können durch Abpumpen (Abschn. 8.1 bis 8.3) oder auch durch Schöpfen (Abschn. 7.3.4) gewonnen werden. Beim Abpumpen ist zu beachten, daß der durch Tiefe und Länge des Filters festgelegte Förderbereich den verunreinigten Abschnitt des Grundwasserleiters enthält. Außerdem muß die Durchlässigkeit des Grundwasserleiters bzw. die Ergiebigkeit des Brunnens so groß sein, daß die Pumpe nicht trockenlaufen kann. Wenn verunreinigtes Wasser herausgepumpt wird, darf dieses nicht in Kanalisation oder Oberflächengewässer geleitet werden, sondern ist ordnungsgemäß zu entsorgen. Schöpfproben eignen sich dagegen auch für geringe Fördermengen. Sie können mit einem speziellen Gerät, das Probennehmer genannt wird (Bild 10-20), entnommen werden. Vorteilhaft ist, daß die Tiefe der Probe dabei genau angegeben werden kann.

Tabelle 33. Daten der Probennahme

Technik
Entnahmetiefe in m/cm unter Gelände und über NN
Probennahmegerät
Förderrate bzw. Größe/Menge der Probe
Pumpdauer vor der Probennahme

Grundwasserbeschaffenheit
Grundwasserstand
Trübung
Geruch
Farbe
Temperatur
Elektrische Leitfähigkeit
pH-Wert
Sauerstoffgehalt

Der Probennehmer für Schöpfproben besteht aus einem Stahlgefäß, das an einem Bohrlochkabel hängt. Für Handbetrieb, wie in Bild 10-20 dargestellt, wird die Tiefe des Gefäßes von einer Tiefenmarkierung in Zentimetern, die auf dem Kabel angebracht ist, abgelesen. Bei Verwendung einer Bohrlochwinde wird die Tiefe automatisch aufgezeichnet. Wenn der Probennehmer auf die gewünschte Tiefe abgesenkt wurde, wird elektrisch oder zeitgesteuert ein Ventil auf seinem Boden geöffnet. Danach dringt Grundwasser ein und schiebt einen Kolben nach oben. Das Ventil wird automatisch geschlossen, wenn das Gefäß voll ist bzw. der Kolben ganz nach oben gedrückt wurde.

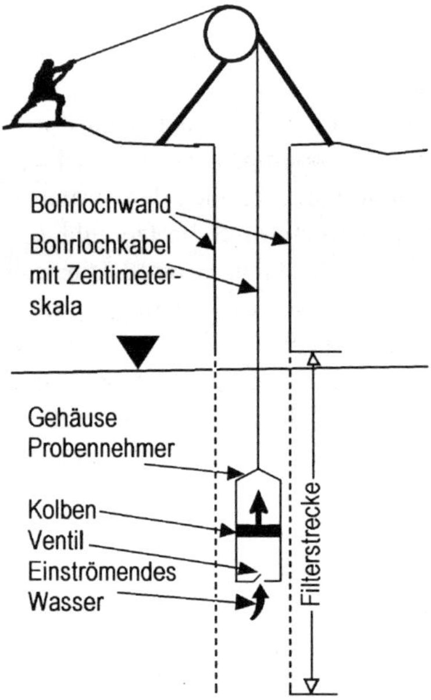

Bild 10-20. Probennehmer für Schöpfproben

Dies ist indessen nur ein Beispiel für viele Möglichkeiten der Probennahme. So werden auch Gefäße benutzt, die vor der Schöpfprobe luftleer gepumpt wurden, und die sich nach Öffnen des Ventils schlagartig füllen. Bei Probennahmen sollten die in Tabelle 33 zusammengestellten Werte und Daten bestimmt und registriert werden.

Wie oft Proben genommen und analysiert werden, hängt von der Fließgeschwindigkeit (oder Abstandsgeschwindigkeit) v_a und dem Schadstoffgehalt des Grundwassers ab. Tabelle 34 enthält häufig verwendete Intervalle. Bei akuten Gefährdungen des Grundwassers, insbesondere in der Nähe von Anlagen zur Trinkwassergewinnung, reichen die angegebenen Abstände zur Probennahme häufig nicht aus.

Tabelle 34. Häufigkeit von Probennahmen

Fließgeschwindigkeit v_a	Häufigkeit
weniger als ½ m pro Tag	~ 1 mal pro Jahr
bis 5 m pro Tag	2 mal pro Jahr
bis 10 m pro Tag	3 mal pro Jahr, ggf. öfter
über 10 m pro Tag	kontinuierlich/ automatisch

Physikalische und chemische Meßverfahren

Für eine lückenlose Dauerüberwachung müßten Schöpf- oder Pumpproben in sehr kurzen Zeitabständen genommen und analysiert werden. Besser wäre es, wenn diese Aufgabe spezielle Sonden übernehmen könnten, die auf Dauer in den Meßstellen installiert werden. Die Schadstoffgehalte könnten dann kontinuierlich oder in kurzen Abständen registriert und/oder digital und drahtlos zu einer zentralen Recheneinheit gesendet werden.

Tabelle 35. Sonden zur Dauerbeobachtung

Meßverfahren	Typ	Meßgrößen	Verwendung
Druckmessung	OTT/ODS4	Grundwasserstand	stationär
Telemetrie	OTT-COM	Datenübertragung	stationär
Faseroptiksensor	Forschungszentrum Karlsruhe/ EFA-Sensor	Gehalte organischer Schadstoffe	mobil
Photochemisches Verfahren	PREUSSAG CKW-Indikator	AKW[1] LCKW[2]	stationär
	TERRA TEC (Betreiber)	GW-Stand, Temperatur, pH-Wert, Ammonium, Chlorid	stationär
Mehrparameter Sonde mit ionenselektiven Elektroden (ISE)	WANDA / Multisonde	GW-Stand, el. Leitfähigkeit, Temperatur, Ammonium, Chlorid, Nitrat	stationär
	ELBAGU/Vario 0,5 pt	el. Leitfähigkeit, Temperatur, pH-Wert, Chlorid	mobil
Elektrochemische Sonden	WTW/CLARK Test	Sauerstoff, Schwermetalle, Nitro- und Aminoaromate	mobil
Passive Sorbersysteme	GORE-Sorber	Gehalte organischer Schadstoffe	-
	Aktivkohle Sorber	PCB[3]	-
Biotest		Organische + anorganische Schadstoffe	-

[1] Aromatische Kohlenwasserstoffe
[2] Leichtflüchtige Chlorkohlenwasserstoffe
[3] Polychlorierte Biphenyle

Die Landesanstalt für Umweltschutz Baden-Württemberg hat ein entsprechendes Vorhaben im Rahmen der „Fachtechnischen Kontrolle von Grundwasserschadensfällen" (LfU, 1997) durchgeführt. Alle erhältlichen Sonden, die zur direkten und kontinuierlichen Bestimmung der Schadstoffgehalte im Grundwasser eingesetzt werden können, wurden in der Praxis getestet (Tabelle 35). Neuartige Techniken sind entwickelt worden, um in Meßstellen, Bohrungen oder Brunnen die gleiche Präzision wie im Labor zu erreichen.

Allerdings müssen diese Verfahren noch an die Anforderungen der Praxis angepaßt werden, um Wartung, Verläßlichkeit, Meßgenauigkeit und das Verhältnis vom Preis zur Leistung zu verbessern. Die meisten Verfahren werden in festen, länglichen Behältern durchgeführt, die, wie bei geophysikalischen Bohrlochmessungen, als „Sonden" bezeichnet werden. In Meßstellen, Bohrungen oder Brunnen werden sie in das Grundwasser versenkt. Die Messungen erfolgen z.T. stationär, d.h. die Sonde wird in der gewünschten Meßtiefe für lange Zeit verankert. Derzeit muß noch ein fahrbares Labor, das in einem Meßfahrzeug eingebaut ist verwendet werden.

Im folgenden werden die Einsatzmöglichkeiten der Sondengruppen beschrieben. Details finden sich in der Methodensammlung des Handbuches „Altlasten und Grundwasserschadensfälle" (LfU, 1997).

Die Bestimmung des *Grundwasserstandes mit Drucksonden* wurde bereits in Abschn. 7.6 beschrieben.

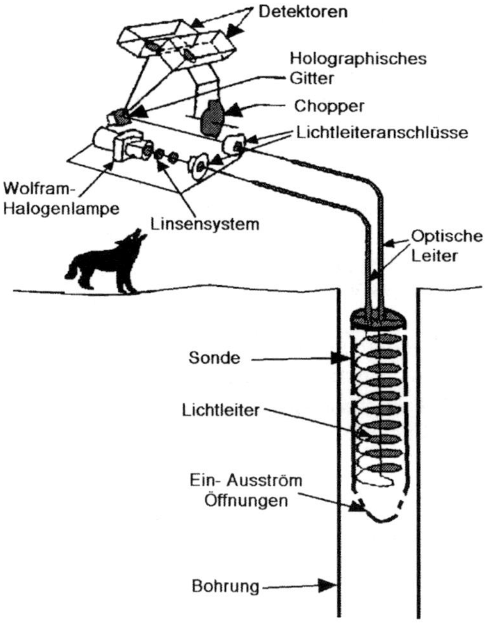

Bild 10-21. Lichtleitersonde, vereinfacht (Bürk, 1994)

Faseroptische bzw. *spektroskopische Methoden* haben das Ziel, die Summe der Konzentrationen verschiedener organischer Verbindungen zu ermitteln (Bild 10-21). In Frage kommen z.B. Leichtflüchtige Halogenierte Kohlenwasserstoffe (LHKW) und Polyzyklische Aromatische Kohlenwasserstoffe (PAK). Hierbei wird die Eigenschaft dieser organischen Schadstoffe ausgenützt, Licht zu absorbieren und zu fluoreszieren. Die Intensität dieser Fluoreszenz steht in einem bestimmten Verhältnis zu ihrer Konzentration. Insbesondere chlorierte Kohlenwasserstoffe eignen sich gut für diese Verfahren.

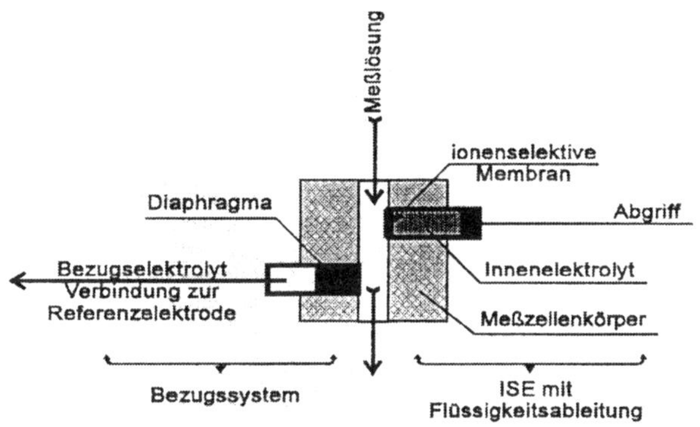

Bild. 10-22. Sensormeßzelle mit selbstkalibrierenden ionenselektiven Elektroden (DASA, 1997)

Die *photochemischen Verfahren* benutzen die Oxidation leichtflüchtiger organischer Verbindungen (z.B. LCKW), die auch mit VOC bezeichnet werden, durch ultraviolettes Licht. Das Gerät muß allerdings bei jedem Einsatz auf die Zusammensetzung der leichtflüchtigen organischen Bestandteile im Grundwasser geeicht werden. Die Nachweisgrenze beträgt 1 µg/l.

Mehrfachsonden mit ionenselektiven Elektroden (ISE) messen Grundwasserstand, elektrische Leitfähigkeit, Temperatur, pH-Wert, Ammonium, Chlorid und Nitrat. Die WANDA-Sonde der Firma DASA zeichnet sich durch Selbstkalibrierung und Zuverlässigkeit aus. Die beiden anderen getesteten Systeme (Tabelle 35) müssen zur Kalibrierung aus der Meßstelle gezogen werden. Bild 10-22 erläutert den Aufbau einer selbstkalibrierenden Sensormeßzelle. Alle Mehrfachsysteme mit ionenselektiven Elektroden enthalten: Sensoren, Verstärker, Datensammler mit Steuerelektronik und Stromversorgung. Die ionenselektiven Elektroden sind von sensitiven Membranen umgeben, die nur auf bestimmte Ionen ansprechen. In Bild 10-23 werden die Meßgenauigkeiten der drei im LfU-Vorhaben getesteten Mehrfachsonden verglichen.

Bei *elektrochemischen Methoden* wird die Veränderung eines angelegten Stromes gemessen. Der Stoffnachweis wird aus der Spannung, die Konzentration aus dem Stromfluß abgeleitet. Es können bestimmt werden: gelöster Sauerstoff Schwermetalle, Nitro- bzw. Aminoaromate und ähnliche Stoffe. Wichtig ist, daß der Sensor (Bild 10-24) ständig umströmt wird, da bei der Messung gelöster Sauerstoff freigesetzt wird. Sauerstoffsonden müssen täglich kalibriert werden. Ein wartungsfreier Dauereinsatz ist deshalb noch nicht möglich.

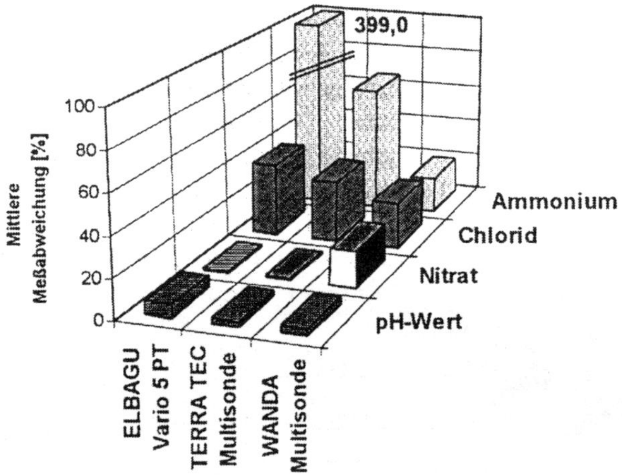

Bild 10-23. Meßgenauigkeit der Mehrfachsonden mit ISE (LfU, 1997)

Passive Sorbersysteme dienen insbesondere dem qualitativen Nachweis leichtflüchtiger organischer Stoffe und der qualitativen Änderung ihrer Konzentrationen. Spezielle Sorberstoffe, z.B. Aktivkohle, adsorbieren die gesuchten Stoffe. Die Sorberstoffe müssen 10–30 Tage im Grundwasser der Meßstelle verbleiben.

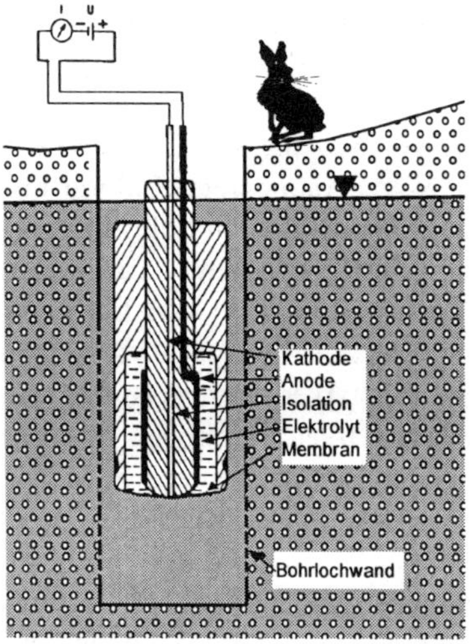

Bild 10-24. Elektrochemische Sonde zur Sauerstoffmessung (CLARK-Sonde)

Sie werden dann wieder gezogen und im Labor durch Massenspektrometrie oder Gaschromatographie analysiert. Das Ergebnis ist ein Mittelwert aus der gesamten Meßzeit; kurzfristige Schwankungen werden nicht registriert. Die Sonde kann nacheinander in verschiedenen Tiefen angebracht werden, so daß vertikale Profile der Schadstoffverteilung entstehen.

Biologische Verfahren
Der biologische Nachweis von Schadstoffen kann nicht in Meßstellen oder Brunnen durchgeführt werden. Er wird vorwiegend nur im Labor an Grundwasserproben angewendet. Ermittelt werden die toxischen Einwirkungen auf Lebewesen. Die Testorganismen werden in die Proben eingesetzt, um ihre Beeinträchtigung durch Schadstoffe herauszufinden. Dabei reagieren die einzelnen Lebewesen unterschiedlich auf den gleichen Schadstoff. In der Tabelle 35 sind erprobte Testorganismen erfaßt. Bild 10-25 verdeutlicht, wie sich die Lebensdauer von Fischlarven vermindert, wenn in der Wasserprobe toxische Schadstoffe enthalten sind.

Biologische Testmethoden komplettieren physikalische und chemische Verfahren, indem sie die Gesamtwirkung verschiedener Schadstoffe auf Lebewesen darstellen. Allerdings sollten sie nicht für sich allein durchgeführt werden; zusätzliche chemische Analysen sind erforderlich. Biologische Verfahren können die physikalisch-chemischen Methoden bei besonders hohen Schadstoffgehalten ergänzen. Zum Nachweis sehr geringer Kontaminationen sind sie indessen weniger geeignet.

Tabelle 35. Biologische Testverfahren zum Nachweis von Schadstoffen

Verfahren	Standard	Schadstoffe	Toxische Wirkung
Daphnientest	DIN 38412L30	PAK, Schwermetalle, (Benzol, AOX, DOC[1])	Wasserflöhe verlieren Schwimmfähigkeit oder sterben
Algentest	DIN 38412L33	CKW, PCB, Phenole	reduziertes Zellwachstum
Leuchtbakterientest	DIN 338412L33	Schwermetalle, PAK, KW	leuchten weniger
Kressetest	OECD 208	Herbizide, Cyanide, PAK, (CKW, Schwermetalle[1])	geringere Keimfähigkeit
Amestest	OECD 271		Änderungen der Mutationsrate und des Stoffwechsels
UMU-Test	DIN UA12		Gehemmtes Wachstum
Embryofischtest			Geringere Überlebensrate der Embryonen des Zebrabärtlings

[1] vermutet

Bild 10-25 zeigt, daß die Überlebensrate von Fischembryonen im stark mit toxischen Stoffen belasteten Sickerwasser einer Altlast nach 7,5 Tagen nur noch 50 % beträgt.

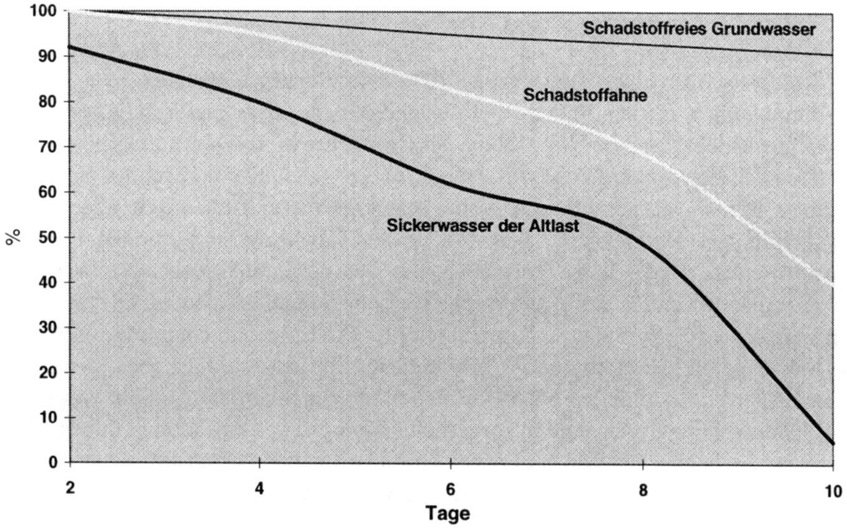

Bild 10-25. Überlebensrate von Fischembryonen in sauberem und belastetem Wasser

11 Schutz

11.1 Wasserschutzgebiete

Grundwasser ist in der Regel sauber und frei von Verschmutzungen und kann deshalb unmittelbar als Trinkwasser genutzt werden. Allerdings müssen in den Anlagen zur Wassergewinnung natürliche Stoffe entfernt werden, die seine Nutzung erschweren. Das sind z.B. zweiwertige Eisenverbindungen oder Hydrogenkarbonate, welche die Kalkhärte bestimmen.

Niederschläge oder geklärte Abwässer aus Siedlungen und Industrie, die in den Boden versickern, sind kein Trinkwasser. Sie müssen erst natürlich gereinigt werden, wenn sie durch poröse oder klüftige Gesteine fließen, die als ungesättigte Zone den Grundwasserleiter überdecken. Diese Reinigungskraft erlischt indessen, wenn die Fracht an Schmutz- und Schadstoffen zu groß wird. Ein solcher Schaden läßt sich meist nicht mehr beheben, da die Schadstoffe für immer in den Poren oder Klüften der Gesteine haften oder dort ausgefällt wurden.

Aus diesen Gründen darf Trinkwasser nur dort gewonnen werden, wo keine Verunreinigungen in das Grundwasser eindringen können. Besiedelte, industriell oder landwirtschaftlich intensiv genutzte Bereiche fallen aus (Bild 11-1). Es ist notwendig, die Einzugsgebiete zur Trinkwassergewinnung als *Wasserschutzgebiete* abzugrenzen. Nach dem Arbeitsblatt W 101 des DVGW[1] ist die Nutzung dieser Gebiete stark eingeschränkt. Es dürfen nicht verwendet werden:

- Stoffe oder Organismen, welche die Gesundheit gefährden,
- Stoffe oder Organismen, welche die Beschaffenheit des Wassers beeinträchtigen,
- Vorrichtungen, welche die Temperatur des Grundwassers nachteilig verändern.

11.2 Schutzzonen

Wasserschutzgebiete (Bild 11-1) sollen das gesamte Einzugsgebiet umfassen, d.h. alle Flächen, in denen das Wasser zur Trinkwassergewinnung gelangen kann. Entsprechend dem Abstand von der Brunnenanlage, dem Grad der Gefährdung durch

[1] Deutscher Verein des Gas- und Wasserfaches e.V.

Verunreinigungen und den geologischen Strukturen des Untergrundes werden Wasserschutzgebiete in drei *Schutzzonen* (Bild 11-2) eingeteilt:

Schutzzone III: Sie soll vor weitreichenden Beeinträchtigungen, insbesondere vor chemischen oder radioaktiven Stoffen schützen, die sich nicht oder nur schwer abbauen lassen.

Schutzzone II: Dieser engere Bereich soll von Viren, Bakterien, Parasiten, Wurmeiern und anderen Verunreinigungen freigehalten werden, die bei geringem Abstand und kurzer Fließdauer zur Brunnenanlage bzw. in das geförderte Wasser gelangen können.

Schutzzone I: Sie umfaßt die unmittelbare Umgebung der Trinkwassergewinnung und ist von jeder Art von Verunreinigungen oder Beeinträchtigungen freizuhalten.

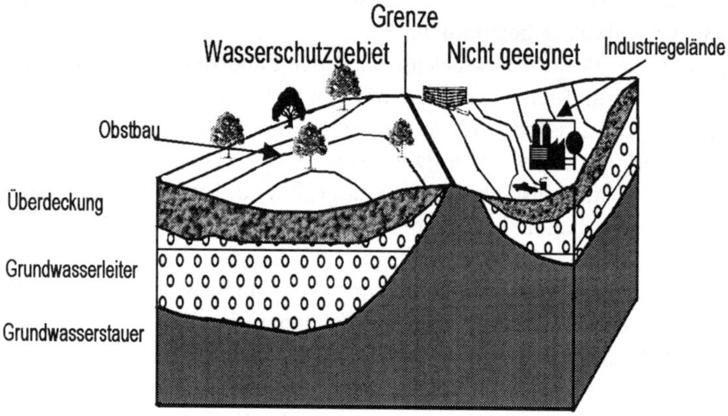

Bild 11-1. Wasserschutzgebiet und nicht geeignete Flächen

Die Schutzzonen sollen in allen Grundwasserleitern, d.h. im Locker-, Kluft-, oder Karstgestein möglichst auf die gleiche Weise eingerichtet werden. Dafür werden folgende Unterlagen benötigt:

- genaue Beschreibung der Anlage zur Trinkwassergewinnung,
- wasserrechtliche Situation,
- Resultate chemischer, physikalischer und bakteriologischer Untersuchungen des Grundwassers aus mehreren Jahren zwecks Erkennung bestehender Belastungen,
- hydrologische und hydrographische Ergebnisse über einen Zeitraum von über einem Jahr; in Frage kommen z.B. Pumpversuche oder periodische Messungen von Quellschüttungen,
- hydrogeologische Daten und Unterlagen.

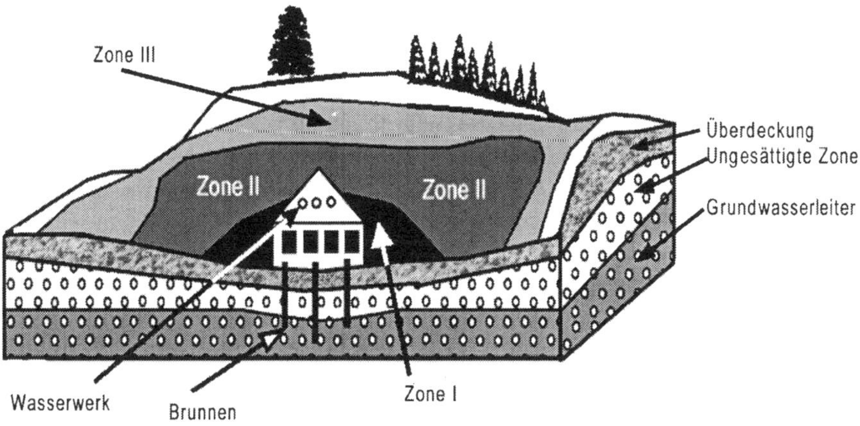

Bild 11-2. Anordnung der Grundwasserschutzzonen um eine Trinkwassergewinnung

Die *weitere oder äußere Schutzzone III* (Bild 11-2) soll das gesamte ober- und unterirdische Einzugsgebiet und ggf. auch Flächen enthalten, deren Oberflächenwässer in das Einzugsgebiet strömen. Falls die Grenze des Schutzgebietes nicht genau festgelegt werden kann, muß sie an den Rand der größtmöglichen Erstrekkung plaziert werden. Die Zeit, die das Wasser benötigt, um vom Rand zu den Brunnen zu fließen, soll mehr als 50 Tage betragen. In Karstgegenden kann Grundwasser ggf. in weniger als 50 Tagen die Brunnen erreichen, da es sehr schnell fließt. In diesem Fall ist das gesamte Schutzgebiet als Zone II mit ihren strengeren Auflagen zu behandeln.

Im DVGW-Merkblatt W 101 wird eine zusätzliche Unterteilung in die Zonen III A und III B vorgeschlagen. Ihre gemeinsame Grenze sollte z.B. im Lockergestein mit Fließgeschwindigkeiten unter 10 m pro Tag 2000 m oberhalb der Trinkwassergewinnung liegen. Darüber hinaus ist bei der Gestaltung der Zone III die Dicke und die Durchlässigkeit der Überdeckung des Grundwasserleiters zu berücksichtigen. So kann bei einer durchgehenden Mächtigkeit von über 8 m die Zone III verkleinert werden.

Die *engere Schutzzone II* soll so groß sein, daß das Grundwasser mindestens 50 Tage benötigt, um bis zur Brunnenanlage zu fließen. Dadurch wird erreicht, daß gefährliche Mikroorganismen absterben, bevor sie ins Trinkwasser gelangen können. Diese 50-Tage-Linie wird geohydraulisch errechnet oder durch Markierungsversuche bestimmt. Grundsätzlich soll ihre Grenze mindestens 100 m von der Anlage zur Trinkwassergewinnung entfernt sein.

Für gespanntes Grundwasser, das durch seine undurchlässige Überdeckung vor Verunreinigungen von der Erdoberfläche geschützt ist, muß die Schutzzone II nicht unbedingt eingerichtet werden. Das gleiche gilt für den Fall, daß die Überdeckung zwar durchlässig, jedoch sehr mächtig ist.

Im Karst und bei weit offenen Kluftgrundwasserleitern sind folgende Flächen in die Schutzzone II einzubeziehen (DVGW-Merkblatt W 101):

- zum Fassungsbereich hin abfallende Hänge oder Trockentäler, wobei die Reichweite der Zone II in oberstromiger Richtung von der Trinkwassergewinnungsanlage mindestens 300 m, bei Quellfassungen mit größerer Schüttung oder Brunnen mit höherer Entnahme mindestens 1000 m (insbesondere in Trockentälern) betragen muß,
- tiefe Karstwannen, Erdfälle, Dolinen und Dolinenfelder einschließlich ihrer näheren Umgebung, insbesondere wenn sie als Schluckstellen zeitweilig oder ständig größere Flächen entwässern,
- Umgebung von Bachversinkungen,
- tief eingeschnittene Trockentäler, soweit sie streckenweise oder zeitweilig Oberflächenabfluß und Versickerungsstellen aufweisen,
- alte Abbauflächen oberflächennaher Lagerstätten mit freigelegtem Grundwasser,
- Bereiche mit oberflächennahen Stollen, die als Grundwassersammler genutzt werden,
- oberflächennahe Zerrüttungszonen, ausstreichende Störungsbereiche.

Die *Schutzzone I* muß im Fassungsbereich um einen Brunnen mindestens eine Kreisfläche von 10 m überdecken. Bei Quellfassungen soll sie mehr als 20 m, im Karst über 30 m in Richtung des anströmenden Grundwassers ausgedehnt werden.

Die Größe von Wasserschutzzonen muß nicht nur nach diesen Regeln bemessen werden. Bei sehr großer Ausdehnung des Einzugsgebietes, starker Versickerung von Oberflächenwässern, bei Nutzung mehrerer Grundwasserstockwerke oder anderen Sonderfällen kann davon abgewichen werden. Dabei ist der Grundsatz zu beachten, daß das Grundwasser sicher vor allen denkbaren Verunreinigungen zu schützen ist.

Trinkwasser fördernde Werke sollten das gesamte Gebiet der Zone I als Eigentum erwerben, einzäunen und mit einer dichten Grasnarbe überdecken. Die Grenzen der Schutzzonen müssen durch entsprechende Hinweisschilder an Wegen und Straßen markiert werden.

Wasserschutzgebiete sollen regelmäßig auf die Einhaltung der Vorschriften überprüft werden. In Beobachtungsbrunnen (Vorfeldmeßstellen) ist die Beschaffenheit des Grundwassers periodisch zu kontrollieren, um Verschmutzungen rechtzeitig erkennen und ihre Ursachen beseitigen zu können.

11.3 Gefährliche Handlungen, Einrichtungen und Vorgänge[1]

Das Grundwasser kann durch eine Vielzahl von Stoffen, Anlagen und Handlungen beeinträchtigt werden. In Abschn. 11.3 werden derartige Gefährdungspoten-

[1] Kapitel 4 des DVGW-Regelwerkes W 101

tiale aufgeführt. Sie sind je nach Entfernung, Fließzeit zur Trinkwassergewinnungsanlage, bodenkundlichen und hydrogeologischen Verhältnissen unterschiedlich zu bewerten und den einzelnen Schutzzonen zuzuordnen.

1 Weitere Schutzzone (Zone III)
Die Zone III soll den Schutz vor weitreichenden Beeinträchtigungen, insbesondere vor nicht oder schwer abbaubaren chemischen und vor radioaktiven Verunreinigungen gewährleisten. Wird die Zone III nicht aufgegliedert, so gelten die Ausführungen wie für die Zone III A.
1.1
In der Zone III B stellen Gefährdungen dar:
1.1.1

- Gebiete für Industrie und produzierendes Gewerbe
- Bau und Erweiterung von Betrieben und Anlagen zum Herstellen, Behandeln, Verwenden, Verarbeiten und Lagern von radioaktiven und nicht oder nur schwer abbaubaren wassergefährdenden Stoffen, z.B. Raffinerien, Metallhütten, chemischen Fabriken, Chemikalienlager, kerntechnischen Anlagen (ausgenommen für medizinische Anwendung und Meß-, Prüf und Regeltechnik)
- Wärmekraftwerke, soweit nicht gasbetrieben

1.1.2
Rohrleitungsanlagen zum Befördern von wassergefährdenden Stoffen
1.1.3
Kanalisation einschl. Regenüberlauf- und Regenklärbecken sowie zentrale Kläranlagen, sofern diese nicht in angemessenen Zeitabständen durch Inspektion auf Schäden überprüft werden (ATV-A142, ATV-H146)
1.1.4
Abwassereinleitung in den Untergrund einschl. Abwasserversickerung, -verrieselung und -verregnung (ausgenommen nicht schädlich verunreinigtes Niederschlagswasser und Abwasser aus Kleinkläranlagen für Einzelanwesen) (DIN 4261, ATV-A 138)
1.1.5

- Abfallbehandlungsanlagen und -deponien (ausgenommen Abfallumschlaganlagen und -zwischenlager)
- Anlagen zum Lagern und Behandeln von Autowracks, Kraftfahrzeugschrott und Altreifen
- Ablagerung von Rückständen aus Wärmekraftwerken und Abfallverbrennungsanlagen, Hochofenschlacken und Gießereisanden
- Ablagerung auch unbelasteter Locker- und Festgesteine (z.B. Bergehalden), wenn Umsetzungs- und Auslaugungsprozesse zu nachteiligen Auswirkungen für das Grundwasser führen können

1.1.6
Landwirtschaftliche einschl. gartenbauliche sowie forstwirtschaftliche Betriebsführung und Nutzung, sofern sie nicht grundwasserschonend unter Vorsorgegesichtspunkten betrieben wird. Dies gilt vor allem für

- Ausbringen von Dünger, soweit dies nicht zeit- und bedarfsgerecht erfolgt
- Ausbringen von Wirtschaftsdünger (Gülle, Jauche, Festmist) und Silagesickersaft auf Brache oder tief gefrorenem oder schneebedecktem Boden
- Ausbringen von Klärschlamm, Fäkalschlamm und Müllkompost
- Anwenden von Pflanzenschutzmitteln
- Ausbringen von Pflanzenschutzmitteln aus Luftfahrzeugen
- Tierbesatz mit grundwassergefährdender Konzentration von Tieren, bezogen auf den Betrieb und/oder auf die für die Ausbringung des Wirtschaftsdüngers verfügbare landwirtschaftliche Fläche
- Lagern von Wirtschaftsdünger (Gülle, Jauche, Festmist) sowie von fließfähigem Mineraldünger außerhalb dauerhaft dichter Anlagen; Gärfuttermieten (Feldsilage), ausgenommen Foliensilos auf dichter Bodenplatte mit Auffangbehälter
- Waldrodung, Grünlandumbruch, Schwarzbrache
- landwirtschaftliche Beregnung, sofern dabei die nutzbare Feldkapazität überschritten wird

1.1.7

- Flugplätze
- Güterumschlagplätze (z.B. Rangierbahnhöfe, Güterbahnhöfe, Autohöfe)

1.1.8

Verwendung von auswasch- oder auslaugbaren wassergefährdenden Materialien (z.B. Bauschutt, Müllverbrennungsrückständen, Schlacken, Rückständen des Bergbaus) beim Bau von Anlagen des Straßen-, Wasser-, Schienen- und Luftverkehrs und von Lärmschutzdämmen

1.1.9

Einleiten von gesammeltem Niederschlagswasser von Verkehrsanlagen in den Untergrund, ausgenommen Entwässerung über Böschungen und großflächige Versickerung über die belebte Bodenzone

1.1.10

- Bergbau einschl. Erdöl- und Erdgasgewinnung
- Anlage von unterirdischen Speichern für wassergefährdende Stoffe
- Ablagern und Aufhalden bergbaulicher Rückstände

1.1.11

Erdaufschlüsse, durch die die Grundwasserüberdeckung wesentlich vermindert wird, vor allem, wenn das Grundwasser ständig oder zu Zeiten hoher Grundwasserstände aufgedeckt oder eine reinigende Schicht freigelegt wird und keine ausreichende und dauerhafte Sicherung zum Schutz des Grundwassers vorgenommen werden kann

1.1.12

Gewinnung von Erdwärme, ausgenommen Anlagen mit Sekundärkreislauf

1.1.13

Militärische Anlagen und Übungen

1.1.14

Tontaubenschießplätze, Neuanlage von Golfplätzen

1.2

In der Zone III A stellen Gefährdungen dar:

1.2.1

dic für die Zone III B genannten Einrichtungen, Handlungen und Vorgänge

1.2.2

Umgang mit wassergefährdenden Stoffen (ausgenommen Kleinmengen für den Haushaltsbedarf, Lagerung von Heizöl für den Hausgebrauch und von Dieselkraftstoff für landwirtschaftliche Betriebe)

1.2.3

Transformatoren und Stromleitungen mit flüssigen, wassergefährdenden Kühl- und Isoliermitteln (ausgenommen bei oberirdischer Aufstellung bzw. Leitungsführung, Massekabel), insbesondere wenn die Anlagen stillgelegt sind

1.2.4

Kanalisation (ausgenommen bei besonderer Anforderung an ihre Dichtheit und deren Überprüfung in angemessenen Zeitabständen)
(ATV-A 142, ATV-H 146)

1.2.5

Einleiten von Abwasser (ausgenommen behandeltes Niederschlagswasser) in ein oberirdisches Gewässer, sofern das Gewässer anschließend die Zone II durchfließt

1.2.6

- Abfallumschlaganlagen und -zwischenlager
- Anlagen zur Verwertung von Reststoffen (z.B. Bauschuttrecycling)

1.2.7

- Mono- und Sonderkulturen
- Kleingartenanlagen

1.2.8

- Neuausweisung von Baugebieten
- Verkehrsanlagen und andere bauliche Anlagen, sofern gesammeltes Abwasser (ausgenommen nicht schädlich verunreinigtes Niederschlagswasser) nicht vollständig und sicher aus der Zone III A hinausgeleitet wird

1.2.9

Neuanlage und Erweiterung von Friedhöfen

1.2.10

Märkte, Volksfeste und Großveranstaltungen, außerhalb der dafür vorgesehenen Anlagen

1.2.11

Motorsport

1.2.12

Tankstellen

1.2.13

Baustofflager, von denen eine Grundwassergefährdung ausgehen kann

1.2.14

Gewinnen von Steinen, Erden und anderen oberflächennahen Rohstoffen

1.2.15

- Verletzen der grundwasserüberdeckenden Schichten (ausgenommen Verlegung von Ver- und Entsorgungsleitungen sowie Baugruben)
- Bohrungen

1.2.16

- Gewässerherstellung und -ausbau, z.B. Fischteiche
- Verletzung der Kolmationsschicht durch wasserbauliche Maßnahmen an Vorflutern im Bereich von Uferfiltratfassungen

1.2.17

Anwenden von Pflanzenschutzmitteln auf Freiflächen und zur Unterhaltung von Verkehrswegen, sofern es nicht grundwasserschonend betrieben wird

2. Engere Schutzzone (Zone II)

Die Zone II soll den Schutz vor Verunreinigungen durch pathogene Mikroorganismen (z.B. Bakterien, Viren, Parasiten und Wurmeier) sowie vor sonstigen Beeinträchtigungen gewährleisten, die bei geringer Fließdauer und -strecke zur Trinkwassergewinnungsanlage gefährlich sind. In der *Zone II* stellen Gefährdungen dar und sind in der Regel nicht tragbar:

2.1

die für die Zone III genannten Einrichtungen, Handlungen und Vorgänge

2.2

Errichten und Erweitern baulicher Anlagen – insbesondere gewerblicher und landwirtschaftlicher Betriebe – einschließlich deren Nutzungsänderung

2.3

- Straßen, Bahnlinien und sonstige Verkehrsanlagen (ausgenommen Feld- und Waldwege)
- Änderung von Verkehrsanlagen (ausgenommen zur Verbesserung des Grundwasserschutzes)

2.4

Transport wassergefährdender oder radioaktiver Stoffe

2.5

Lagerung von Heiz- und Dieselöl

2.6

Baustelleneinrichtungen

2.7

Anwendung von Wirtschaftsdünger (Gülle, Jauche, Festmist) und Silagesickersaft

2.8

Beweidung

2.9

Errichtung und Erweiterung von Jauche- und Güllebehältern, von Dungstätten oder Gärfuttersilos

2.10

Lagerung von Mineraldünger und Pflanzenschutzmitteln

2.11
Durchleiten von Abwasser (ATV-A142, ATV-H146)
2.12
Herstellcn oder Erweitern von Dränen
2.13
oberirdische Gewässer, die mit Abwasser belastet sind
2.14
Versickerung von gesammeltem Niederschlagswasser (ausgenommen nicht schädlich verunreinigtes Niederschlagswasser von Dachflächen) (ATV-A 138)
2.15
Transformatoren und Stromleitungen mit flüssigen, wassergefährdenden Kühl- und Isoliermitteln
2.16
Badebetrieb, Zeltlager, Campingplätze, Sportanlagen
2.17
Sprengungen

3. Fassungsbereich (Zone I)
Die Zone I soll den Schutz der Trinkwassergewinnungsanlage und ihrer unmittelbaren Umgebung vor jeglichen Verunreinigungen und Beeinträchtigungen gewährleisten.
In der Zone I stellen Gefährdungen dar und sind in der Regel nicht tragbar:
3.1
die für die Zonen III und II genannten Einrichtungen, Handlungen und Vorgänge
3.2
Fahr- und Fußgängerverkehr
3.3
Land- und forstwirtschaftliche sowie gartenbauliche Nutzung
3.4
Anwendung von Dünge- und Pflanzenschutzmitteln

11.4 Gefährliche Stoffe oder Anlagen[1]

1.1 Beeinträchtigungen der Grundwasserbeschaffenheit
Grundwasser kann durch wassergefährdende Stoffe verunreinigt oder durch sonstige nachteilige Veränderungen der Beschaffenheit gefährdet werden, insbesondere durch:
1.1.1
physikalische Beeinträchtigungen, z.B. Wärmeeintrag und Wärmeentzug
1.1.2
künstliche radioaktive Stoffe

[1] Kapitel 8 des DVGW-Regelwerkes W 101

1.1.3
chemische Beeinträchtigungen
1.1.3.1
Nitrat, Sulfat, Chlorid
1.1.3.2
Schwermetallverbindungen, z.B. von Blei, Cadmium, Chrom, Kupfer, Quecksilber und Nickel metallorganische Verbindungen
1.1.3.3
nicht oder schwer abbaubare organische Stoffe
1.1.3.3.1
polycyclische aromatische Kohlenwasserstoffe, z.B. Fluoranthen, Benzo-(b)-Fluoranthen, Benzo-(a)-Pyren, Benzo-(ghi)-Perylen, Indeno-(1,2,3-cd)-Pyren
1.1.3.3.2
BTEX-Gruppe (Benzol, Toluol, Ethylbenzol, Xylol)
1.1.3.3.3
schwerflüchtige halogenierte Kohlenwasserstoffe, z.B. polychlorierte Biphenyle (PCB), polychlorierte Dibenzodioxine und -furane (PCDD, PCDF), Pentachlorphenol (PCP)
1.1.3.3.4
leichtflüchtige halogenierte Kohlenwasserstoffe (organische Lösemittel), z.B. 1,1,1-Trichlorethan, Trichlorethylen, Tetrachlorethylen, Dichlormethan, Tetrachlormethan und deren Umwandlungs- und Abbauprodukte
1.1.3.4
Pflanzenschutzmittel, deren Wirkstoffe und Formulierungshilfsstoffe sowie deren Umwandlungs- und Abbauprodukte
1.1.3.5
Mineraldünger, organischer Handelsdünger, Wirtschaftsdünger (Gülle, Jauche, Festmist, Flüssigmist), Silagesickersaft, Ernterückstände, Nitrifikationshemmer
1.1.3.6
Mineralöle und Mineralölprodukte, z.B. Kraftstoffe, Schmiermittel, Heizöl
1.1.3.7
sonstige anorganische Stoffe, z.B. Arsen-, Fluor-, Aluminium- und Cyanverbindungen, Teerstoffe, Auftaumittel, Eisen-, Mangan-, Schwefel- und Ammoniumverbindungen als Folge anaerober Vorgänge, Tenside und Phosphatersatzmittel, Laugen, Säuren und säurebildende Stoffe
1.1.4
biologische Beeinträchtigungen, Mikroorganismen (z.B. Bakterien, Viren, Parasiten und Wurmeier), auch soweit sie in 1.1.3.5 enthalten sind, Stoffwechsel- und Abbauprodukte
1.1.5
Abfall, Abwasser und Klärschlamm
1.1.6
Eintrag von Luftschadstoffen in Boden und Gewässer

1.1.7
sekundäre Prozesse (biochemische und physikalisch-chemische) während der Sicker- und Fließvorgänge, die im Untergrund ebenso wie Änderungen der hydraulischen Verhältnisse Gütebeeinträchtigungen des Wassers bewirken können.

Eine stetige oder wiederholte Zufuhr selbst kleiner Mengen verunreinigender oder beeinträchtigender Stoffe kann infolge ihrer Anreicherung oder Summierung nachteilige Wirkungen hervorrufen. Auch quantitative Eingriffe in den Wasserhaushalt können qualitative Beeinträchtigungen zur Folge haben.

1.2 Gefahrenherde
Als Gefahrenherde kommen insbesondere folgende Einrichtungen, Vorgänge, Nutzungen und sonstige Handlungen in Betracht:
1.2.1
Industrie und gewerbliche Nutzung
1.2.1.1
Industrie- und Gewerbegebiete
1.2.1.2
Umgang mit wassergefährdenden und radioaktiven Stoffen
1.2.1.3
Rohrleitungen für wassergefährdende Stoffe
1.2.1.4
Transformatoren und Stromleitungen mit flüssigen, wassergefährdenden Kühl- und Isoliermitteln
1.2.1.5
Wärmekraftwerke, soweit nicht gasbetrieben
1.2.2
Abwasser- und Abfallanlagen, Altlasten
1.2.2.1
Kanalisationen, insbesondere Entwässerungsanlagen für Gebäude und Grundstücke, Regenüberlauf- und Regenrückhaltebecken
1.2.2.2
Kläranlagen
1.2.2.3
Abwassereinleitung in oberirdische Gewässer und in den Untergrund, Abwasserversickerung, -verrieselung und -verregnung, Kleinkläranlagen, abflußlose Abwassergruben
1.2.2.4
Abfallbehandlungsanlagen (z.B. Verbrennung, Kompostierung, chemisch-physikalische Behandlung), Deponien (z.B. Hausmüll, Bauschutt, kontaminierter Erdaushub, Straßenaufbruch, Klärschlamm, Sondermüll)
1.2.2.5
Abfallumschlaganlagen und -zwischenlager; Anlagen zum Lagern und Behandeln von Autowracks, Schrott und Altreifen

1.2.2.6
Ablagern von Rückständen aus Kraftwerken und Abfallverbrennungsanlagen, Hochofenschlacken, Gießereisanden u.a.
1.2.2.7
Altablagerungen, gewerbliche und industrielle Altstandorte, Rüstungsaltlasten, militärische Altlasten
1.2.2.8
Ablagerung von radioaktiven Stoffen
1.2.3
landwirtschaftliche einschl. gartenbauliche und forstwirtschaftliche Betriebsführung und Nutzung, sofern sie nicht grundwasserschonend unter Vorsorgegesichtspunkten betrieben wird
1.2.3.1
Lagern und Ausbringen von Mineraldünger, organischem Handelsdünger, Wirtschaftsdünger (Gülle, Jauche, Festmist, Flüssigmist), Silagesickersaft, Klärschlamm, Fäkalschlamm, Müllkompost
1.2.3.2
Lagern und Anwenden von Pflanzenschutzmitteln
1.2.3.3
Beseitigen von Pflanzenschutzmittelresten und Ablagern von Pflanzenschutzmittelbehältern
1.2.3.4
Beweidung
1.2.3.5
Tierbesatz mit grundwassergefährdender Konzentration von Tieren bezogen auf den Betrieb und/oder auf die für die Ausbringung des Wirtschaftsdüngers verfügbare landwirtschaftliche Fläche
1.2.3.6
Gärfuttermieten und -silos
1.2.3.7
Mono- und Sonderkulturen (z.B. Mais, Hopfen, Spargel, Tabak, Wein), Gartenbaubetriebe, Baumschulen
1.2.3.8
Grünlandumbruch, Waldrodung
1.2.3.9
landwirtschaftliche Be- und Entwässerung
1.2.4
Siedlung und Verkehr
1.2.4.1
Siedlungen, Einzelanwesen, Verdichtung von Wohnbebauung
1.2.4.2
Friedhöfe
1.2.4.3
Kleingartenanlagen

1.2.4.4
Anlagen des Straßen-, Wasser-, Schienen- und Luftverkehrs (einschl. Parkplätzen, Raststätten, Bahnhöfen, Häfen)
1.2.4.5
Verwendung auswasch- und auslaugbarer wassergefährdender Materialien (z. B. Bauschutt, Müllverbrennungsrückstände, Schlacken, Rückstände des Bergbaus), beim Bau von Straßen und von Lärmschutzdämmen
1.2.4.6
Baustelleneinrichtungen, Wasserhaltungen, Baustofflager
1.2.4.7
Einleiten von gesammeltem Niederschlagswasser von Verkehrsanlagen in den Untergrund
1.2.4.8
Tankstellen
1.2.5
Eingriffe in den Boden und Untergrund
1.2.5.1
Einwirkungen des Bergbaus einschl. Erdöl- und Erdgasgewinnung sowie beim Anlegen von unterirdischen Speichern für wassergefährdende Stoffe; Ablagern und Aufhalden bergbaulicher Rückstände
1.2.5.2
Gewinnen von Steinen und Erden, insbesondere wenn dabei das Grundwasser freigelegt wird
1.2.5.3
Verletzen der grundwasserüberdeckenden Schichten, z.B. Erdaufschlüsse, Bohrungen, Sprengungen, Freilegen der Grundwasseroberfläche
1.2.5.4
hydraulisches Verbinden von Grundwasserstockwerken
1.2.5.5
aufgelassene Schächte, Stollen, Kanäle, Bohrungen und Brunnen; verfüllte Gruben und Sprengtrichter
1.2.6
sonstige Gefahrenherde
1.2.6.1
Infiltration aus belasteten oberirdischen Gewässern
1.2.6.2
militärische Anlagen und Übungen
1.2.6.3
Badebetrieb, Lagern und Zelten, Campingplätze, Sportanlagen
1.2.6.4
Tontaubenschießanlagen, Golfplätze
1.2.6.5
Fischteiche

11.5 Überdeckung

Die Durchlässigkeit der Überdeckung bestimmt, wie groß der Anteil der Niederschläge ist, der versickern kann. Außerdem schützt eine undurchlässige Überdekkung das Grundwasser vor Verschmutzungen von der Erdoberfläche. In Lockergesteinen wie Sanden und Kiesen versickert ein hoher Anteil der Niederschläge, und die Schutzwirkung der Überdeckung ist gering.

Auch im Festgestein gewährt die Überdeckung einen zusätzlichen Schutz. Allerdings hängt dies nicht nur von der Mächtigkeit, sondern auch von der Weite und Häufigkeit der Klüfte ab. Bei weiten Klüften und Spalten, z.B. im Karst, hat auch eine sehr mächtige Überdeckung nur eine geringe Schutzwirkung.

Die Größe von Schutzzonen kann nur eingeschränkt werden, wenn die Überdeckung des Grundwasserleiters die in den Bildern 11-3 und 11-4 dargestellten Mindestmächtigkeiten erreicht. Dies gilt sowohl für Locker- als auch für Festgesteine.

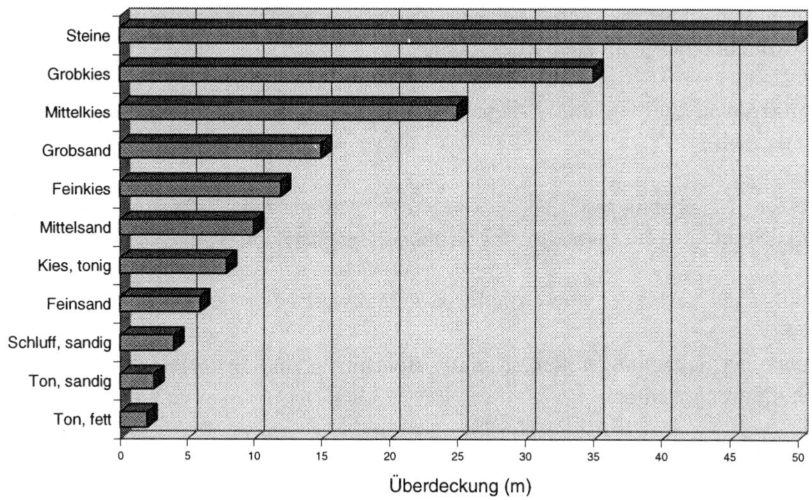

Bild 11-3. Mindestmächtigkeit der Überdeckung eines Grundwasserleiters im Lockergestein

Bei Lockergesteinen bieten die obersten 6 m der Überdeckung die größte Sicherheit. Dies sollte jedoch noch nicht zur Verkleinerung des Schutzgebietes führen. Erst bei mächtigeren Überdeckungen kann die Zone II des Schutzgebietes, unter Beachtung der Mindestmächtigkeiten, verkleinert werden.

In jedem Fall ist der Grundsatz zu beachten: Gebiete zum Grundwasserschutz müssen so weit ausgedehnt werden, daß keine Verunreinigung möglich ist.

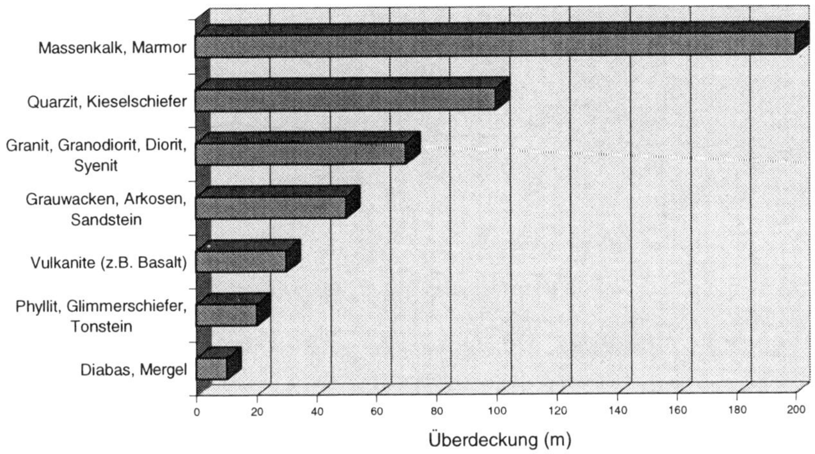

Bild 11-4. Mindestmächtigkeit der Überdeckung eines Grundwasserleiters im Festgestein

Literatur

Barczewski B, Grimm-Strehle J, Bisch G (1993) Überprüfung der Eignung von Grundwasserbeschaffenheitsmeßstellen. Wasserwirtschaft 83/2: 72-78

Barczewski B, Jacob B, Keim B (1995) Pilotstudie zum qualitativen und quantitativen Quellmeßnetz des Landes Baden-Württemberg. Stuttgart, Bericht Inst. f. Wasserbau: 94/23

Barczewski B, Marshall P (1990) Untersuchungen zur Probenahme aus Grundwassermeßstellen. Wasserwirtschaft 80/10: 506-513

Barenblatt G E, Zheltov I P, Kochina I N (1960) Theory of homogeneous liquids in fissured rocks. J apl. mathematics and mechanics (russisch) 24: 1286-1303

Barker R D (1990) Investigation of ground water salinity by geophysical methods. In Ward (Hrsg) Geotechnical and environmental geophysics. Tulsa: 201-213,

Berufsverband Deutscher Geologen, Geophysiker und Mineralogen (1993) Geophysikalische Methoden zur Erkundung von Altlasten. Schriften BDG 12: 1-77

Bisdorf, R J (1990) Geoelectrical studies of the Panoche fan area San Joachim Valley California. USGS Circ. 1033 Denver: 133-139,

Bredehoeft J D, Papadopoulos S (1980) A method for determining the hydraulic properties of tight formations. Water resources research 3/1: 263-269

Bürk J (1994) EFAS faseroptischer Sensor zur Vor-Ort-Analytik von organischen Schadstoffen. KfK Nachr. Karlsruhe 1/94,

Busch K F (1974) Geohydraulik. Enke, Stuttgart

De Marsily G (1986) Groundwater hydrology for engineers. Orlando, San Diego, New York

Deutscher Verband für Wasserwirtschaft und Kulturbau (1982) Entnahme von Proben für hydrogeologische Grundwasseruntersuchungen. Hamburg, Berlin

Deutscher Verband für Wasserwirtschaft und Kulturbau (1985) Voraussetzungen und Einschränkungen bei der Modellierung der Grundwasserströmung. DVWK Merkblätter Heft 206, Parey, Hamburg, Berlin

Deutscher Verband für Wasserwirtschaft und Kulturbau (1989) Stofftransport im Grundwasser. DVWK Schriften 83, Parey, Hamburg, Berlin

Deutscher Verband für Wasserwirtschaft und Kulturbau (1993) Entnahme und Untersuchungsumfang von Grundwasserproben. DVWK Merkblätter 128, Parey, Bonn

Deutscher Verband für Wasserwirtschaft und Kulturbau (1994) Grundwassermeßgeräte. Schriften 107, Parey, Hamburg, Berlin

Deutscher Verband für Wasserwirtschaft und Kulturbau (1996) Tiefenorientierte Grundwasserprobenahme. DVWK Merkblätter, Parey, Bonn

Deutscher Verein des Gas- und Wasserfaches e.V. (1977) Bohrungen bei der Wassererschließung. DVGW Regelwerk Merkblatt W 115, Bonn

Deutscher Verein des Gas- und Wasserfaches e.V. (1983) Entnahme von Wasserproben bei der Wassererschließung. DVGW Regelwerk Arbeitsblatt W 112, Bonn

Deutscher Verein des Gas- und Wasserfaches e.V. (1983) Ermittlung, Darstellung und Auswertung der Korngrößenverteilung wasserleitender Lockergesteine. DVGW Regelwerk Arbeitsblatt W 113, Bonn

Deutscher Verein des Gas- und Wasserfaches e.V. (1988) Bau und Betrieb von Grundwasserbeschaffenheitsmeßstellen. DVGW Regelwerk Arbeitsblatt W 121, Bonn

Deutscher Verein des Gas- und Wasserfaches e.V. (1989) Gewinnung und Entnahme von Gesteinsproben bei Bohrarbeiten zur Grundwassererschließung. DVGW Regelwerk Merkblatt W 114, Bonn

Deutscher Verein des Gas- und Wasserfaches e.V. (1990) Brunnenregenerierung. DVGW Regelwerk Merkblatt W 130, Bonn

Deutscher Verein des Gas- und Wasserfaches e.V. (1990) Geophysikalische Untersuchungen in Bohrlöchern und Brunnen zur Erschließung von Grundwasser. DVGW Regelwerk Arbeitsblatt W 111, Bonn

Deutscher Verein des Gas- und Wasserfaches e.V. (1995) Richtlinien für Trinkwasserschutzgebiete I. DVGW Regelwerk Arbeitsblatt W 101, Bonn

Deutscher Verein des Gas- und Wasserfaches e.V. (1995) Zustandsbeschreibung des Grundwassers. DVWK/DVGW-Wasser-Information 46, Bonn

Deutscher Verein des Gas- und Wasserfaches e.V. (1996) Oberflächengeophysik zur Grundwassererkundung. DVGW-Wasser-Information 43, Bonn

Deutscher Verein des Gas- und Wasserfaches e.V. (1996) Sanierung und Rückbau von Bohrungen, Grundwassermeßstellen und Brunnen. DVGW Regelwerk Merkblatt W 135, Bonn

Deutscher Verein des Gas- und Wasserfaches e.V. (1997) Planung, Durchführung und Auswertung von Pumpversuchen bei der Wassererschließung. DVGW Regelwerk Arbeitsblatt W 111, Bonn

Deutsches Institut für Normung (1981) DIN 4022/2 Benennen und Beschreiben von Boden und Fels; Schichtenverzeichnisse. Berlin

Deutsches Institut für Normung (1982) DIN 4022/3 Benennen und Beschreiben von Boden und Fels; Schichtenverzeichnis für Bohrungen mit Kerngewinnung. Berlin

Deutsches Institut für Normung (1983) DIN 18123 Bestimmung der Korngrößenverteilung. Berlin

Deutsches Institut für Normung (1984) DIN 38402/13 Probenahme aus Grundwasser. Berlin

Deutsches Institut für Normung (1984) DIN 4023 Baugrund- und Wasserbohrungen. Berlin

Deutsches Institut für Normung (1987) DIN 4022/1 Benennen und Beschreiben von Boden und Fels; Schichtenverzeichnis für Bohrungen ohne Kerngewinnung. Berlin

Deutsches Institut für Normung (1989) DIN 18130/1 Bestimmung des Wasserdurchlässigkeitsbeiwertes. Berlin

Deutsches Institut für Normung (1990) DIN 4021 Aufschlüsse durch Schürfe, Bohrungen und Entnahme von Proben. Berlin

Deutsches Institut für Normung (1990) DIN 4049/2 Begriffe der Grundwasserbeschaffenheit. Berlin

Deutsches Institut für Normung (1992) DIN 4049/1 Hydrologie Grundbegriffe. Berlin

Deutsches Institut für Normung (1994) DIN 4049/3 Begriffe zur quantitativen Hydrologie. Berlin

Dilly P, Welsch M (1991) Trinkwasserverordnung. Wissenschaftliche Verlagsgesellschaft, Stuttgart: 1-148

Freeze R A, Cherry J A (1979) Groundwater. Prentice Hall, Eaglewood Cliffs, N.J.

Fritz J, Maier J, Röttgen K P (1996) Überwachung von Grundwasserkontaminationen im Nahbereich von Deponien und Altablagerungen-ehemalige Sonderabfalldeponie Münchehagen. In Niedersächsisches Landesamt für Bodenforschung (Hrsg) Arbeitshefte Deponien 1: 3-60

Gesellschaft für bohrlochgeophysikalische und geoökologische Messungen mbH BLM (1995) Bohrlochmessungen. Leipzig Gommern

Hansestadt Hamburg (1993) Erfahrungen mit biologischen Wirkungstests bei der Untersuchung von Wasser- und Bodenverunreinigungen. Umweltberichte 43/93, Hamburg

Hekel U (1992) Gebirgseigenschaften mächtiger Tonserien. Bericht, Freiburg

Hekel U (1994) Hydrogeologische Erkundung toniger Festgesteine am Beispiel des Opalinustons. Dissertation TGA C 18, Tübingen

Hölting B (1984) Hydrogeologie. Enke, Stuttgart

Homilius J, Flathe H (1988) Geoelektrik in der Wassererschließung. In Schneider H (Hrsg) Die Wassererschließung 3. Aufl. Vulkan, Essen

Hufschmied P (1983) Ermittlung der Durchlässigkeit von Lockergesteins-Grundwasserleitern. Dissertation 7397 ETH, Zürich

Käss W (1992) Geohydraulische Markierungstechnik. Lehrbuch der Hydrogeologie, Bornträger, Berlin, Stuttgart

Kinzelbach W, Rausch R (1995) Grundwassermodellierung eine Einführung. Bornträger, Berlin, Stuttgart

Kopp D, Klein H (1993) Entwicklung und Erprobung von Sonden zur Überwachung des Schadstoffaustrages II chemische Sensoren. Bericht BGR, Hannover

Krauss I (1977) Das Einschwingverfahren. Wasser-Abwasser 118: 407-410

Länderarbeitsgemeinschaft Wasser (1982) Grundwasser, LAWA Richtlinien für Beobachtung und Auswertung 1-Grundwasserstand. Woeste, Essen

Länderarbeitsgemeinschaft Wasser (1987) Grundwasser, LAWA Richtlinien für Beobachtung und Auswertung 2-Grundwassertemperatur Kulturbuch, Berlin

Länderarbeitsgemeinschaft Wasser (1990) Grundwasser, LAWA Richtlinien für Beobachtung und Auswertung 3-Grundwasserbeschaffenheit. Kulturbuch, Berlin

Länderarbeitsgemeinschaft Wasser (1995) Grundwasser, LAWA Richtlinien für Beobachtung und Auswertung 4-Quellen. Kulturbuch, Berlin

Landesanstalt für Umweltschutz Baden-Württemberg LfU (1990) Leitlinien zur Geophysik an Altlasten. Materialien zur Altlastenbearbeitung 2, Karlsruhe

Landesanstalt für Umweltschutz Baden-Württemberg LfU (1991) Bestimmung der Gebirgsdurchlässigkeit. Materialien zur Altlastenbearbeitung 8, Karlsruhe

Landesanstalt für Umweltschutz Baden-Württemberg LfU (1993) Grundwasserüberwachungsprogramm. Karlsruhe

Landesanstalt für Umweltschutz Baden-Württemberg LfU (1994) Altlastenerkundung mit biologischen Methoden. Materialien zur Altlastenbearbeitung 13, Karlsruhe

Landesanstalt für Umweltschutz Baden-Württemberg LfU (1996) Leitfaden Erkundungsstrategie Grundwasser. Karlsruhe

Landesanstalt für Umweltschutz Baden-Württemberg LfU, Ingenieurges. f. Umwelttechnik IUT (1997) Methodensammlung Erkundungsstrategie Grundwasser. Hdb Altlasten u. Grundwasserschadensfälle 20, Karlsruhe

Landesanstalt für Umweltschutz Baden-Württemberg LfU, Ingenieurges. f. Umwelttechnik IUT (1997) Leitfaden fachtechnische Kontrolle von altlastverdächtigen Flächen, Altlasten und Schadensfällen. Hdb Altlasten u. Grundwasserschadensfälle 25, Karlsruhe

Langguth H R, Voigt M (1980) Hydrogeologische Methoden. Bornträger, Berlin

Lehnert K, Rothe K (1962) Geophysikalische Bohrlochmessungen. Akademie, Berlin

Lux K N (1996) Bohrlochgeophysik in Wassergewinnung und Wasserwirtschaft. In DVGW (Hrsg) Lehr- und Handbuch zur Wasserversorgung, Bonn: 307-370

Marshall P (1993) Die Ermittlung lokaler Stoffrachten im Grundwasser mit Hilfe von Einbohrloch-Meßverfahren. Mitt. Inst.f.Wasserbau 79: 1-161

Matthess G, Ubell K (1983) Allgemeine Hydrogeologie Grundwasserhaushalt. Bornträger, Berlin, Stuttgart

Meyer de Stadelhofen C (1995) Anwendung geophysikalischer Methoden in der Hydrogeologie. Springer, Berlin Heidelberg New York

Ministerium f. Umwelt Baden-Württemberg (Hrsg) (1988) Altlastenhandbuch 1 u. 2. Wasserwirtschaftsverwaltung 18 u. 19, Stuttgart

Mundry E, Homilius J (1979) Dreischichtmodellkurven für geoelektrische Widerstandsmessungen. Schweizerbarth, Stuttgart

Ptak T, Teutsch G (1994) A comparison of investigation methods for the prediction of flow and transport in highly heterogenous formations. In Dracos, Staufer (Hrsg) Transport and reactive processes in aquifers. Rotterdam: 157-163

Repsold H (1989) Well logging in ground water development. Int. Ass. Hydrogeol. 9 pp1-36, Hannover

Schneider H (Hrsg) (1988) Die Wassererschließung. Vulkan, Essen: 1-876

Schweizer R, Stober I, Strayle G (1985) Auswertungsmöglichkeiten und Ergebnisse von Tracerversuchen im Grundwasser. Abh. geol. L.A.B.W. 11: 93-139

Stober I (1986) Strömungsverhalten in Festgesteinsaquiferen mit Hilfe von Pump- und Injektionsversuchen. Geol Jb C 42: 1-204

Stober I (1994) Ergebnisse geohydraulischer Untersuchungen im kristallinen Grundgebirge das Schwarzwaldes und seiner Randgebiete. Dt. Gewässerkundl. Mitt. 38: 170-178

Strayle G (1983) Pumpversuche in Festgesteinen. DVGW-Schriften 84: 305-325

Strayle G, Stober I, Schloz W (1994) Ergiebigkeitsuntersuchungen in Festgesteinsaquiferen. Inf GLABW 6: 1-114

Thompson D B (1987) A microcomputer program for interpreting time-log permeability tests. Groundwater 25/2: 212-218

U.S. Geological Survey (1997) Hydrology Primer. Internet, http://wwwdmorll.er.usgs.–gov/~bjsmith/outreach.html. Washington

Usunoff E J, Varni M R (1997) Nitrate-polluted groundwater at Azul Argentina. Internet, http://www.hydroweb.com:80/jeh_3_2/nitrate.html. Buenos Aires

Villinger E (1981) Das modifizierte Verfahren MoMNQr12 zur raschen Ermittlung der Grundwasserneubildungsrate. GWF Wasser/Abwasser 122/8: 335-338

Vogelsang D (1993) Geophysik an Altlasten. 2. Aufl. Springer, Berlin Heidelberg New York, 1-179

Vogelsang D (1995) Environmental Geophysics. Springer, Berlin Heidelberg New York, 1-173

Sachverzeichnis

U. Maniak

Hydrologie und Wasserwirtschaft

Eine Einführung für Ingenieure

4., überarb. u. erw. Aufl. 1997.
XVI, 650 S. 237 Abb. Geb.
DM 98,-; öS 716,-; sFr 89,50
ISBN 3-540-63292-1

Die Meßverfahren für die wichtigsten Größen des Waserkreislaufs - wie sie zum Verständnis der Ausgangsbasis hydrologischer Daten erforderlich sind - , die Grundlagen der stochastischen und deterministischen Hydrologie und die Berechnung der Entstehung und des Ablaufs von Hochwasser auf Flußgebietsmodellen werden hier behandelt. Ebenso werden Methoden zur Bemessung und zum Betrieb von verschiedenen Speichertypen aufgezeigt.

Auf Verdunstung, Schnee, Eis, Feststoffe sowie auf den Wärmehaushalt, die Wärmebelastung und die Gewässergüte wird soweit eingegangen, wie sie im Rahmen dieser wasserwirtschaftlichen Vorhaben von Bedeutung sind.

Beispiele zu den wichtigsten Verfahren von hydrologischen Bemessungsgrößen für wasserwirtschaftliche Maßnahmen runden dieses Werk ab.

Springer

Preisänderungen vorbehalten.

Springer-Verlag, Postfach 14 02 01, D-14302 Berlin, Fax 0 30 / 827 87 - 3 01 / 4 48 e-mail: orders@springer.de d&p.BA.63630.SF

Druck: Mercedesdruck, Berlin
Verarbeitung: Buchbinderei Lüderitz & Bauer, Berlin